全国高职高专建筑类专业规划教材

建筑给水排水

主　编　张思梅
副主编　葛　军　杨晓贝
主　审　侯根然

黄河水利出版社
·郑州·

内 容 提 要

本书是全国高职高专建筑类专业规划教材，是根据教育部对高职高专教育的教学基本要求及全国水利水电高职教研会制定的建筑给水排水课程标准编写完成的。全书共分八章，主要内容包括绪论，管材、附件及卫生器具，建筑给水，建筑消防给水，建筑排水，建筑中水，建筑热水，小区给水排水等。本书注重理论与实际相结合，其具体内容具有针对性、实用性，符合专业的特点和要求。

本书可作为高职高专院校给水排水工程技术、建筑设备、建筑工程技术等专业的教学用书，也可供土建工程有关专业的技术人员与相关人员参考使用。

图书在版编目(CIP)数据

建筑给水排水/张思梅主编. —郑州：黄河水利出版社，2013.7

全国高职高专建筑类专业规划教材

ISBN 978-7-5509-0500-9

Ⅰ. ①建… Ⅱ. ①张… Ⅲ. ①建筑-给水工程-高等职业教育-教材②建筑-排水工程-高等职业教育-教材 Ⅳ. ①TU82

中国版本图书馆 CIP 数据核字(2013)第 139635 号

组稿编辑：王路平　电话：0371-66022212　E-mail:hhslwlp@163.com

路夷坦　66026749　hhsllyt@126.com

出 版 社：黄河水利出版社

地址：河南省郑州市顺河路黄委会综合楼14层　邮政编码：450003

发行单位：黄河水利出版社

发行部电话：0371-66026940、66020550、66028024、66022620(传真)

E-mail: hhslcbs@126.com

承印单位：河南地质彩色印刷厂

开本：787 mm×1 092 mm　1/16

印张：13.75

字数：320 千字　印数：1—4 100

版次：2013 年 7 月第 1 版　印次：2013 年 7 月第 1 次印刷

定价：28.00 元

前　言

本书是根据《教育部关于全面提高高等职业教育教学质量的若干意见》(教高[2006]16号)、《教育部关于推进高等职业教育改革创新引领职业教育科学发展的若干意见》(教职成[2011]12号)等文件精神,由全国水利水电高职教研会拟定的教材编写规划,在中国水利教育协会指导下,由全国水利水电高职教研会组织编写的建筑类专业规划教材。本套教材以学生能力培养为主线,具有鲜明的时代特点,体现出实用性、实践性、创新性的教材特色,是一套理论联系实际、教学面向生产的高职高专教育精品规划教材。

本书是高职高专院校给水排水工程技术、建筑设备、建筑工程技术等专业系列教材之一,是根据教育部《高等职业教育给水排水工程技术专业教育标准和培养方案及主干课程教学大纲》对高职高专人才培养目标、培养规格、培养模式以及与之相适应的基本知识、关键技能和素质结构的要求,同时也结合了编者多年从事教学、科研和参加校企合作的实践经验进行编写的。在编写中力求做到理论联系实际,注重科学性、实用性和针对性,并能紧密结合工程实际,突出学生应用能力的培养。

本书编写人员及编写分工如下:安徽水利水电职业技术学院张思梅编写第一章、第四章,安徽水利水电职业技术学院赵慧敏编写第二章,山西水利职业技术学院杨晓贝编写第三章,安徽水利水电职业技术学院高慧慧编写第五章,安徽水利水电职业技术学院王丽娟编写第六章,合肥市滨湖新区建设投资有限公司葛军编写第七章,广西水利电力职业技术学院彭燕莉编写第八章。本书由张思梅担任主编,并负责全书统稿;由葛军、杨晓贝担任副主编;由黄河水利职业技术学院侯根然担任主审。

在本教材的编写过程中得到了黄河水利出版社及编者所在单位的大力支持,在此一并表示感谢。

限于编者水平,书中不足之处在所难免,敬请读者提出宝贵意见。

编　者

2013 年 3 月

目 录

第一章　绪　论

【学习目标】

了解建筑给水排水工程技术的任务与发展；理解并掌握市政给水排水系统的组成与作用、建筑给水排水系统的组成与作用。

第一节　市政给水排水系统概述

一、市政给水排水系统

（一）市政给水系统的任务和组成

1. 市政给水系统的任务

给水工程的基本任务是从水源取水，经过净化后供给城镇居民、工矿企业、交通运输等部门的生活、生产、消防等用水，满足它们对水质、水量、水压等方面的一定要求。

2. 市政给水系统的组成

市政给水系统一般采用生活、生产、消防合一的统一给水系统，以生活饮用水水质标准供水；一般由水源、取水构筑物、净水构筑物、输配水管网、加压设备和起调节作用的水池、水塔或高地水池（又称高位水池）等组成。

给水水源有两种，一种是地下水源，一种是地表水源。

图 1-1 所示为以地下水作为水源的给水系统。潜水、泉水等地下水一般具有受污染少、水质比较清洁、水温比较稳定的特点。以地下水作为水源的给水系统一般由井群、集水池、泵站、输水管网、水塔、配水管网等组成。井群由若干个管井组成，是市政给水系统中比较常见的地下水取水构筑物。输水管网是指将取水构筑物取集的原水引送至水处理构筑物的原水输水管道及其附属构筑物，以及将净化处理后的清水输送至配水管网的清水输水管道及其附属构筑物。配水管网是指将输水管网送来的清水再转输到各用户中去的管网。

图 1-2 所示为以地表水作为水源的给水系统。地表水是指江、河、湖泊、水库里的水。这类水一般具有易受污染、含杂质较多的特点，但水量较充沛。采用地表水作为水源的给水系统一般由取水构筑物、一级泵站、净水构筑物、清水池、二级泵站、输水管线、水塔和配水管网组成。常规地表水净化流程示意图见图 1-3。

混凝是现代净水工艺的基础，水的混凝过程主要有加药、混合、絮凝反应三个阶段。加药（所投加的药剂称为混凝剂）的目的在于减弱或消除原水中胶体颗粒的电位，从而使胶体颗粒间的相互接触吸附成为可能。混合的目的是使药剂快速均匀地分散到水中，使胶体颗粒的表面性质发生改变，为胶体颗粒间的相互接触吸附创造条件。絮凝反应在反应池内进行，其作用是使胶体颗粒相互接触吸附，由小颗粒逐渐凝聚成大颗粒，凝聚成人肉眼可见的凝状体（俗称“矾花”），为沉淀处理创造条件。

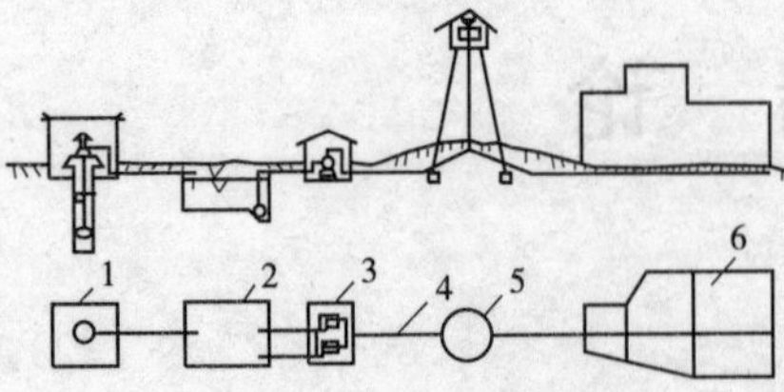

1—井群；2—集水池；3—泵站；
4—输水管线；5—水塔；6—配水管网

图 1-1　以地下水作为水源的给水系统

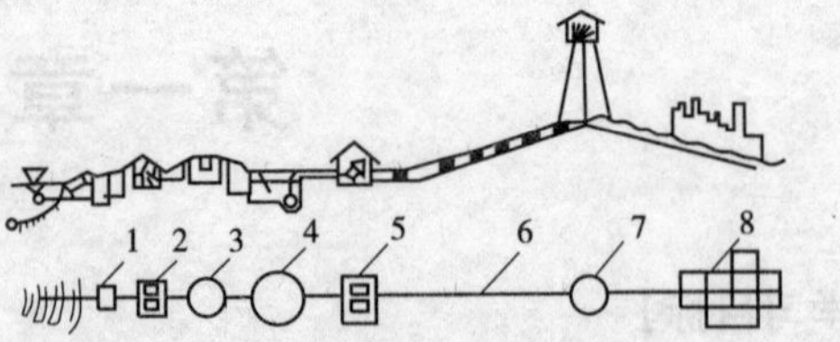

1—取水构筑物；2—一级泵站；3—净水构筑物；4—清水池；
5—二级泵站；6—输水管线；7—水塔；8—配水管网

图 1-2　以地表水作为水源的给水系统

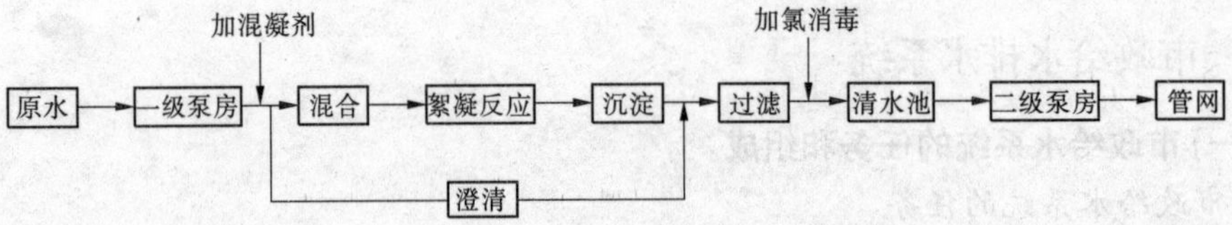

图 1-3　地表水净化流程示意图

水中固体颗粒依靠自身重力而从水中分离出来的过程称为沉淀。澄清的作用相当于絮凝反应和沉淀的综合作用，主要利用原水和池中积聚的活性泥渣之间的相互接触，发生接触絮凝而使水得以澄清。过滤的作用是去除经混凝沉淀或澄清后仍留在水中的细小杂质颗粒及部分细菌。加氯消毒的目的是消灭致病微生物。

（二）市政排水系统的任务、体制和组成

1. 市政排水系统的任务

市政排水系统的基本任务是将城市的各种污废水和雨雪水有组织地进行排除和处理，以保证环境卫生和防止水体被污染。

2. 排水体制

城市排水体制是对城市污废水和雨雪水采取收集和排除的方式。城市排水体制一般分为合流制和分流制两种形式。

1）合流制排水系统

将生活污水、工业废水和雨雪水汇集到同一排水系统的方式称为合流制排水系统。合流制管线单一，可以降低管道造价，有利于施工。但是由于管道断面尺寸大，晴天和雨天流入管网和污水处理厂的水量和水质变化较大，使污水处理的情况变得复杂化，运行管理较复杂。

2）分流制排水系统

分流制排水系统是将生活污水、工业废水和雨雪水分别汇集在两个或两个以上各自独立的管道内收集和排除的系统。其中，汇集和处理生活污水和工业废水的系统称为污水排水系统；汇集和排除雨雪水的系统称为雨水排水系统。

对于分流制排水系统，其污水管道管径较小，管网中的水量和水质变化不大，便于运行管理。但由于埋设两条管线,总造价较高,施工相对较复杂。

3. 市政排水系统的组成

1)污水排水系统

市政污水排水系统的组成部分主要有:室内污水管道系统和设备、室外污水管网系统、污水泵站及压力管道、污水处理与再利用系统、排入水体的出水口等。图 1-4 为市政污水排水系统总平面示意图。

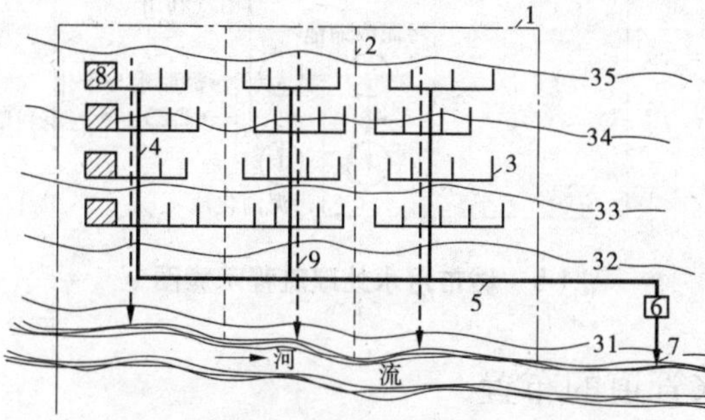

1—城市边界;2—排水流域分界线;3—支管;4—干管;
5—主干管;6—污水处理厂;7—出水口;8—工厂区;9—雨水管

图 1-4　市政污水排水系统总平面示意图

(1)庭院或街坊管道系统。它是把庭院或街坊排出的污水排泄到街道排水系统的管道系统。它敷设在庭院或街坊内,由出户管、检查井、庭院排水管道组成。其终点设置控制井,控制井的标高为庭院最低但高于街道排水管并保证与之相衔接的高程。

(2)街道排水管道系统。它是敷设在街道下的承接庭院或街坊排水的管道系统,由支管、干管和相应的检查井组成。其最小埋深须满足庭院排水管的接入需要。管道系统还设有如跌水井、倒虹吸等附属构筑物。

(3)中途泵站。当管道由于坡降要求埋深过大时,须将污水抽升后输送。

(4)污水处理厂。它设于排水管网的末端,对污水进行处理后排放水体。排放水体处设有出水口等。

2)工业废水排水系统

工业废水排水系统的组成部分主要有:车间内部管道系统和设备、厂区内废水管网系统、污水泵站及压力管道、废水处理站、回收和处理废水与污泥的场所等。

3)雨水排水系统

雨水排水系统的组成部分主要有:房屋的雨水管道系统和设施,如收集地面径流雨水的雨水口、排送雨水的雨水管等,街坊或厂区雨水管渠系统,街道雨水管渠系统,排洪沟道和出水口等。

4)污水处理系统

污水处理系统是处理和利用废水的设施,它包括城市及工业企业污水处理厂(站)中的各种处理构筑物等工程设施。典型的城市污水处理流程如图 1-5 所示。

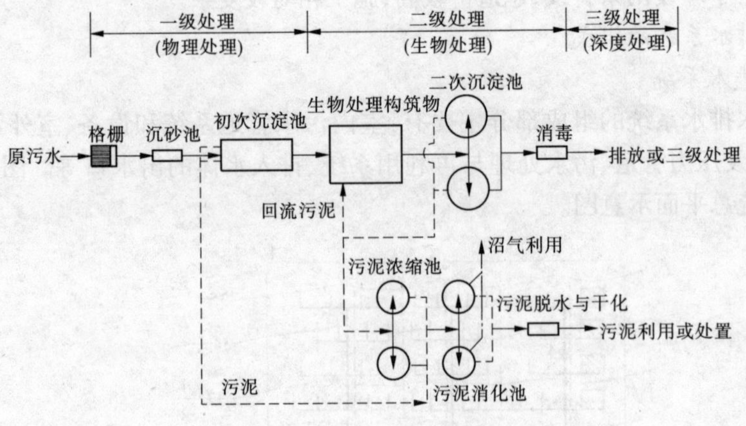

图 1-5　城市污水处理流程示意图

二、市政给水排水管道的布置

(一) 市政给水管道的布置

市政给水管道的布置应注重供水的可靠性和技术经济的合理性,其布置方式一般分为枝状管网和环状管网。

1. 枝状管网

如图 1-6 所示为枝状给水管网,其特点是管线短,系统单向供水,供水的安全可靠性差,管网末端的水质易变坏,在允许短时间停水的给水场合可布置成枝状管网。枝状管网一般适用于较小工程或用水质量要求不高的工程。

2. 环状管网

如图 1-7 所示为环状给水管网。给水干管布置成若干个闭合环流管路的称为环状给水管网。环状管管路长,管网中所用的阀门也较多,因此投资大。但环状给水管网是双向供水,供水的安全可靠性高,因管网有循环,管网末端的水质不易变坏。环状管网一般适用于大城市或用水质量要求高的重要工程。为了减少初期的建设投资,新建居民区或工业区一开始可做成枝状管网,待将来扩建时再发展成环状管网。

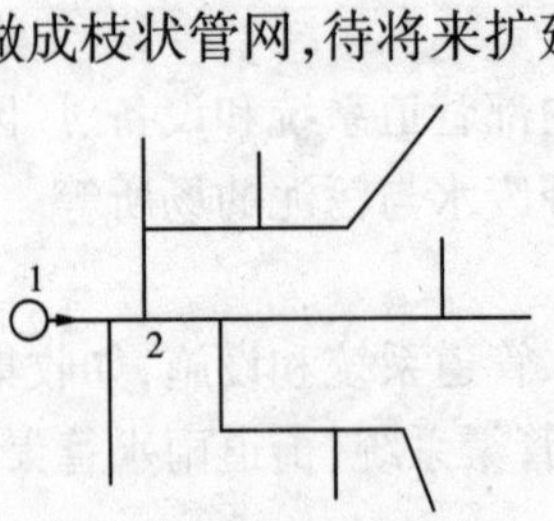

1—水厂;2—管道

图 1-6　枝状给水管网

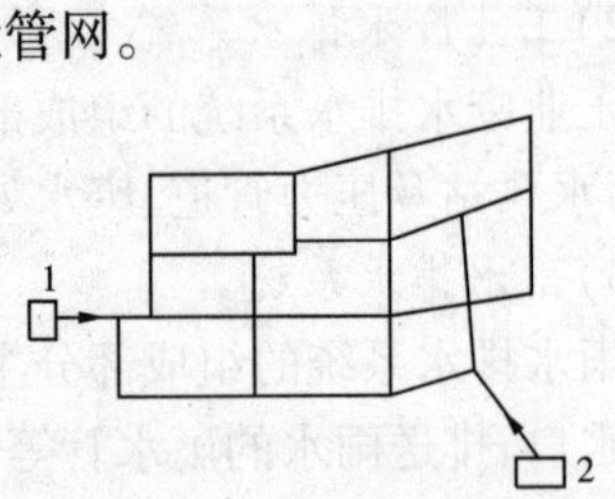

1—水厂;2—高位水池

图 1-7　环状给水管网

无论是枝状管网还是环状管网,供水干管都宜布置在用水量大、供水保证率要求高的建筑物附近,沿道路布置在绿地或人行道下面,与建筑物平行敷设,以便于施工、管理和维护。

(二)市政排水管道的布置

本着安全、经济、有效的原则,既要排水通畅又要节能,同时还应考虑尽量减少管道工程量及投资,对市政排水系统管网的布置有如下要求:

(1)各支管、干管、主干管的布置应尽量顺直少弯,污水应尽可能以最短距离排泄到污水处理厂。

(2)管道应尽量避免或减少穿越河道、铁路及其他地下构筑物,当城市为分期建设时,第一期工程的干管内应有较大的流量通过,以免因初期流速太小而影响管道的正常排水。

(3)按照地形地势,充分利用重力流的方式自流排水。

(4)管道应尽量布置在道路边侧的慢车道、人行道下面,管道与铁路、道路交叉时,应尽量垂直于路的中心线。

(5)管道在坡度改变、转弯、管径改变及支管接入等处应设置排水检查井,以便检查和清通排水管网。

(6)地形平坦处的小流量管道,应以最短路线与干管相接,尽量减少污水泵站的数量。

(7)排水管道平面排列及标高设计与其他管道发生冲突时,应按"小管让大管、可弯管让不可弯管、新建让已建、临时让永久、有压让无压"的规定处理。

(8)管道不得因机械振动而被损坏,管道损坏时,管内污水不得冲刷或侵蚀建筑物以及构筑物的基础和污染生活饮用水水管。

(9)管道布置不得影响施工安装和管道检修。

第二节　建筑给水排水系统概述

一、建筑给水排水系统的任务

建筑给水系统的任务就是经济合理地将城镇给水管网或自备水源给水管网的水引入一幢建筑或一个建筑群体,经配水管网送至生活、生产和消防用水设备,并满足各用水点对水量、水压和水质的要求。

建筑排水系统的任务就是将建筑物内部生活污水、工业废水,以及降落在屋面上的雨雪水,有组织、及时通畅地排至市政排水管道、处理构筑物或水体。

二、建筑给水排水系统的组成和内容

建筑给水排水系统包括建筑内部给水系统、建筑消防给水系统、建筑内部污废水排水系统、建筑热水和饮水供应系统、建筑中水系统、屋面雨水排水系统等。

(一)建筑内部给水系统

建筑内部给水系统的作用是将市政给水管道中的水引入建筑物内部各用水点。它由给水管道、各类阀门、配水龙头、水池、调节和增压设备等部分组成。

(二)建筑消防给水系统

建筑物发生火灾时,根据建筑物的性质、燃烧物的特点,可以用水、泡沫、干粉、气体等作为灭火剂来灭火。一般建筑常用水来灭火,因此建筑内需设消防给水系统,保证在建筑物发生火灾时能将水送达着火点以进行有效的灭火。建筑消防给水系统包含建筑消火栓给水系统、自动喷水灭火系统、水幕消防系统等,它由消防给水管道、各类阀门、消火栓、喷嘴、贮水池、增压设备及其他设备等组成。

(三)建筑内部污废水和屋面雨水排水系统

建筑内部污废水排水系统的作用是将建筑内部产生的污废水通过污废水收集器收集后,由建筑内部的排水管排出建筑物。屋面雨水排水系统的作用是通过屋面雨水斗及雨水管道将屋面雨水排至建筑物外部,保证建筑内部的正常使用功能。

(四)建筑热水和饮水供应系统

随着人民生活水平的提高,宾馆、住院楼等部分建筑需要提供热水,这时就需将冷水加热到一定温度,然后经过可靠、安全的技术措施输配到建筑内各用水点。建筑热水和饮水供应系统由冷水加热设备、输配水系统和安全控制设施等部分组成。

(五)建筑中水系统

建筑中水系统是将建筑或建筑小区内的生活污废水经适当处理后用于建筑或建筑小区作为生活杂用水的供水系统。其由中水原水系统、中水处理系统、中水输配管道系统等组成。设有中水系统的建筑排水系统一般采用污废水分流的排水体制,中水的原水一般为杂排水和雨水。

复习思考题与习题

1. 市政给水排水系统的基本任务是什么?
2. 建筑给水排水系统的基本任务是什么?
3. 市政给水系统的组成及作用是什么?
4. 市政给水系统的枝状给水管网与环状给水管网的优缺点是什么?适用对象有哪些?
5. 市政排水体制的类型及特点是什么?
6. 市政排水系统的组成及作用是什么?
7. 建筑给水排水工程的分类有哪些?

第二章　管材、附件及卫生器具

【学习目标】

了解水质的污染与防止；理解并掌握常用给水管材、排水管材的性能与选择；掌握水表的性能、选择及水表水头损失的计算；掌握常用卫生器具的性能与布置。

第一节　管　材

一、给水管材及连接

建筑内部给水常用管材有塑料管、钢管、复合管、给水铸铁管、铜管等。

（一）塑料管

随着人们生活水平的提高，给水塑料管的应用日趋广泛。塑料管的主要优点是：化学性能稳定，耐腐蚀，不受酸、碱、盐、油类等物质的侵蚀，内壁光滑，水头损失小，重量轻，易切割，施工安装方便。其主要缺点是：强度低、耐温性差（使用温度为 -5 ~45 ℃）、耐久性差。

常用的塑料管有：硬聚氯乙烯（UPVC）管、高密度聚乙烯（HDPE）管、聚丁烯（PB）管、交联聚乙烯（PEX）管、工程塑料丙烯腈 - 丁二烯 - 苯乙烯共聚物（ABS）管等。给水塑料管类型见表 2-1。

表 2-1　给水塑料管类型

系别	符号	化学名称	系别	符号	化学名称
氯乙烯系	UPVC	硬聚氯乙烯	聚烯烃系	PB	聚丁烯
				PP	聚丙烯
ABS 系	丁二烯			HDPE	高密度聚乙烯
	ABS 丙烯腈			LDPE	低密度聚乙烯
	苯乙烯共聚树脂			PEX	交联聚乙烯

UPVC 管的全称是低塑性或不增塑聚氯乙烯管，由聚氯乙烯树脂与稳定剂、润滑剂等配合后用热压法挤压成型。硬聚氯乙烯给水管规格见表 2-2。

UPVC 管抗腐蚀力强、易于连接、价格低廉、质地坚硬，但由于有 UPVC 单体和添加剂易渗出，只适用于输送温度不超过 45 ℃的给水系统中。

聚乙烯管（PE 管）耐腐蚀且韧性好，连接方法为熔接、机械式胶圈压紧接头。PE 管又分为 HDPE 管（高密度聚乙烯管）、LDPE 管（低密度聚乙烯管）和 PEX 管（交联聚乙烯管），其中 HDPE 管有较好的耐疲劳强度和耐温度性能，可曲挠性和抗冲击性能也较好；

PEX 管的强度高、耐热性好，可用于热水供应系统，但一般应采用金属管件连接。

表 2-2 硬聚氯乙烯给水管规格

公称外径（mm）		壁厚（mm）			
基本尺寸	允许偏差	公称压力 0.63 MPa		公称压力 1.00 MPa	
		基本尺寸	允许偏差	基本尺寸	允许偏差
20	+0.30	1.6	+0.40	1.9	+0.40
25	+0.30	1.6	+0.40	1.9	+0.40
32	+0.30	1.6	+0.40	1.9	+0.40
40	+0.30	1.6	+0.40	1.9	+0.40
50	+0.30	1.6	+0.40	2.4	+0.50
63	+0.30	2.0	+0.40	3.0	+0.50
75	+0.30	2.3	+0.50	3.6	+0.60
90	+0.30	2.8	+0.50	4.3	+0.70
110	+0.40	3.4	+0.60	5.3	+0.80
125	+0.40	3.9	+0.60	6.0	+0.80
140	+0.50	4.3	+0.70	6.7	+0.90
160	+0.50	4.9	+0.70	7.7	+1.00
180	+0.60	5.5	+0.80	8.6	+1.10
200	+0.60	6.2	+0.90	9.6	+1.20
223	+0.70	6.9	+0.90	10.8	+1.30
250	+0.80	7.7	+1.00	11.9	+1.40

注：1. 壁厚是以 20 ℃环向（诱导）应力为 10 MPa 确定的。

2. 公称压力是管材在 20 ℃下输送水的工作压力。

聚丙烯管（PP 管），改性的聚丙烯管（PP－R、PP－C 管），耐热性能较好，低温时脆性大，宜用于热水系统。

聚丁烯管（PB 管），耐腐蚀、抗老化、保温性能好，具有良好的抗拉、抗压强度，耐冲击，高韧性，可曲挠性好，使用年限在 50 年以上。PB 管的接口方式主要有挤压连接和热熔焊接。

ABS 管是丙烯腈、丁二烯、苯乙烯的三元共聚物，具有良好的耐腐蚀性、韧性和强度。其综合性能好，可用于冷、热水系统中，多采用粘接，但粘接固化时间较长。

塑料管常用的连接方法有螺纹连接、焊接、法兰连接、粘接和热熔连接等。

（二）钢管

钢管有焊接钢管、无缝钢管两种。焊接钢管又分镀锌钢管和非镀锌钢管。

钢管具有强度高、承受流体的压力大、抗震性能好、长度大、重量比铸铁管轻、接头少、加工安装方便等优点，但抗腐蚀性差、造价较高。

钢管镀锌的目的是防锈、防腐，不使水质变坏，延长使用年限。生活用给水管采用镀锌钢管（$DN<150$ mm），自动喷水灭火系统的消防给水管采用镀锌钢管或镀锌无缝钢管，并且要求采用热浸镀锌工艺生产的产品。对水质没有特殊要求的生产用水或独立的消防系统，才允许采用非镀锌钢管。表 2-3 为低压流体输送用焊接钢管和镀锌焊接钢管规格。

表 2-3　低压流体输送用焊接钢管及镀锌焊接钢管规格

公称直径（mm）	外径		普通钢管			加厚钢管		
	外径（mm）	允许偏差	壁厚		理论质量（kg/m）	壁厚		理论质量（kg/m）
			公称尺寸（mm）	允许偏差		公称尺寸（mm）	允许偏差	
8	13.5		2.25		0.62	2.75		0.73
10	17.0		2.25		0.82	2.75		0.97
15	21.3		2.75		1.26	3.25		1.45
20	26.8	±0.50	2.75		1.63	3.50		2.01
25	33.5		3.25		2.42	4.00		2.91
32	42.3		3.25	+12%	3.13	4.00	+12%	3.78
40	48.0		3.50		3.81	4.25		4.58
50	60.0		3.50	−15%	4.88	4.50	−15%	6.16
65	75.5		3.75		6.64	4.50		7.88
80	88.5		4.00		8.34	4.75		9.81
100	114.0	+1%	4.00		10.35	5.00		13.44
125	140.0		4.50		15.04	5.50		18.24
150	165.0		4.50		17.81	5.50		21.63

钢管的连接方法有螺纹连接、焊接、法兰连接和卡箍连接等。钢管螺纹连接配件如图 2-1所示。

(三)复合管

复合管是金属与塑料混合型管材，常用的有铝塑复合管、钢塑复合管。

铝塑复合管的中间为一层焊接铝合金，内外各一层聚乙烯，经胶合黏结而成，具有金属管耐压和聚乙烯塑料管耐腐蚀性好的优点。铝塑复合管按聚乙烯材料不同分为适用于冷水的高密度聚乙烯铝塑复合管（PAP）和适用于热水的交联聚乙烯铝塑复合管（XPAP）。铝塑复合管的规格为ϕ14～ϕ32。一般采用夹紧式铜配件连接，主要用于建筑内配水支管。

钢塑复合管是由镀锌钢管内衬一定厚度的 PE 塑料而制成的，因而同时具有钢管和塑料管材的优点。钢塑复合管的规格为ϕ15～ϕ150。一般适用于水温为 50 ℃以下的建筑冷水给水系统。

(四)给水铸铁管

给水铸铁管具有耐腐蚀性强、使用期长、价格低等优点，但是管壁厚、重量大、质脆、强度较钢管差，一般多用于 $DN \geq 75$ mm 的给水管道，尤其多适用于埋地敷设。

球墨给水铸铁管是市政和居住小区目前使用较多的新型给水管材，具有管壁薄、强度

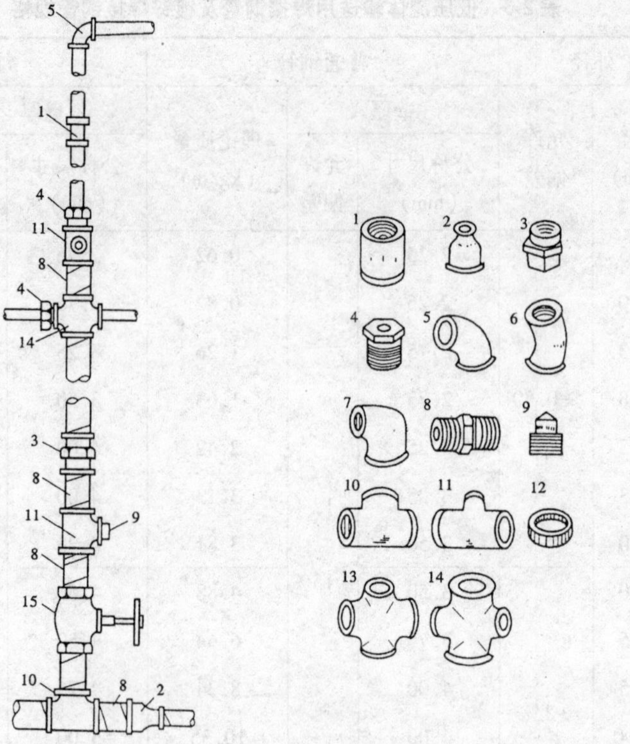

1—管箍；2—异径管箍；3—活接头；4—补心；5—90°弯头；6—45°弯头；7—异径；8—内管箍；9—管塞；10—等径三通；11—异径三通；12—根母；13—等径四通；14—异径四通；15—阀门

图 2-1　钢管螺纹连接及管件

高、韧性好、耐腐蚀等优点，是传统铸铁管和普通钢管的更新换代产品。

给水铸铁管的连接方法有承插连接和法兰连接两种，图 2-2 所示为常见的几种连接配件。承插连接（见图 2-3）可采用石棉水泥接口、膨胀水泥接口、胶圈接口等；在需经常拆卸的部位应采用法兰连接，法兰连接一般适用于明敷管道。球墨铸铁管的承插连接方式一般采用胶圈接口。

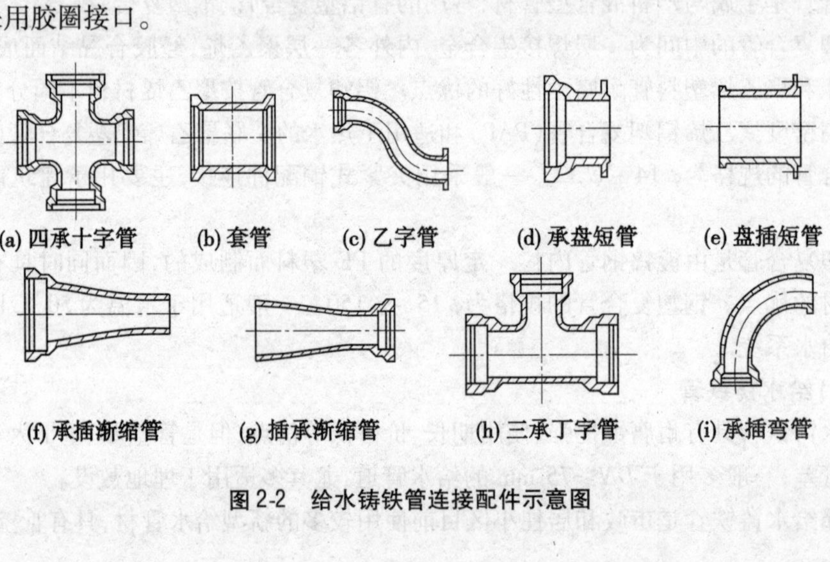

图 2-2　给水铸铁管连接配件示意图

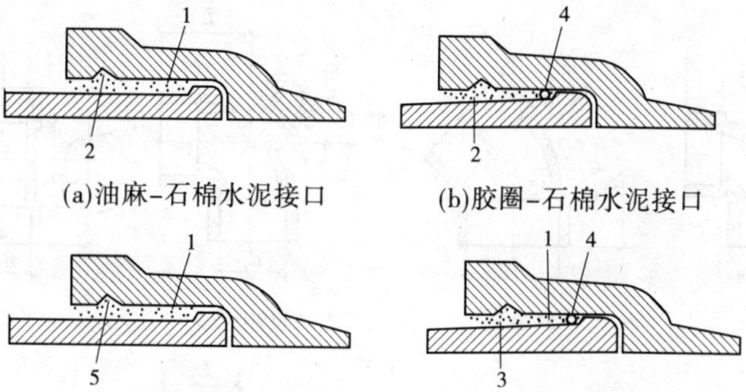

(a)油麻–石棉水泥接口　　(b)胶圈–石棉水泥接口

(c)油麻–膨胀水泥接口　　(d)胶圈–青铅接口

1—油麻;2—石棉水泥填料;3—青铅填料;4—胶圈;5—膨胀水泥填料

图 2-3　给水铸铁管承插接口

(五)铜管

铜管具有强度高、可塑性好、水力条件好、不污染水质、热胀冷缩系数小、抗高温性能好等优点,一般适宜输送热水。铜管的主要规格为ϕ 15 ~ ϕ 160。其连接方式有焊接、螺纹连接等。

二、排水管材及连接

建筑内部的排水管道通常采用硬聚氯乙烯(UPVC)排水管,对于高层建筑一般采用柔性接口排水铸铁管,室外埋地排水管常采用埋地 UPVC 排水管和混凝土管。

(一)硬聚氯乙烯排水塑料管

硬聚氯乙烯(UPVC)管具有耐腐蚀、质轻、水流阻力小、施工安装方便、外表美观等优点,在建筑排水系统中得到较为广泛的应用。硬聚氯乙烯排水直管的规格见表 2-4,管件共有 20 多个品种、76 个规格,图 2-4 所示为 UPVC 排水塑料管部分管件。国内目前的连接形式有粘接、橡胶卷连接和螺纹连接等三种方法。

表 2-4　硬聚氯乙烯排水直管规格　　(单位:mm)

公称外径	平均外径极限偏差	直管			
		壁厚		长度	
		基本尺寸	极限偏差	基本尺寸	极限偏差
40	+0.30	20	+0.40	4 000 或 6 000	-10
50	+0.30	20	+0.40		
75	+0.30	23	+0.40		
90	+0.30	32	+0.60		
110	+0.30	32	+0.60		
125	+0.40	32	+0.60		
160	+0.50	40	+0.60		

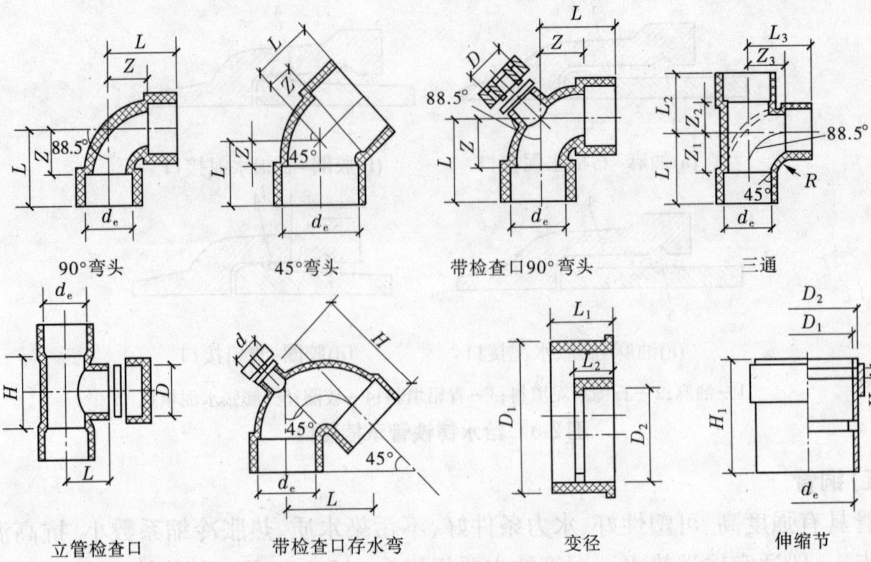

图 2-4　UPVC 排水塑料管部分管件示意图

(二)排水铸铁管

1. 普通排水铸铁管

普通排水铸铁管是建筑内部排水系统的主要管材，有排水铸铁承插直管、排水铸铁双承插直管，有管箍、弯头、三通、四通、存水弯、检查口等管件(见图 2-5)。

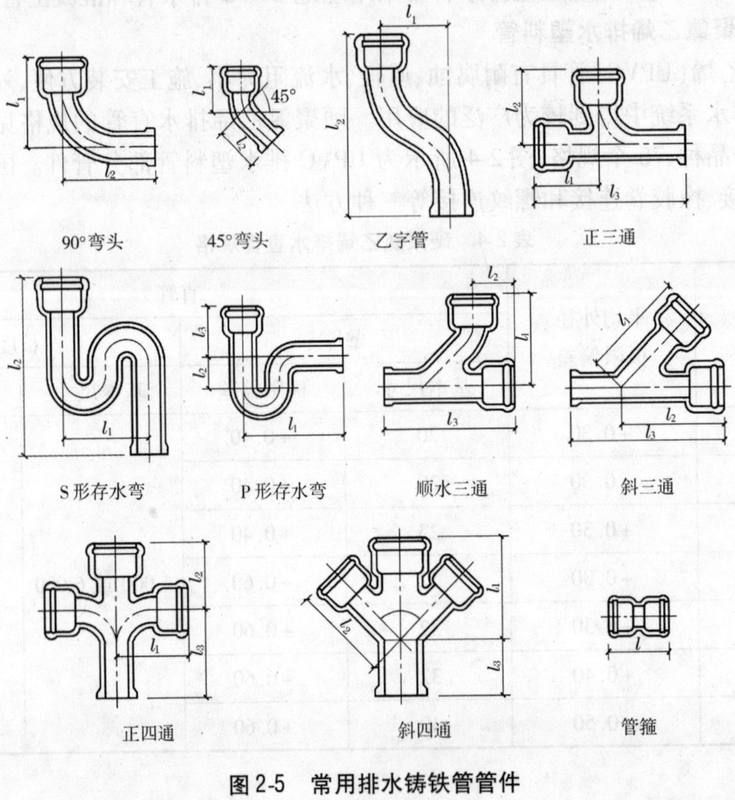

图 2-5　常用排水铸铁管管件

2. 柔性接口排水铸铁管

高层建筑以及地震区建筑排水管宜采用柔性接口，让其在内水压下具有良好的曲挠性和伸缩性，以适应建筑楼层间变位导致的轴向位移和横向曲挠变形，防止管道裂缝、折断。如图 2-6所示为 RK－A 型柔性接口，接口采用法兰压盖和螺栓将橡胶密封圈压紧。柔性接口排水铸铁管件有立管检查口、三通、45°三通、45°弯头、90°弯头、45°和 30°通气管、四通、P 形和 S 形存水弯等，如图 2-7 所示。

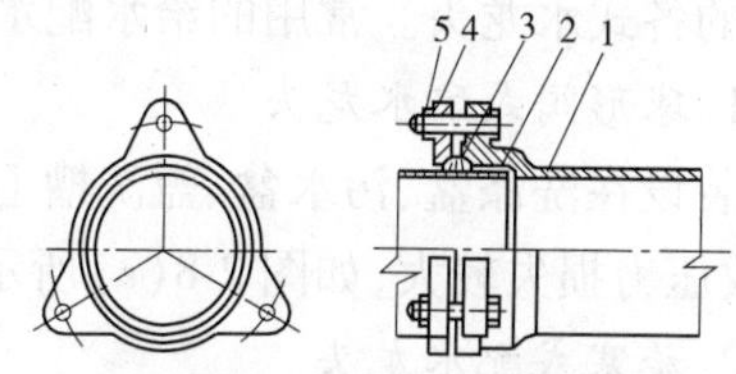

1—承口端；2—插口端；3—橡胶密封圈；4—法兰压盖；5—螺栓

图 2-6　RK－A 型柔性接口排水铸铁管接口

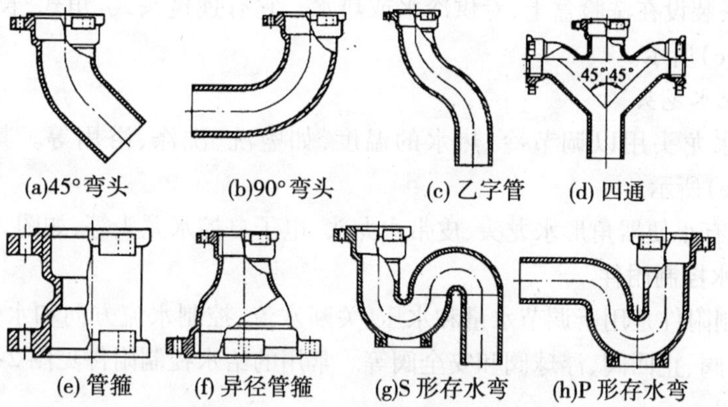

图 2-7　柔性接口排水铸铁管部分管件

(三)混凝土管

混凝土管的主要优点是节约金属管材，缺点是耐腐蚀性差、内表面粗糙、抗压强度较低。直径在 400 mm 以下者为素混凝土管，用于室外排水支管；400 mm 以上者为钢筋混凝土管，用于室外排水干管和主干管。素混凝土管长度为 1 m，钢筋混凝土管长度为 2 m。素混凝土管和钢筋混凝土管的接口一般有承插式接口、抹带式接口和套环式接口三种。

承插式接口材料为水泥砂浆和油麻沥青胶砂。抹带式接口最常见的是水泥砂浆抹带和铅丝网水泥砂浆抹带。套环式接口的套环材料一般与管材相同。

第二节　附件与水表

一、给水附件

给水附件是指安装在管道及设备上的具有启闭或调节功能的装置，分为给水配水附件和给水控制附件两大类。

(一)给水配水附件

给水配水附件主要用以调节和分配水流，一般指为各类卫生器具或受水器分配、调节水流的各式水龙头。常用的给水配水附件见图 2-8。

1. 球形阀式配水龙头

装设在洗涤盆、污水盆、盥洗槽上的水龙头均属此类。水流经过此种水龙头因改变流向,故压力损失较大,如图 2-8(a)所示。

2. 旋塞式配水龙头

这种水龙头的旋塞旋转 90°时,即完全开启,短时间可获得较大的流量。由于水流呈直线通过,其阻力较小。缺点是启闭迅速时易产生水锤。一般用于压力为 0.1 MPa 左右的配水点处,如浴池、洗衣房、开水间等,如图 2-8(b)所示。

3. 盥洗水龙头

盥洗龙头装设在洗脸盆上,专供冷水或热水。它有莲蓬头式、角式、长脖式等多种形式,如图 2-8(c)所示。

4. 混合配水龙头

混合配水龙头用以调节冷、热水的温度,如盥洗、洗涤、浴用等。其形式较多,如图 2-8(d)、(e)所示。

此外,还有小便器角形水龙头、皮带水龙头、电子自控水龙头等,如图 2-8(f)所示。

(二)给水控制附件

给水控制附件是用于调节水量和水压、关断水流、控制水流方向和水位的各式阀门,如截止阀、闸阀、止回阀、浮球阀和安全阀等。常用的给水控制附件见图 2-9。

1. 截止阀

如图 2-9(a)所示,此阀关闭严密,但水流阻力较大,一般适用于管径不大于 50 mm 或经常启闭的管段上。

2. 闸阀

如图 2-9(b)所示,此阀全开时水流呈直线通过,阻力较小。但若有杂质落入阀座后,会使阀门关闭不严,因而易产生磨损和漏水,一般适用于 50 mm 以上的管径。

3. 蝶阀

如图 2-9(c)所示,阀板在 90°翻转范围内起调节、节流和关闭作用,具有操作扭矩小、启闭方便、结构紧凑、体积较小等优点,一般适用于管径在 50 mm 以上或双向流动的管道上。

4. 止回阀

止回阀用以阻止水流的反向流动,一般装设在需要防止水倒流的管段上。按构造不同分为旋启式、升降式、蝶式、梭式和球式等;按振动和消声等级不同分为缓闭式、速闭式;按连接方式不同分为螺纹式、法兰式。具体构造见图 2-10。

5. 减压阀

减压阀的作用是降低水流压力,应用于高层建筑生活给水系统和消防给水系统,以简化给水系统,减少水泵数量或减少减压水箱数量。

减压阀通常有活塞式减压阀和弹簧式减压阀两种类型。

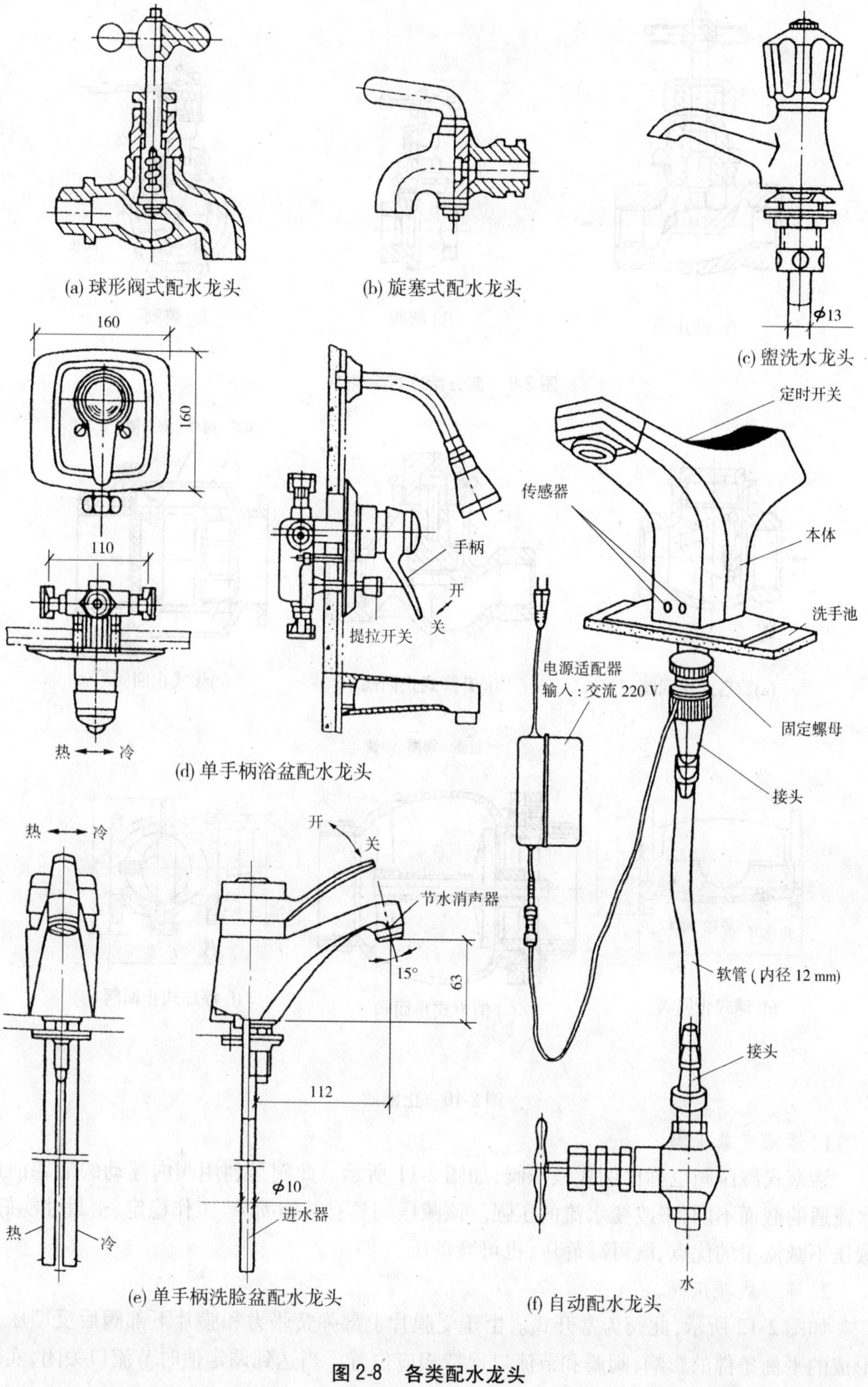
(a) 球形阀式配水龙头
(b) 旋塞式配水龙头
ϕ13
(c) 盥洗水龙头
160
160
110
手柄
开
关
提拉开关
热
冷
(d) 单手柄浴盆配水龙头
定时开关
传感器
本体
洗手池
电源适配器
输入：交流 220 V
固定螺母
接头
热
冷
开
关
节水消声器
15°
63
112
ϕ10
进水器
热
冷
(e) 单手柄洗脸盆配水龙头
软管（内径 12 mm）
接头
水
(f) 自动配水龙头

图 2-8　各类配水龙头

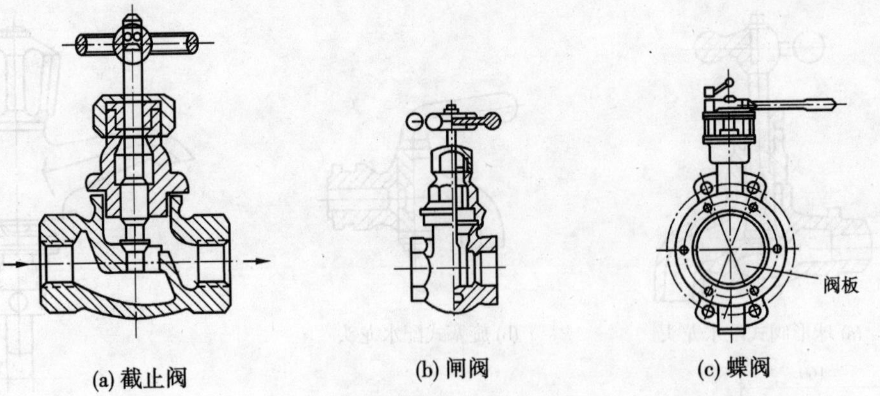

图 2-9　部分给水控制附件

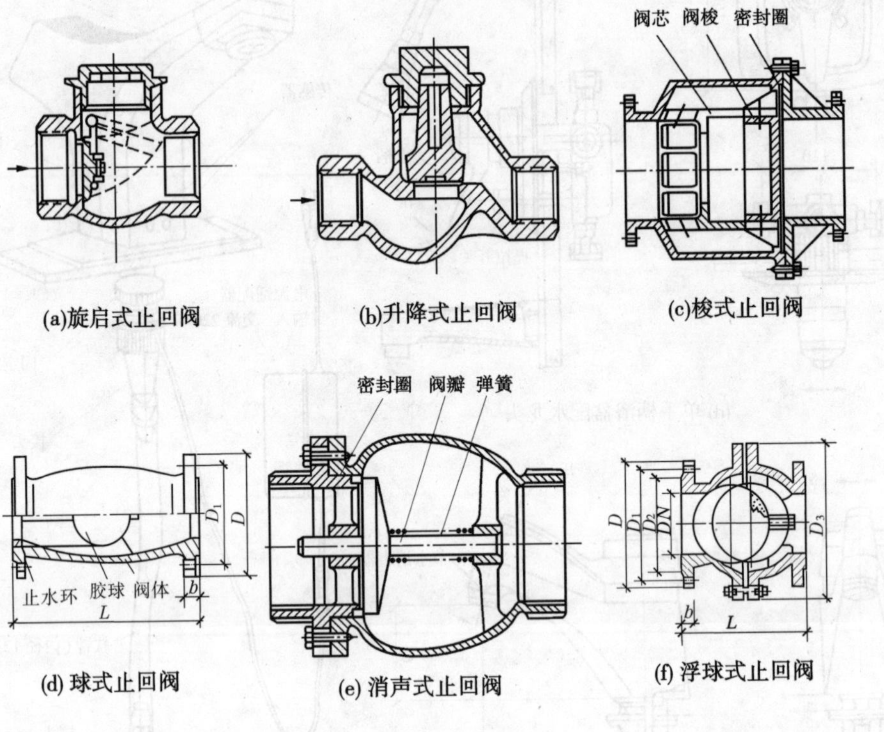

图 2-10　止回阀

1) 活塞式减压阀

活塞式减压阀也称比例式减压阀,如图 2-11 所示。此阀是利用阀内浮动的活塞前后水流通的截面不同,来改变水流的压强。该减压阀具有结构简单、工作稳定、密封性能好、减压不减流量的优点,既可减静压,也可减动压。

2) 弹簧式减压阀

如图 2-12 所示,此阀为常开式。由于受膜片上部弹簧张力和膜片下部阀后反馈压力形成的平衡条件的影响,阀瓣和节流口保持相应位置。当达到调定值时节流口关闭,实现减静压；当阀后压力低于调定值时，由弹簧的压力向下压阀芯，又打开了节流口进行增压，并保证阀后压力不超过调定值。此类阀结构简单、流量大、阀后压力调节范围大、压紧弹簧可起到截止阀的作用，适用于阀前压力变化小、流量需求大的条件。

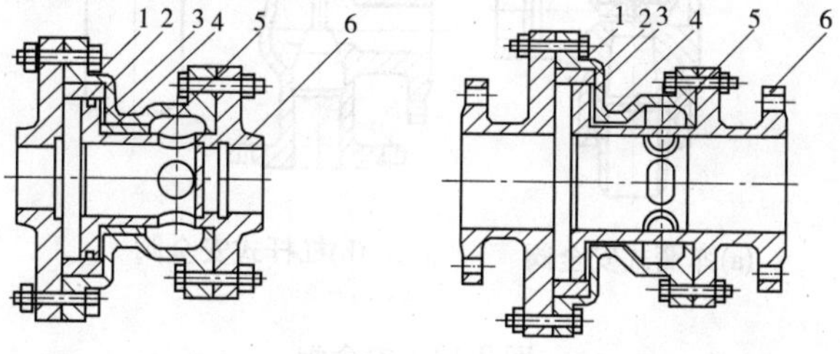

(a)Y13X-10 *DN*25~*DN*50　(b)Y43X-16 *DN*65~*DN*150

1—环套；2—O 形密封圈；3—阀体；4—活塞套；5—进口端螺纹；6—进口端法兰

图 2-11　活塞式减压阀

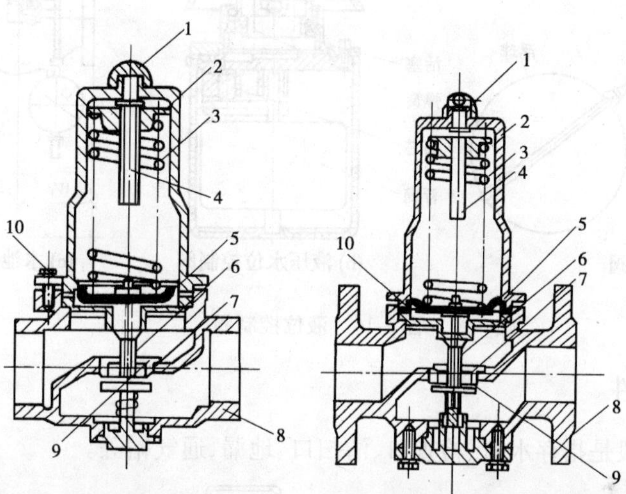

(a)Y110(Y210) *DN*15~*DN*50　(b)Y410(Y416) *DN*65~*DN*150

1—盖形螺母；2—弹簧罩；3—弹簧；4—调节螺杆；5—膜片；6—阀杆；
7—阀瓣；8—阀体；9—节流口；10—O 形密封圈

图 2-12　弹簧式减压阀

6. 安全阀

安全阀是一种保安器材，包括弹簧式和杠杆式两种（见图 2-13）。管网中安装此阀可以保证系统和设备安全运行，用于需超压保护的容器、设备及管路，超压时能自动释放压力。

7. 液位控制阀

液位控制阀（见图 2-14）用于控制水箱、水池液面的高度，以防溢流。图 2-14（a）所示为浮球阀，水位上升后浮球随之浮起，因杠杆作用而堵塞进水口。其缺点是体积较大，阀芯易卡住导致关闭不严而溢水。图 2-14（b）所示为改进后的液压水位控制阀，图 2-14（c）所示为水池水位控制阀。

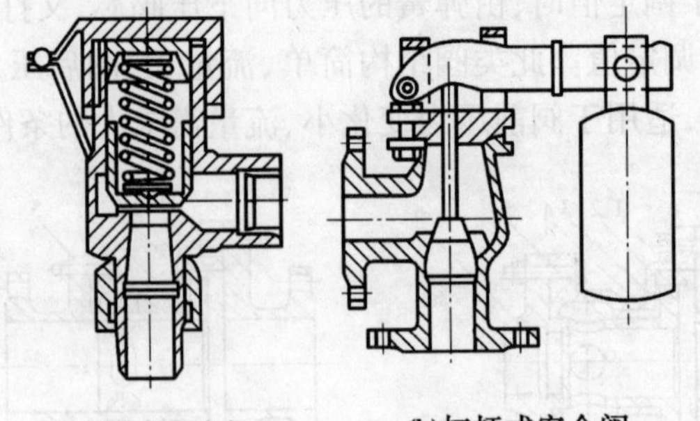

(a)弹簧式安全阀　　(b)杠杆式安全阀

图 2-13　安全阀

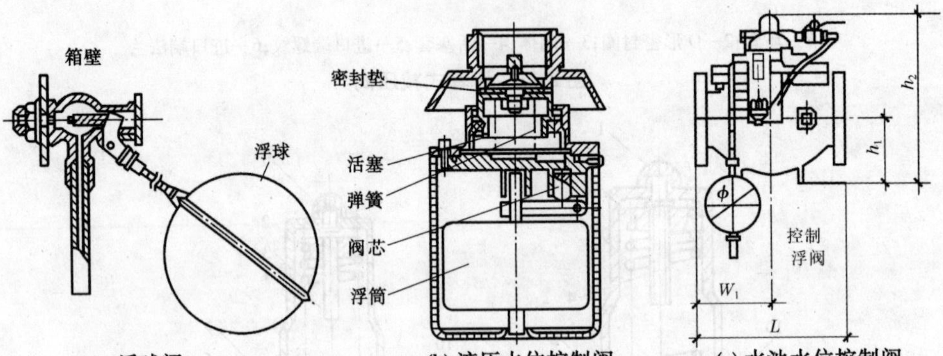

(a) 浮球阀　　(b) 液压水位控制阀　　(c) 水池水位控制阀

图 2-14　液位控制阀

二、排水附件

排水附件一般是指存水弯、检查口、清扫口、地漏、通气帽等。

(一)存水弯

存水弯的作用是在其内形成一定高度的水封,通常为 50 ~ 100 mm,以阻止排水系统中的有毒有害气体或虫类进入室内,保证室内的环境卫生。存水弯的类型主要有 S 形和 P 形两种,如图 2-15 所示。

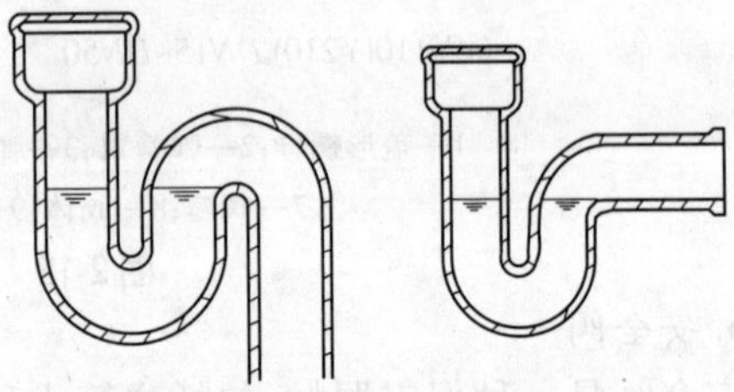

(a)S形存水弯　　(b)P形存水弯

图 2-15　存水弯

S 形存水弯常用在排水支管与排水横管垂直连接的部位。P 形存水弯常用在排水支管与排水横管和排水立管不在同一平面位置而需连接的部位。如需把存水弯设在地面以上,为满足美观要求,存水弯还有瓶式存水弯、存水盒等不同类型。

(二)检查口与清扫口

检查口和清扫口属于清通设备,为了保障室内排水管道排水畅通,如遇堵塞应能方便疏通,因此在排水立管和横管上都应设清通设备。

1. 检查口

检查口是一个带盖板的开口短管,拆开盖板便可以进行管道清通。检查口设置在立管上,多层或高层建筑内的排水立管每隔一层设一个。检查口的间距不大于 10 m,机械清扫时,立管检查口间的距离不宜大于 15 m。在立管的最低层和设有卫生器具的二层以上坡顶建筑的最高层必须设检查口,若立管上有乙字弯管,应在乙字弯管上部设检查口。检查口设置高度一般以距地面 1 m 为宜。

2. 清扫口

清扫口一般设置在横管上,横管上连接的卫生器具较多时,起点应设清扫口(有时用可清掏的地漏替代)。在连接 2 个及 2 个以上的大便器或 3 个及 3 个以上的卫生器具的污水横管、水流转角小于 135°的铸铁排水横管上,均应设置检查口或清扫口。在连接 4 个及 4 个以上的大便器塑料排水横管上宜设置清扫口。污水横管的直线管段上检查口或清扫口之间的最大距离,按表 2-5 确定。从污水立管或排出管上的清扫口至室外检查井中心的最大长度,大于表 2-6 的数值时应在排出管上设清扫口。室内埋地横干管上设检查口井。检查口、清扫口、检查口井见图 2-16。

(三)地漏

地漏一般设置在经常有水溅落的地面、有水需要排除的地面和经常需要清洗的地面,如盥洗室、淋浴间、卫生间等。设置洗浴器和洗衣机的部位应设置地漏,并要求布置洗衣机的部位宜采用防止溢流和干涸的专用地漏。地漏应设置在易溅水的卫生器具附近的最低处,其地漏箅子应低于地面 5 ~ 10 mm,带有水封的地漏,其水封深度不得小于 50 mm。直通式地漏下必须设置存水弯,严禁采用钟罩式地漏。

表 2-5 污水横管直线段上检查口或清扫口的最大距离

管径(mm)	最大距离(m)			清扫设备的种类
	生产废水	生活污水或与生活污水成分接近的生产污水	含有大量悬浮物和沉淀物的生产污水	
50 ~ 75	15	12	10	检查口
50 ~ 75	10	8	6	清扫口
100 ~ 150	20	15	12	检查口
100 ~ 150	15	10	8	清扫口
200	25	20	15	检查口

表 2-6 污水立管或排出管上的清扫口至室外检查井中心的最大长度

管径(mm)	50	75	100	100 以上
最大长度(m)	10	12	15	20

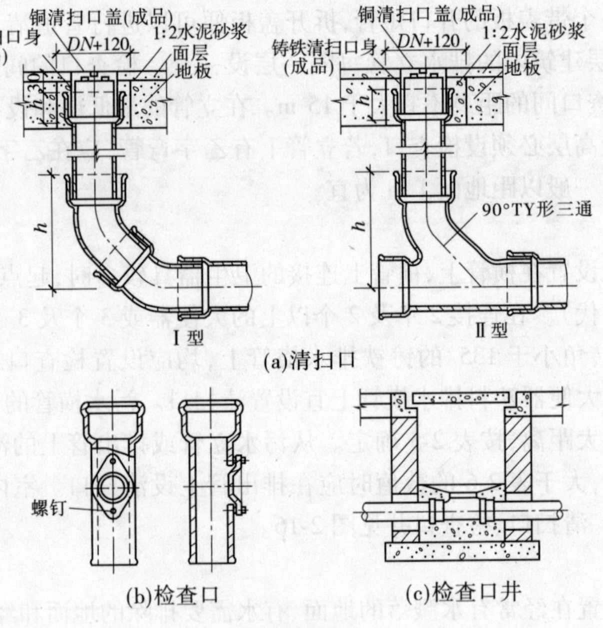

h—水封高度

图 2-16　清通设备

1. 普通地漏

普通地漏的水封深度较浅，如果只承担排除溅落水的功能，要注意经常注水，以免水封受蒸发破坏。该种地漏有圆形和方形两种供选择，材质为塑料、铸铁、黄铜、不锈钢、镀铬箅子，见图 2-17(a)。

2. 多通道地漏

多通道地漏有一通道、二通道、三通道等多种形式，而且通道位置可不同，使用方便。因多通道可连接多根排水管，所以主要用于卫生间内设有洗脸盆、洗手盆、浴盆和洗衣机等情况。这种地漏为防止不同卫生器具排水可能造成的地漏反冒，故设有塑料球，可封住通向地面的通道，见图 2-17(b)、(c)。

3. 存水盒地漏

存水盒地漏的盖为盒状，并设有防水翼环，可随不同地面需要调节安装高度，施工时将翼环放在结构板上。这种地漏还附有单侧通道和双侧通道，可按实际情况选用，见图 2-18。

4. 双箅杯式地漏

双箅杯式地漏内部水封盒用塑料制作，形如杯子，具有便于清洗、比较卫生、排泄量大、排水快等优点，采用双箅有利于拦截污物。这种地漏另附塑料密封盖，完工后去除，避免施工时发生泥沙石等杂物堵塞，见图 2-19。

5. 防回流地漏

防回流地漏(见图 2-20)适用于地下室或用于电梯井、地下通道排水，这种地漏设有防回流装置，可防止污水倒流。一般设有塑料球或采用防回流止回阀，见图 2-21。

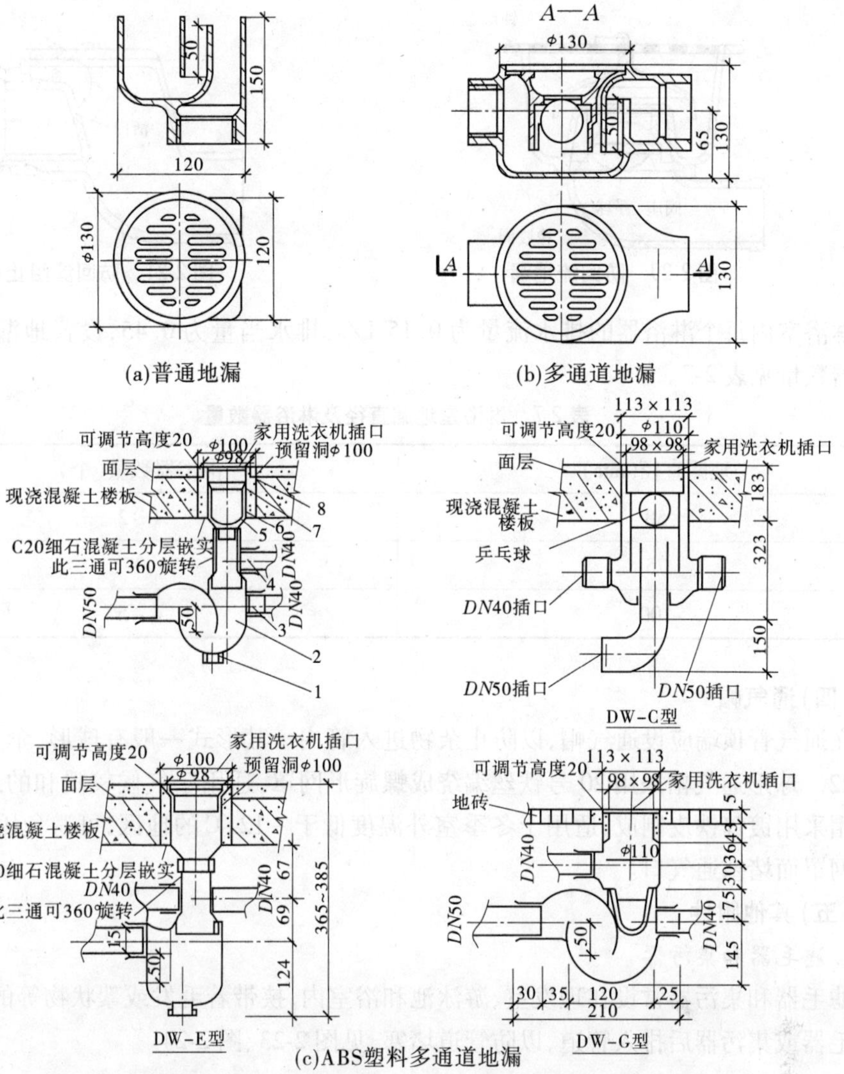

(a)普通地漏　　(b)多通道地漏

(c)ABS塑料多通道地漏

1—清扫口堵头；2—存水盘；3—下接口件；4—上接口件；5—带防水翼环的预埋件；

6—滤网斗；7—高度调节件；8—洗衣机插口盖板

图 2-17　地漏

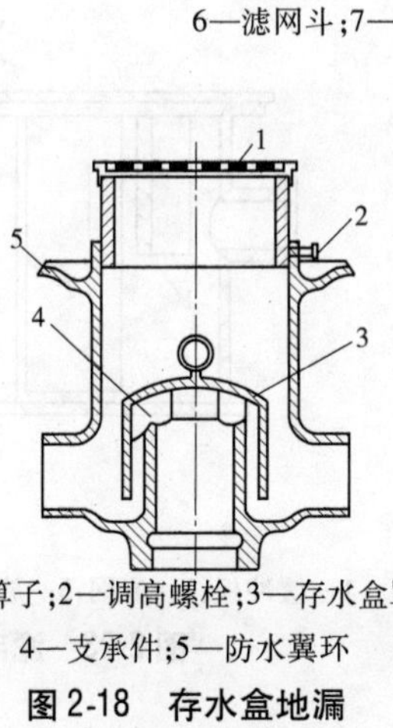

1—箅子；2—调高螺栓；3—存水盒罩；

4—支承件；5—防水翼环

图 2-18　存水盒地漏

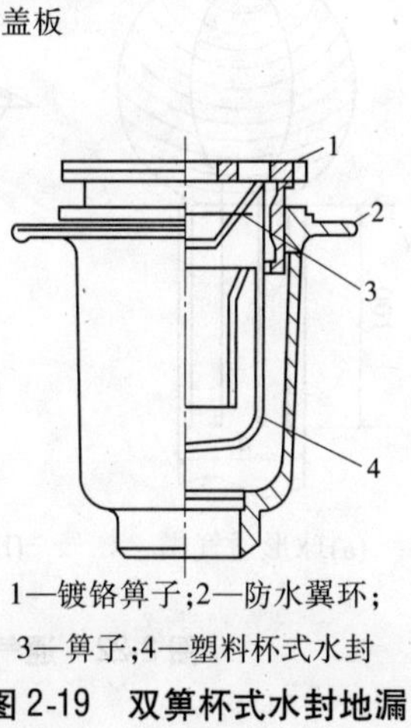

1—镀铬箅子；2—防水翼环；

3—箅子；4—塑料杯式水封

图 2-19　双箅杯式水封地漏

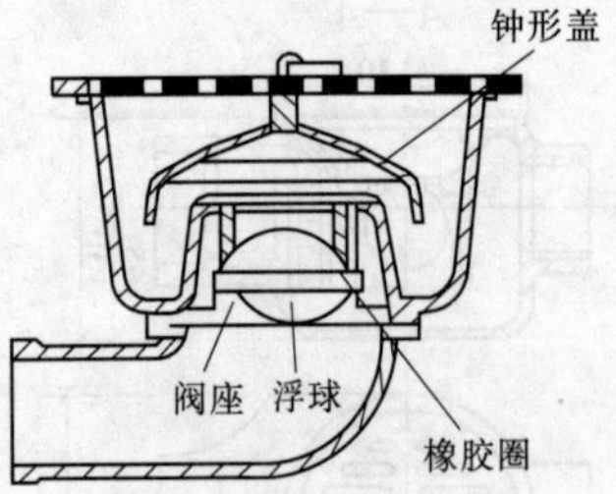

图 2-20　防回流地漏

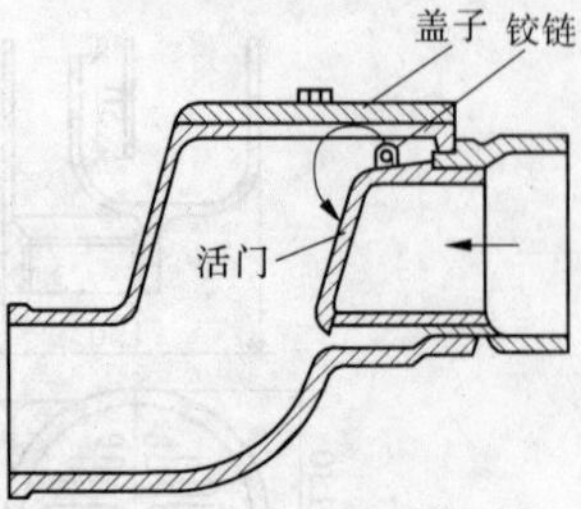

图 2-21　防回流阻止阀

淋浴室内每个淋浴器的排水流量为 0.15 L/s，排水当量为 0.45，设置地漏的规格和淋浴器数量见表 2-7。

表 2-7　淋浴室地漏直径及淋浴器数量

地漏直径(mm)	淋浴器数量(个)
50	1 ~ 2
75	3
100	4 ~ 5

(四)通气帽

在通气管顶端应设通气帽，以防止杂物进入管内。其形式一般有球形、伞形两种，见图 2-22。球形通气帽采用 20 号铁丝编绕成螺旋形网罩，适用于气候较暖和的地区；伞形通气帽采用镀锌铁皮制成，适用于冬季室外温度低于 -12 ℃的地区，可避免因潮气结霜封闭网罩而堵塞通气口。

(五)其他附件

1. 滤毛器和集污器

滤毛器和集污器常设在理发室、游泳池和浴室内，挟带着毛发或絮状物等的污水先通过滤毛器或集污器后排入管道，以防管道堵塞，见图 2-23、图 2-24。

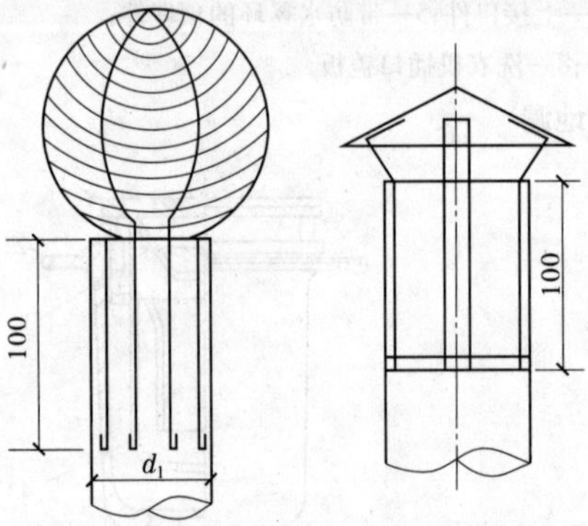

(a)球形通气帽　(b)伞形通气帽

图 2-22　通气帽

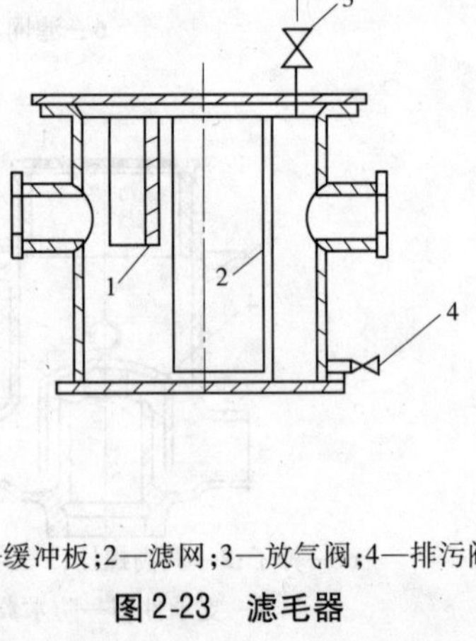

1—缓冲板；2—滤网；3—放气阀；4—排污阀

图 2-23　滤毛器

2. 隔油具

厨房或配餐间的洗碗、洗鱼、洗肉等含油脂污水，从洗涤池排入下水道前，必须先进行初步的隔油处理。这种隔油处理的装置简称隔油具(见图 2-25)。隔油具一般装设在洗涤池下面，可供几个洗涤池共用。经隔油具处理的水排至室外后仍应经过隔油池处理。

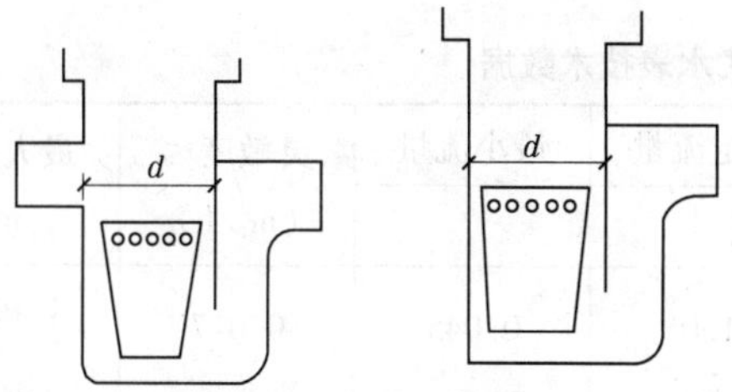

(a)适用管径d=250~300 mm (b)适用管径d=100~150 mm

图 2-24　地面集污器

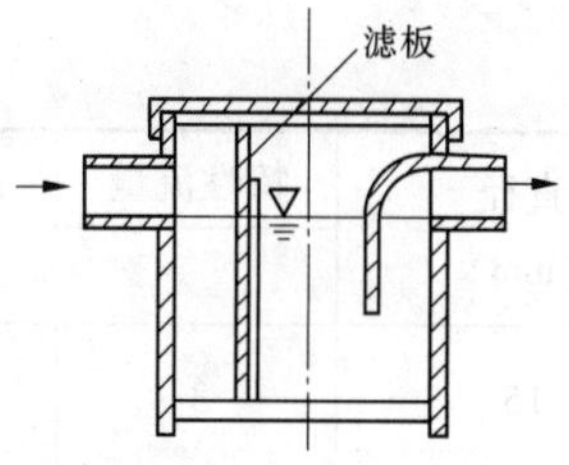

图 2-25　隔油具

三、水表

水表是一种计量用户累计用水量的仪表。

(一)流速式水表的构造和性能

流速式水表在建筑内部给水系统中应用较广泛。这种水表是根据管径一定时，水流通过水表的速度与流量成正比的原理来测量的。它主要由外壳、翼轮和传动指示机构等部分组成。当水流通过水表时，推动翼轮旋转，翼轮转轴传动一系列联动齿轮，指示针显示到度盘刻度上，便可读出流量的累计值。

流速式水表按翼轮构造不同分为旋翼式和螺翼式。旋翼式水表的翼轮转轴与水流方向垂直，如图 2-26(a)所示。它的阻力较大，多为小口径水表，适宜用于测量小的流量。螺翼式水表的翼轮转轴与水流方向平行，如图 2-26(b)所示。它的阻力较小，多为大口径水表，适宜用于测量较大的流量。

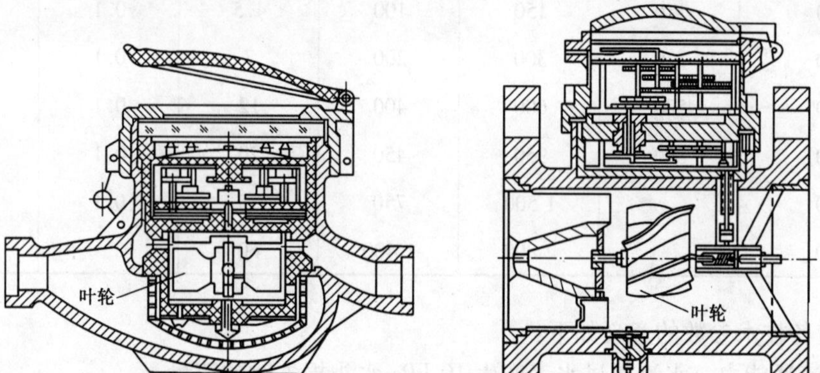

(a) 旋翼式水表　　**(b) 螺翼式水表**

图 2-26　流速式水表

流速式水表按其计数机件所处状态又分干式和湿式两种。干式水表的计数机件用金属圆盘与水隔开；湿式水表的计数机件浸在水中，在计数度盘上装一块厚玻璃，用以承受水压。湿式水表机件简单、计量准确、不易漏水，适宜用在水中不含杂质的管道上，因为如果水质浊度高将降低水表精度，产生磨损，缩短水表寿命。水表的规格、性能见表 2-8、表 2-9。

表 2-8　旋翼湿式水表技术数据

直径 (mm)	特性流量	最大流量	额定流量	最小流量	灵敏度≤ (m^3/h)	最大示值 (m^3)
	m^3/h					
15	3	1.5	1.0	0.045	0.017	10^3
20	5	2.5	1.6	0.075	0.025	10^3
25	7	3.5	2.2	0.090	0.030	10^3
32	10	5	3.2	0.120	0.040	10^3
40	20	10	6.3	0.220	0.070	10^5
50	30	15	10.0	0.400	0.090	10^5
80	70	35	22.0	1.100	0.300	10^6
100	100	50	32.0	1.400	0.400	10^6
150	200	100	63.0	2.400	0.550	10^6

表 2-9　水平螺翼式水表技术数据

直径 (mm)	流通能力	最大流量	额定流量	最小流量	最小示值	最大示值
	m^3/h				m^3	
80	65	100	60	3	0.1	10^5
100	110	150	100	4.5	0.1	10^5
150	270	300	200	7	0.1	10^5
200	500	600	400	12	0.1	10^7
250	800	950	450	20	0.1	10^7
300		1 500	750	35	0.1	10^7
400		2 800	1 400	60		10^7

水表各技术参数的意义如下：

(1)流通能力。水流通过水表产生 10 kPa 水头损失时的流量。

(2)特性流量。水流通过水表产生 100 kPa 水头损失时的流量值，此值为水表的特性指标，如以 K_B 表示其特性系数，根据水力学原理则有下式：

$$H_B = \frac{Q_B^2}{K_B} \tag{2-1}$$

$$K_B = \frac{Q_t^2}{100} \tag{2-2}$$

式中 H_B——水流通过水表的水头损失,kPa;

Q_B——通过水表的流量,m^3/h;

K_B——水表特性系数;

Q_t——水表特性流量,m^3/h;

100——水表通过特性流量时的水头损失值,kPa。

对于水平螺翼式水表,根据式(2-2)并结合其流通能力的定义,也可以表达为

$$K_B = \frac{Q_L^2}{10} \tag{2-3}$$

式中 Q_L——水表的流通能力,m^3/h;

10——水表通过流通能力时的水头损失,kPa。

(3)最大流量。只允许水表在短时间内使用的流量上限值。

(4)额定流量。水表长期正常运转的流量上限值。

(5)最小流量。水表能开始准确指示的流量值,是水表正常运转的下限值。

(6)灵敏度。水表能连续记录(开始运转)的流量值,也称启步流量。

(二)水表水头损失的计算

水表的水头损失是指在给定流量下,水流通过管道中的水表所造成的压力降低,按式(2-1)计算。

(三)水表的选用

1.水表类型的选择

水表类型的选择应考虑水温、工作压力、水量大小及其变化幅度、计量范围、管径、工作时间、单向或正逆向流动、水质等因素。一般情况下 $DN \leqslant 50$ mm 时,应采用旋翼式水表;$DN > 50$ mm 时,应采用螺翼式水表。当通过的流量变幅较大时,应采用复式水表;计量热水时,宜采用热水水表。一般应优先采用湿式水表。

2.水表口径的确定

一般以通过水表的设计流量 $Q_g \leqslant$ 水表的额定流量 Q_c(或者以设计流量通过水表产生的水头损失接近或不超过允许水头损失值)去确定水表的公称直径。

当用水量均匀时(如工业企业生活间、公共浴室、洗衣房等建筑内部给水系统),应按该系统的设计流量不超过水表的额定流量来确定水表口径;当用水量不均匀(如住宅、集体宿舍、旅馆等建筑内部给水系统)且高峰流量每昼夜不超过 3 h 时,应按该系统的设计流量不超过水表的最大流量来确定水表口径,同时水表的水头损失不应超过允许值;当设计对象为生活(生产)、消防共用的给水系统,选定水表时,不包括消防流量,但应加上消防流量复核,使其总流量不超过水表的最大流量限值(水头损失必须不超过允许水头损失值)。按最大小时流量选用水表时的允许水头损失值见表 2-10。

表 2-10　按最大小时流量选用水表时的允许水头损失值　　（单位：kPa）

类型	正常用水时	消防时	类型	正常用水时	消防时
旋翼式	<25	<50	螺翼式	<13	<30

水表选定后，应计算出水表的水头损失，再按表 2-10 规定复核水表的水头损失。

【例 2-1】　一住宅建筑的给水系统，总进水管及各分户支管均安装水表。经计算总水表通过的设计流量为 50 m³/h，分户支管通过水表的设计流量为 3.2 m³/h。试确定水表口径并计算水头损失。

解　总进水管上的设计流量为 50 m³/h。从表 2-9 中可查得 *DN*80 的水平螺翼式水表的额定流量为 60 m³/h，流通能力为 65 m³/h，按式(2-1)、式(2-3)计算水表的水头损失为

$$H_B = \frac{Q_g^2}{Q_L^2/10} = \frac{50^2 \times 10}{65^2} = 5.92(\text{kPa}) < 13\ \text{kPa}$$

满足要求（此处暂未计入消防流量），故总水表口径定为 *DN*80。

各分户支管流量为 3.2 m³/h，又因住宅用水的不均匀性，按 $Q_g < Q_{max}$ 选定水表。从表 2-8 中查得，*DN*25 的旋翼湿式水表其最大流量为 3.5 m³/h，特性流量 Q_t 为 7 m³/h。根据式(2-1)、式(2-2)计算水表的水头损失：

$$H_B = \frac{Q_g^2}{Q_t^2/100} = \frac{3.2^2 \times 100}{7^2} = 20.90(\text{kPa}) < 25\ \text{kPa}$$

满足要求，故分户水表的口径确定为 *DN*25。

第三节　卫生器具与冲洗设备

一、卫生器具

卫生器具是建筑内部排水系统的重要组成部分，是用来满足生活和生产过程中的卫生要求，收集和排除生活及生产中产生的污废水的设备。卫生器具一般采用不透水、无气孔、表面光滑、耐腐蚀、耐磨损、耐冷热、便于清扫、有一定强度的材料制造，如陶瓷、塑料、复合材料等。卫生器具正向着冲洗功能强、节水消声、设备配套、便于控制、使用方便、造型新颖、色彩协调等方面发展。

常用卫生器具按其用途可分为以下四类：

(1)便溺卫生器具。如大便器、小便器、大便槽、小便槽等。

(2)盥洗、沐浴用卫生器具。如洗脸盆、盥洗槽、浴盆和沐浴器等。

(3)洗涤用卫生器具。如洗涤盆、污水盆和化验盆等。

(4)专用卫生器具。如婴儿浴盆、妇女净身盆、饮水器等。

(一)便溺卫生器具

便溺卫生器具设置在卫生间，用来收集粪便污水。便溺卫生器具包括便器和冲洗设备。

1. 大便器和大便槽

我国常用的大便器有蹲式、坐式和大便槽式三种类型。

1) 蹲式大便器

如图 2-27 所示,蹲式大便器一般用于普通住宅、集体宿舍和公共建筑物的公共场所或防止接触传染的医院厕所内。蹲式大便器的压力冲洗水流经大便器周边的配水孔,将大便器冲洗干净。蹲式大便器本身一般不带存水弯,接管时需另外配置存水弯。

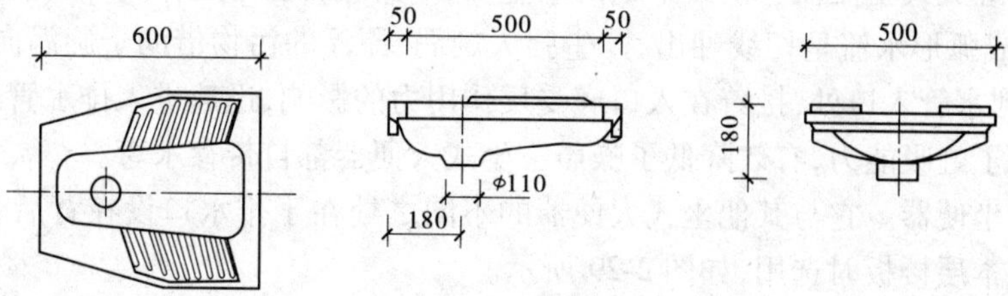

图 2-27　蹲式大便器

2) 坐式大便器

坐式大便器按冲洗水力原理可分为冲洗式和虹吸式,如图 2-28 所示。

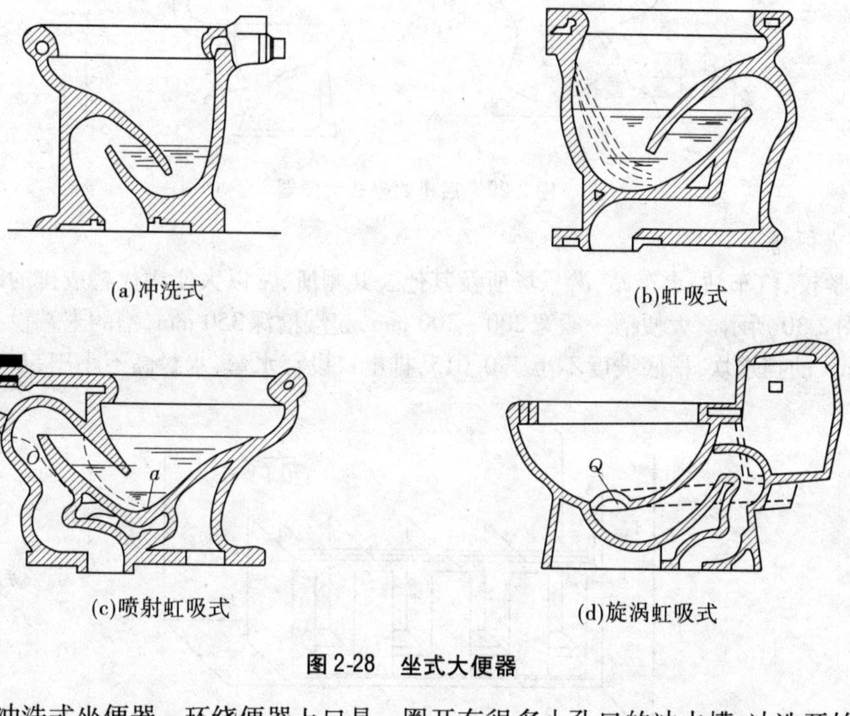

图 2-28　坐式大便器

(1) 冲洗式坐便器。环绕便器上口是一圈开有很多小孔口的冲水槽,冲洗开始时,水进入冲洗槽,经小孔沿便器内表面冲下,便器内水面涌高,将粪便冲出存水弯边缘。冲洗式便器的缺点是受污面积大,水面面积小,每次冲洗不一定能保证将污物冲洗干净。

(2) 虹吸式坐便器。这种坐便器是靠虹吸作用,把粪便全部吸出的。在冲洗槽进水口处有一个冲水缺口,部分水从缺口处冲射下来,加快虹吸作用的开始。虹吸式坐便器会因冲洗时流速过大而产生较大噪声。为解决这些问题,出现了喷射虹吸式和旋涡虹吸式两种新类型。

①喷射虹吸式坐便器。除部分水从空心边缘孔口流下外,另一部分水从大便器边部的通道 O 处冲下来,由 a 口中向上喷射,这样很快造成强有力的虹吸作用,把大便器中的粪便全部吸出,从而加大排污能力。等水面下降到水封下限时,空气进入,虹吸停止。其特点是冲洗过程短,噪声较小,便器存水面大,干燥面小。

②旋涡虹吸式坐便器。上圈下来的水量很小,其旋转已不起作用,因此在水道冲水出口 Q 处,形成弧形水流呈切线冲出,产生强大旋涡,漂浮的污物借助于旋涡向下旋转的作用,迅速下到水管入口处,接着在入口底受反作用力的影响,迅速进入排水管道的前段,从而大大加强了虹吸能力,有效降低了噪声。坐式大便器都自带存水弯。

后排式坐便器。它与其他坐式大便器的不同之处在于排水口设在背后,便于排水横支管敷设在本层楼板时选用,如图 2-29 所示。

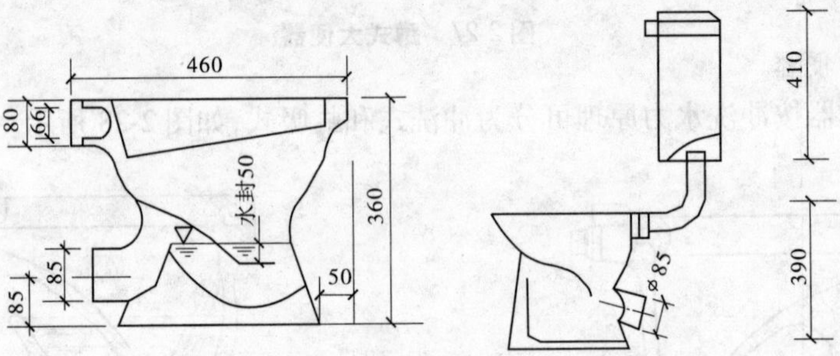

图 2-29 后排式坐式大便器

3) 大便槽

在学校、汽车站、火车站、游乐场所及其他公共厕所,常以大便槽代替成排的蹲式大便器,如图 2-30 所示。大便槽一般宽 200 ~ 300 mm,起端槽深 350 mm,槽的末端设有高出槽底 15 mm 的挡水坎,槽底坡度不小于 0.015,排出口设存水弯,水封高不小于 50 mm。

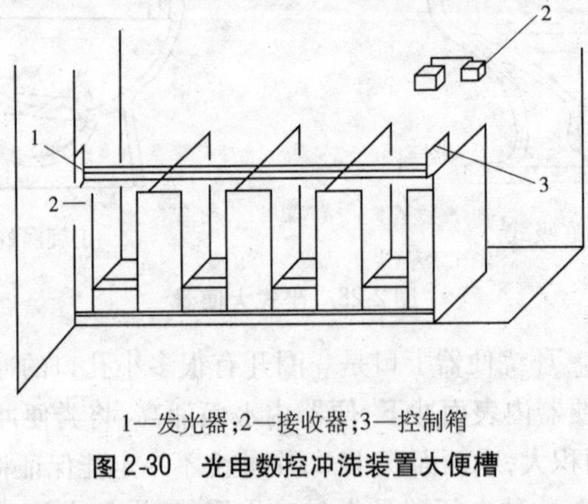

1—发光器;2—接收器;3—控制箱

图 2-30 光电数控冲洗装置大便槽

2. 小便器

小便器一般设于公共建筑的男厕所内，有的住宅卫生间内也需设置。小便器一般有挂式、立式和小便槽三类。挂式小便器悬挂在墙上，如图 2-31 所示。立式小便器一般装置在卫生设备标准较高的公共建筑男厕所中，多为成组装置，如图 2-32 所示。小便槽一般用于工业企业、公共建筑和集体宿舍等建筑的卫生间，是用瓷砖沿墙砌筑的浅槽，其建造简单、经济，可同时供多人使用，如图 2-33 所示。

(二)盥洗、淋浴用卫生器具

1. 洗脸盆

洗脸盆一般设置在盥洗室、浴室、卫生间，用于洗脸、洗手、洗头，也用于公共洗手间或厕所内洗手、理发室内洗头、医院各治疗间洗器皿和医生洗手等。洗脸盆的高度及深度

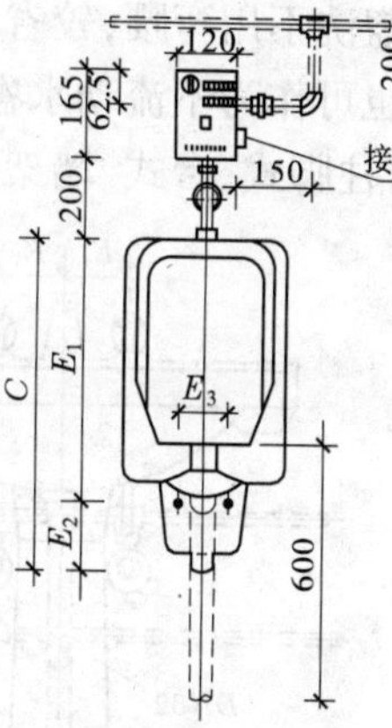

图 2-31　光控自动冲洗壁挂式小便器安装

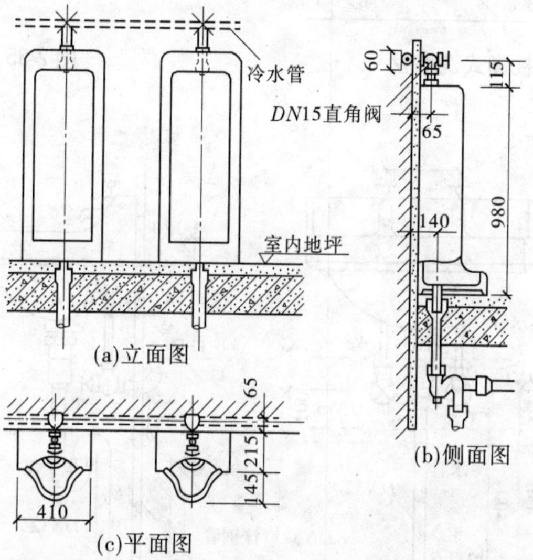

图 2-32　立式小便器安装

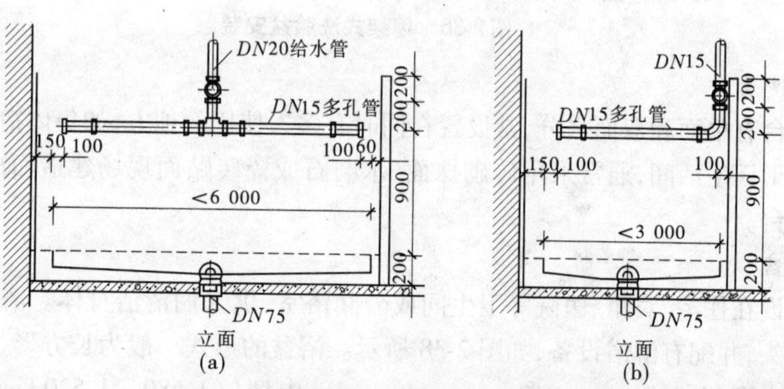

图 2-33　小便槽

适宜，盥洗不用弯腰，较省力，脸盆前沿设有防溅沿，使用时不溅水，可用流动水盥洗，比较卫生，也可作为不流动水盥洗，有较大的灵活性。洗脸盆有长方形、椭圆形和三角形，安装方式有柱脚式、台式、墙架式，如图 2-34～图 2-36 所示。

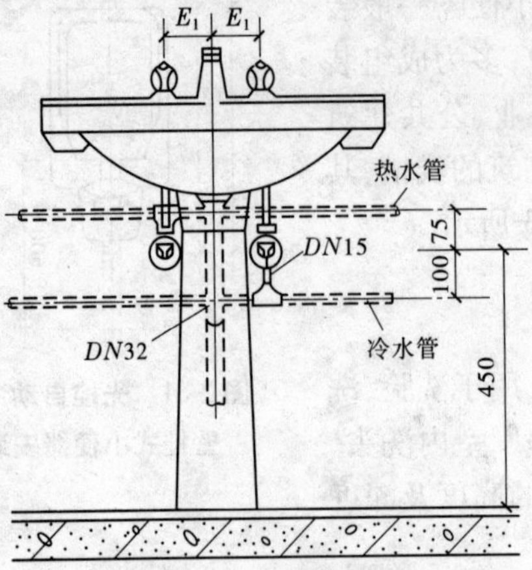

图 2-34　柱脚式洗脸盆

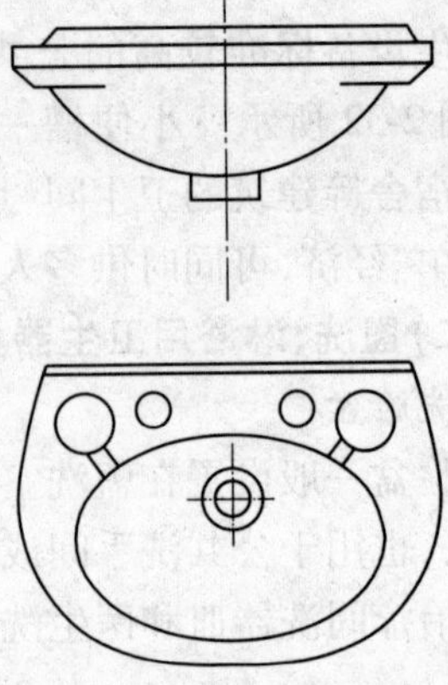

图 2-35　台式洗脸盆

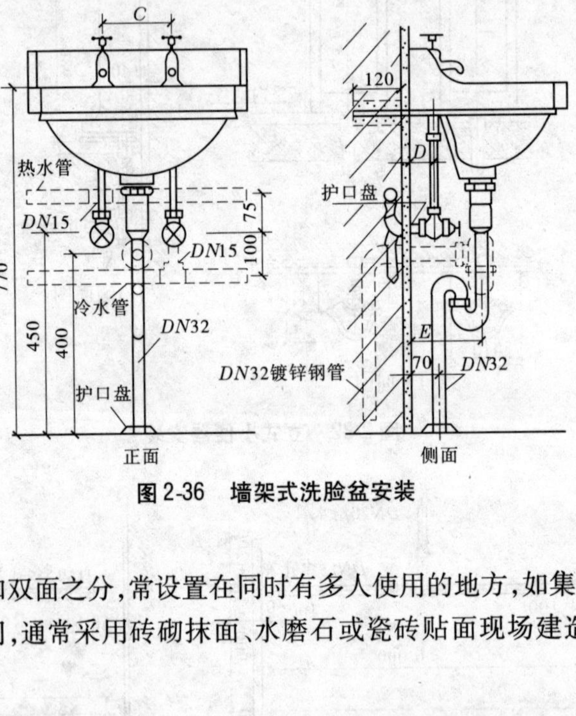

图 2-36　墙架式洗脸盆安装

2. 盥洗台

盥洗台有单面和双面之分，常设置在同时有多人使用的地方，如集体宿舍、教学楼、车站、码头、工厂生活间，通常采用砖砌抹面、水磨石或瓷砖贴面现场建造而成。图 2-37 为单面盥洗台。

3. 浴盆

浴盆设在住宅、宾馆、医院等卫生间或公共浴室，供人们清洁身体。浴盆配有冷热水或混合龙头，并配有淋浴设备，如图 2-38 所示。浴盆的形式一般为长方形、方形、斜边形。其规格有大型（1 830 mm × 810 mm × 440 mm）、中型（（1 680～1 520）mm × 750 mm ×（410～350）mm）、小型（1 200 mm × 650 mm × 360 mm）。材质有陶瓷、搪瓷钢板、塑料、复合材料、亚克力等,材质为亚克力的浴盆与肌肤接触的感觉很舒适。浴盆根据不同的功能要求可分为裙板式浴盆、扶手式浴盆、防滑式浴盆、坐浴式浴盆及普通式浴盆等类型。浴盆的色彩种类很丰富,主要为满足卫生间装饰色调的需求。

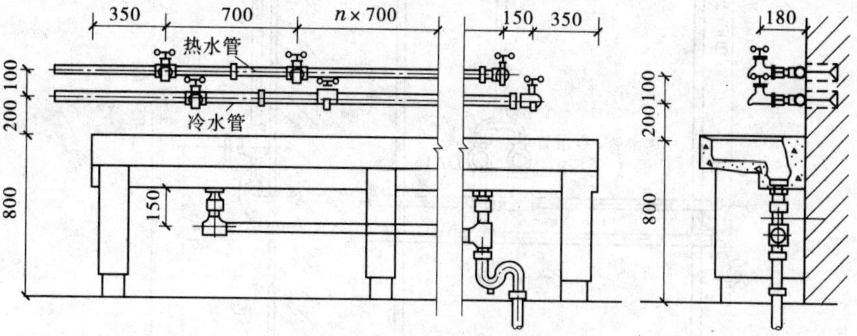

图 2-37 单面盥洗台

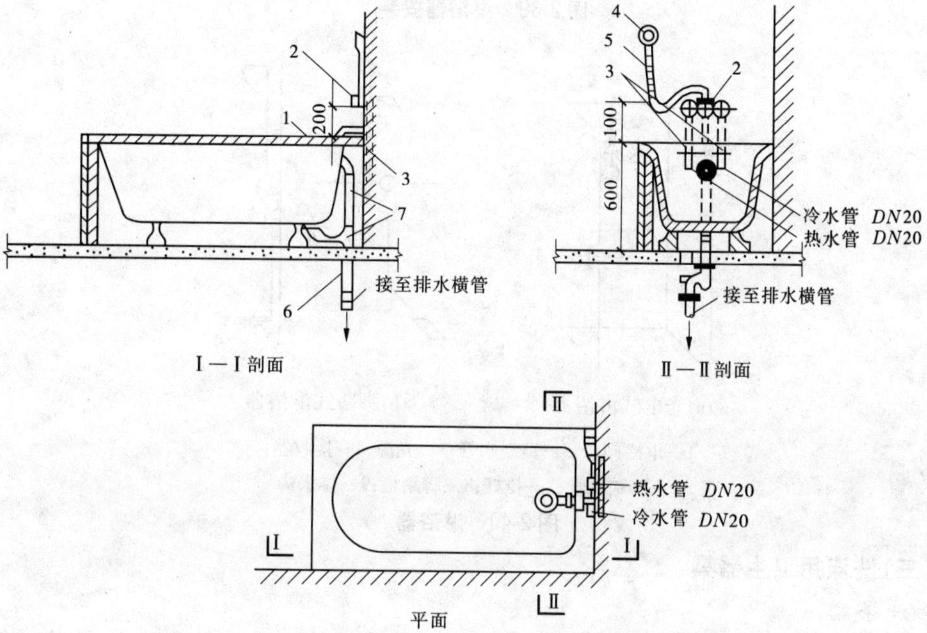

1—浴盆;2—混合阀门;3—给水管;4—莲蓬头;5—蛇皮管;6—存水弯;7—排水支管

图 2-38 浴盆安装

4. 淋浴器

淋浴器多用于工厂、学校、机关、部队等单位的公共浴室和体育场馆内,也可安装在卫生间的浴盆上。淋浴器具有占地面积小,清洁卫生,避免疾病传染,耗水量小,设备费用低等优点。淋浴器有成品淋浴器,也可现场制作安装。图 2-39 为现场制作安装的淋浴器。

在建筑标准较高的建筑内的淋浴间内,也可采用光电式淋浴器,利用光电打出光束,使用时人体挡住光束,淋浴器即出水,人体离开时即停水,如图 2-40(a)所示。在医院或疗养院,为防止疾病传染可采用脚踏式淋浴器,如图 2-40(b)所示。

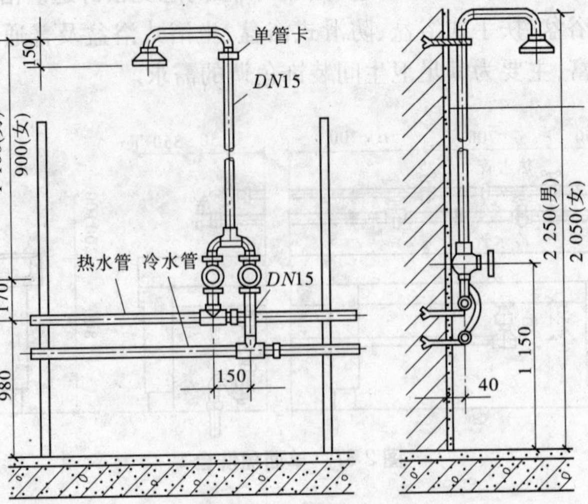

图 2-39　淋浴器安装

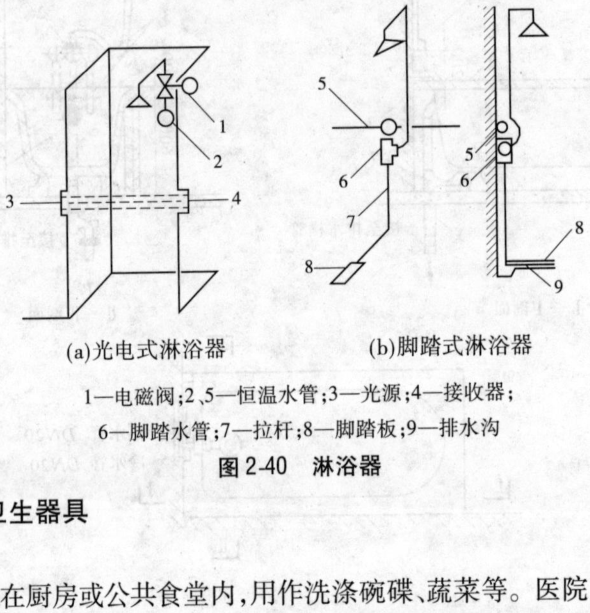

1—电磁阀;2、5—恒温水管;3—光源;4—接收器;
6—脚踏水管;7—拉杆;8—脚踏板;9—排水沟

图 2-40　淋浴器

(三)洗涤用卫生器具

1. 洗涤盆

洗涤盆常设置在厨房或公共食堂内,用作洗涤碗碟、蔬菜等。医院的诊室、治疗室等处也需设置。洗涤盆有单格或双格之分,双格洗涤盆的一格洗涤,另一格泄水,如图 2-41 所示。洗涤盆规格尺寸有大小之分,材质多为陶瓷或砖砌后瓷砖贴面,质量较高的为不锈钢制品。

2. 污水盆

污水盆又称污水池,常设置在公共建筑的厕所、盥洗室内,供洗涤拖把、打扫卫生或倾倒污水等。污水盆多为砖砌贴瓷砖现场制作安装,见图 2-42。

3. 化验盆

化验盆一般设置在工厂、科研机关和学校的化验室或实验室内,根据需要可安装单联、双联或三联鹅颈水嘴,如图 2-43 所示。

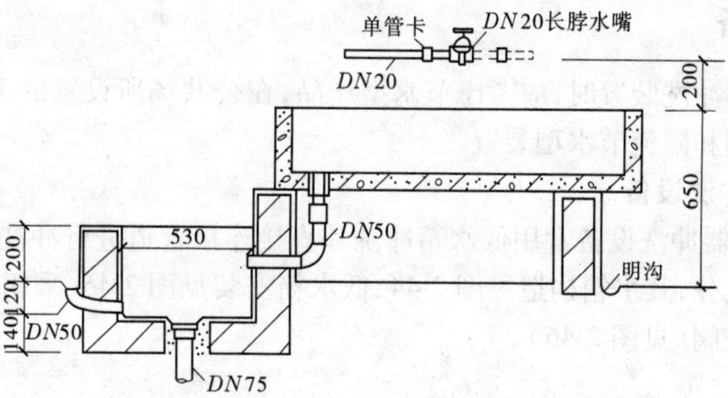

图 2-41　双格洗涤盆安装

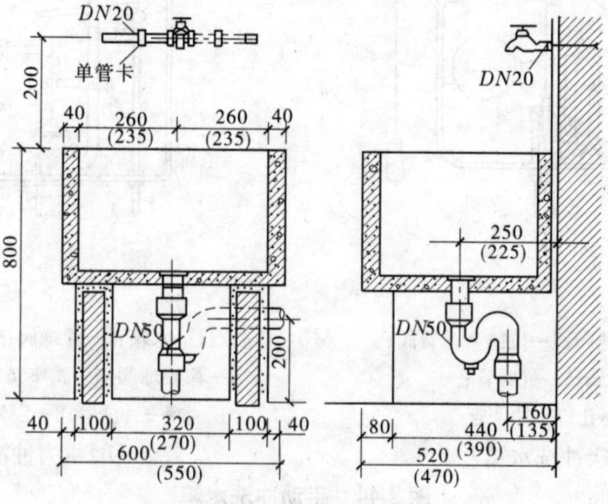

图 2-42　污水盆安装

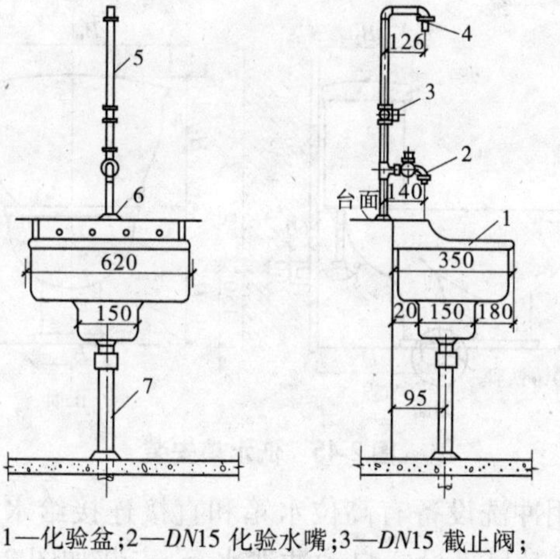

1—化验盆；2—DN15 化验水嘴；3—DN15 截止阀；
4—螺纹接口；5—DN15 出水管；6—压盖；7—DN50 排水管

图 2-43　化验盆安装

二、冲洗设备

确定卫生器具冲洗装置时，应考虑节水型产品，在公共场所设置的卫生器具，应选用定时自闭式冲洗阀和限流节水型装置。

（一）大便器冲洗设备

（1）坐式大便器冲洗设备常用低水箱冲洗和直接连接管道进行冲洗。低水箱与坐体又有整体和分体之分，其水箱构造见图2-44，低水箱安装见图2-45，采用管道连接时必须设延时自闭式冲洗阀（见图2-46）。

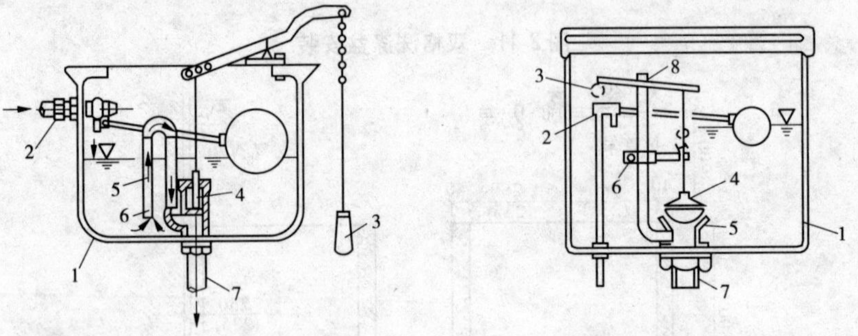

1—水箱；2—浮球阀；3—拉链-弹簧阀；
4—橡胶球阀；5—虹吸管；
6—ϕ5小孔；7—冲洗管
（a）虹吸冲洗水箱

1—水箱；2—浮球阀；3—扳手；
4—橡胶球阀；5—阀座；6—导向装置；
7—冲洗管；8—溢流管
（b）水力冲洗水箱

图2-44　手动冲洗水箱

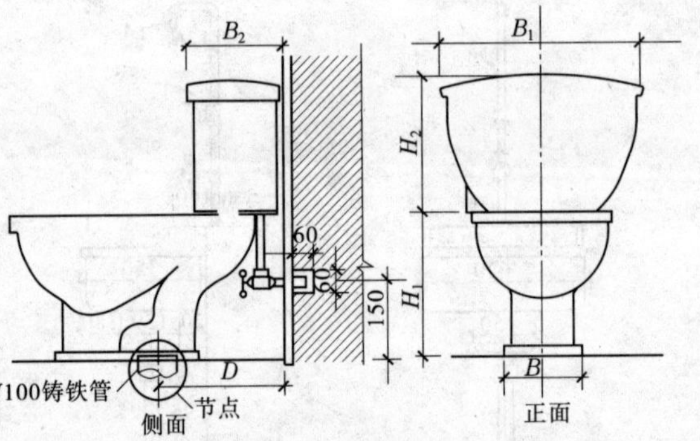

图2-45　低水箱安装

（2）蹲式大便器常用冲洗设备有高位水箱和直接连接给水管加延时自闭式冲洗阀，为节约冲洗水量，有条件时尽量设置自动冲洗水箱，安装如图2-47所示。延时自闭式冲洗阀安装如图2-48所示。

卫生器具的安装高度见表2-11。

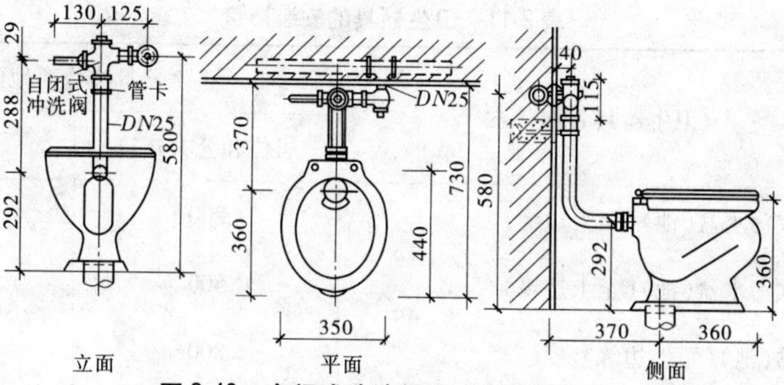

图 2-46　自闭式冲洗阀坐式大便器安装

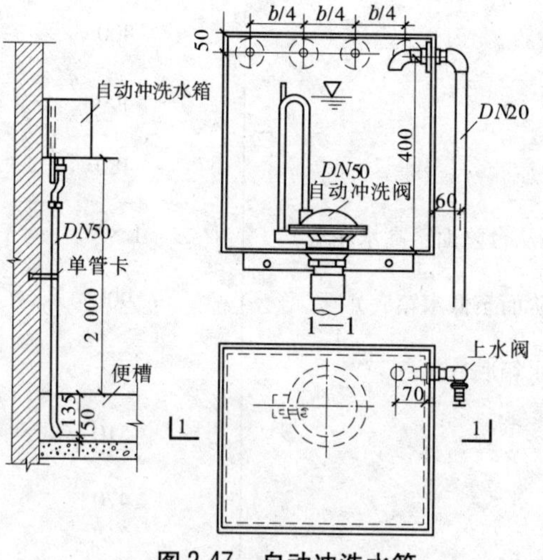

图 2-47　自动冲洗水箱

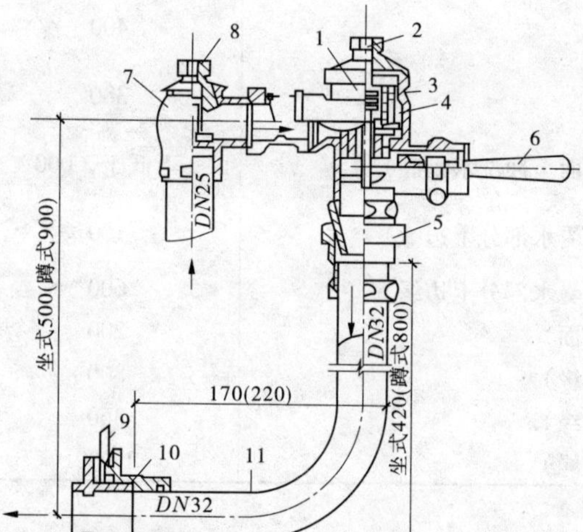

1—冲洗阀；2—调时螺栓；3—小孔；4—滤网；5—防污器；
6—手柄；7—直角截止阀；8—开闭螺栓；9—大便器；10—大便器卡；11—弯管

图 2-48　延时自闭式冲洗阀的安装

表 2-11　卫生器具的安装高度　（单位:mm）

序号	卫生器具名称	卫生器具边缘离地面高度	
		居住和公共建筑	幼儿园
1	架空式污水盆(池)(至上边缘)	800	800
2	落地式污水盆(池)(至上边缘)	500	500
3	洗涤盆(池)(至上边缘)	800	800
4	洗手盆(至上边缘)	800	500
5	洗脸盆(至上边缘)	800	500
6	盥洗槽(至上边缘)	800	500
7	浴盆(至上边缘)	480	—
8	蹲式、坐式大便器(从台阶面至高水箱底)	1 800	1 800
9	蹲式大便器(从台阶面至低水箱底)	900	900
10	坐式大便器(至低水箱底)		
	外露排出管式	510	—
	喷射虹吸式	470	370
11	坐式大便器(至上边缘)		
	外露排出管式	400	—
	喷射虹吸式	380	—
12	大便槽(从台阶面至冲洗水箱底)	不低于 2 000	—
13	立式小便器(至受水部分上边缘)	100	—
14	挂式小便器(至受水部分上边缘)	600	450
15	小便槽(至台阶面)	200	150
16	化验盆(至上边缘)	800	—
17	净身器(至上边缘)	360	—
18	饮水器(至上边缘)	1 000	—

(二)小便器和小便槽冲洗设备

1. 小便器冲洗设备

小便器冲洗设备常采用按钮式自闭式冲洗阀,既满足冲洗要求,又节约冲洗水量。

2. 小便槽冲洗设备

小便槽冲洗设备常采用多孔管，多孔管孔径为 2 mm，与墙呈 45°角安装，可设置高位水箱或手动阀。为防止铁锈水污染地面，除给水系统选用优质管材外，多孔管常采用塑料管。小便槽选用水箱或冲洗阀可参照表 2-12，安装如图 2-49 所示。

表 2-12　小便槽长度与水箱容积或冲洗阀选用表

小便槽长度（m）	水箱有效容积（L）	冲洗阀直径（mm）	小便槽长度（m）	水箱有效容积（L）	冲洗阀直径（mm）
1	3.8	20	3.6～5.0	15.2	25
1.1～2.0	7.6	20	5.1～6.0	19.0	25
2.1～3.5	11.4	20			

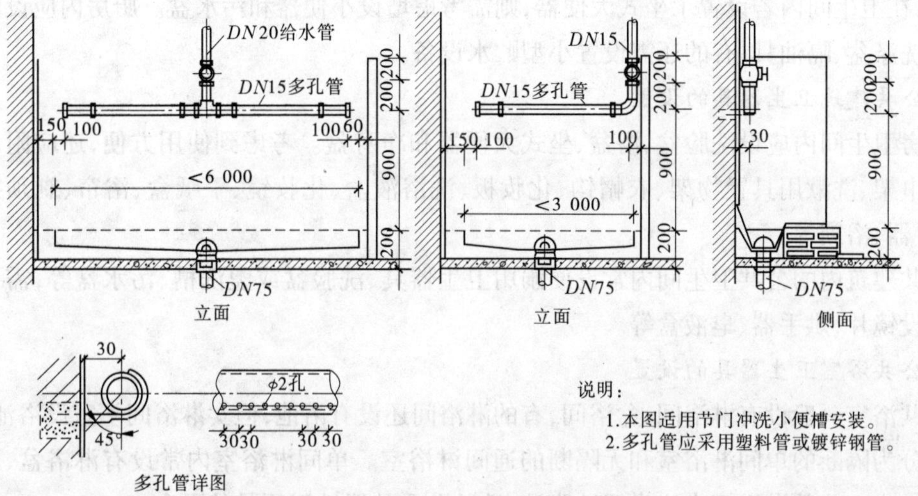

图 2-49　小便槽冲洗设备

三、卫生器具的设置

不同功能的公共建筑和住宅中卫生器具的设置数量和质量，将直接反映出建筑物的质量标准。卫生器具除满足使用功能要求外，其材质、造型、色彩应与所在房间协调，力求做到方便、适用、舒适。

(一)工业建筑内卫生器具的设置

工业建筑内卫生器具的设置应根据《工业企业设计卫生标准》(GBZ 1—2010)并结合建筑设计的要求确定。

(1)卫生特征 1 级、2 级的车间应设车间浴室。卫生特征 3 级的车间宜在车间附近或在厂区设置集中浴室。可能发生化学性灼伤及经皮肤吸收引起急性中毒的工作地点或车间,应设事故淋浴,并应保证不断水。

(2)女浴室和卫生特征1级、2级的车间浴室,不得设浴池。

(3)女工卫生室的等候间应设洗手设备及洗涤池。处理间内应设温水箱及冲洗器。

(二)民用建筑内卫生器具的设置

民用建筑分为住宅和公共建筑,住宅分为普通住宅和高级住宅。公共建筑和住宅卫生器具设置的主要区别在于客房卫生间和公共卫生间。

1.普通住宅卫生器具的设置

普通住宅通常需在卫生间和厨房设置必需的卫生器具,每套住宅至少应配置便器、洗浴器、洗面器三件卫生器具。厨房内应设置洗涤盆和隔油具。

2.高级住宅卫生器具的设置

高级住宅包括别墅,一般都建有两个卫生间。在小卫生间内通常只设置一个蹲式大便器,在大卫生间内设洗脸盆、浴盆、坐式大便器和净身盆。如果只建有一个面积较大的卫生间,在卫生间内若设置了坐式大便器,则需考虑增设小便器和污水盆。厨房内应设两个单格洗涤盆、隔油具,有的还需设置小型贮水设备。

3.公共建筑卫生器具的设置

客房卫生间内应设洗脸盆、浴盆、坐式大便器和净身盆。考虑到使用方便,还应附设浴巾毛巾架、洗漱用具置物架、衣帽钩、化妆板、洗浴液盒、化妆镜、手纸盒、浴帘、剃须插座、烘手器、浴霸等。

公共建筑内的公共卫生间内常设便溺用卫生器具、洗脸盆或盥洗槽、污水盆等,需要时可增设镜片、烘手器、皂液盒等。

4.公共浴室卫生器具的设置

公共浴室一般设有淋浴间、盆浴间,有的淋浴间还设有浴池,但女淋浴间不宜设浴池。淋浴间分为隔断的单间淋浴室和无隔断的通间淋浴室。单间淋浴室内常设有淋浴盆、洗脸盆和躺床。公共淋浴间内应设置冲脚池、洗脸盆及放置洗浴用品的平台。

公共浴室内洗浴器具的数量,一般可根据洗浴器具的负荷能力估算,浴盆2人/(h·个),单间淋浴器2~3人/(h·个),通间淋浴器4~5人/(h·个),带隔断的单间淋浴器4~5人/(h·个),洗脸盆10~15人/个。其平面布置要求既紧凑又合理,应设置出入淋浴间不会相互干扰的通道,如图2-40所示。通间淋浴室应尽量避免淋浴者之间相互溅水而影响卫生,淋浴器中心距为900~1 100 mm。

(三)卫生器具设置定额

不同建筑内卫生间由于使用情况不同,设置卫生器具的数量也不相同。除住宅和客房卫生间在设计时可统一设置外,各种用途的工业和民用建筑内公共卫生间卫生器具设置定额可按表2-13选用。

表 2-13　每一个卫生器具使用人数

建筑物的名称及使用对象			大便器		小便器	洗脸盆	盥洗龙头	淋浴器	妇洗器	饮水器
			男	女						
集体宿舍		职工	≥10 时 20 人增一个	≥8 时 15 人增一个	20	每间至少 设一个	≥8 时 12 人增一个			
集体宿舍		中小学生	70	12	20	同上	12			
旅馆、公共卫生间			18	12	18	同上	8	30		
中小学教学楼		中师、中学、幼师	40 ~ 50	20 ~ 25	20 ~ 25	同上				50
中小学教学楼		小学	40	20	20	同上				50
医院		疗养院	15	12	15	同上	6 ~ 8	北方 15 ~ 20 南方 8 ~ 10		
医院	综合医院	门诊 病房	120 16	75 12	60 16		12 ~ 15	12 ~ 15		
办公楼			50	25	50	同上				
图书阅览楼		成人	60	30	30	60				
图书阅览楼		儿童	50	25	25	60				
电影院		<600 座	150	75	75	每间至少设				
电影院		600 ~ 1 000 座	200	100	100	一个,每 4 个				
电影院		>1 000 座	300	150	150	蹲位设一个				
剧场			75	50	25 ~ 40	100				
商店	顾客用	百货、自选市场、	200	100	100					
商店	顾客用	菜市场	400	200	200					
商店		店员内部用	50	30	50					
公共食堂厨房炊事员用(职工数)			500	500	>500	每间至少 设一个		250		

续表 2-13

建筑物的名称及使用对象			大便器		小便器	洗脸盆	盥洗龙头	淋浴器	妇洗器	饮水器
			男	女						
餐厅	顾客用	<400 座	100	100	50	同上				
		400～650 座	125	100	50					
		>650 座	250	100	50					
	炊事员卫生间		100	100	100			50		
公共浴室	工业企业车间	卫生特征 Ⅰ	50 个衣柜	30 个衣柜	50 个衣柜	按人浴人数 4% 计		3～4	100～200、>200 时每增 200 增 1 具	
		Ⅱ						5～8		
		Ⅲ						9～12		
		Ⅳ						13～24		
	商业用浴室		50 个衣柜	30 个衣柜	50 个衣柜	5 个衣柜		40		
体育场	运动员		50	30	50	每间至少设一个		20		
	观众	小型	500	100	100					
		中型	750	150	150					
		大型	1 000	200	200					
体育馆游泳池（按游泳人数计）	运动员		30	20	30	30(女 20)		10～15		
	观众		100	50	50					
	更衣间		50～75	75～100	25～40	每间至少设一个				
	游泳池旁		100～150	100～150	50～100					
幼儿园			5～8		5～8		3～5	10～12 浴盆可替代		
工业企业车间	≤100 人		25	20	同大便器					
	>100 人		25、每增 50 人增 1 具	20、每增 35 人增 1 具						

注：1. 0.5 m 长小便槽可折算成 1 个小便器。

2. 1 个蹲位的大便槽相当于 1 个大便器。

第四节　水质的污染与防止

一、水质的污染与防止措施

城市给水管网中自来水的水质，必须符合《生活饮用水卫生标准》(GB 5749—2006)的要求，但若建筑内部给水系统设计、施工、维护、管理不当，也都可能出现水质污染现象。

(一)水质污染的现象及原因

(1)与水接触的管材、管道接口的材料、附件、水池等材料选择不当，材料中有毒有害物质溶解于水，造成水质污染。

(2)由于水在水池等贮水设备中停留时间过长，水中余氯已耗尽，水中有害微生物繁殖，造成水质污染。

(3)贮水池管理不当，如人孔不严密，通气管或溢流管口敞开设置，致使尘土等可能通过以上孔口进入水中，造成水质污染。

(4)非饮用水或其他液体回流入生活给水系统，造成水质污染。形成回流的主要原因和现象有如下几方面：

①埋地管道及附件连接处不严密，平时有渗漏，当管道中出现负压时，管道外部的积水等污染物会通过渗漏处吸入管道内。

②放水附件安装不当，即当出水口设在卫生器具或用水设备溢流水位以下(或溢流管堵塞)，而器具或设备中留有污水时或当室外给水管网供水压力下降，如此时开启放水附件，污水就会在负压作用下吸入给水管道，如图 2-50 所示。

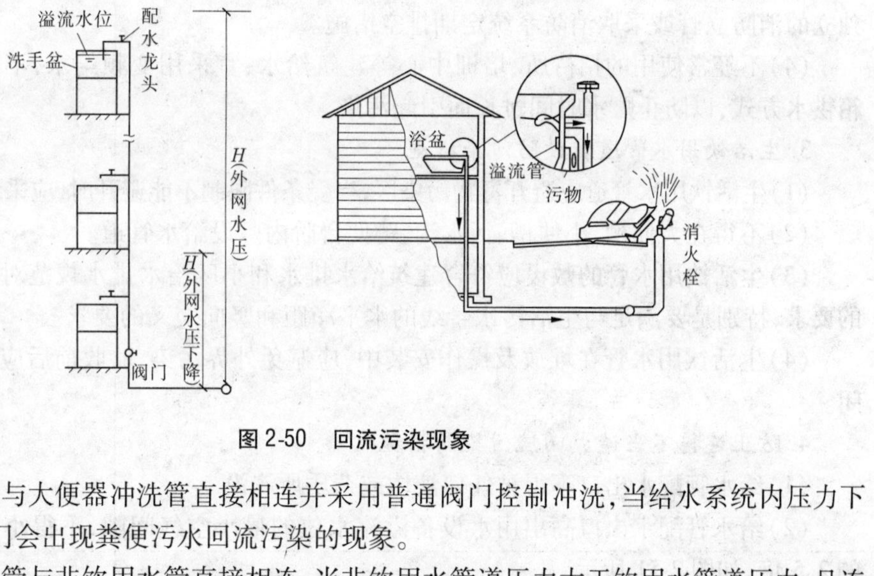

图 2-50　回流污染现象

③给水管与大便器冲洗管直接相连并采用普通阀门控制冲洗，当给水系统内压力下降时，开启阀门会出现粪便污水回流污染的现象。

④饮用水管与非饮用水管直接相连，当非饮用水管道压力大于饮用水管道压力，且连接其中的阀门密闭性差时，非饮用水就会渗入饮用水管道内。

（二）水质污染的防止措施

1. 贮水设施的防污染措施

（1）贮水池设在室外地下时，距污染源构筑物应不小于 10 m；设在室内时，不应设在有污染源的房间下面，当不能避开时，应采取其他防止生活饮用水被污染的措施。

（2）非饮用水管道不得从贮水池、水箱中穿过，也不得将非饮用水管（包括上部水箱的溢流排水管）接入。

（3）生活或生产用水与其他用水合用的水池（箱），应采用独立结构形式，不得利用建筑物的本体结构作为水池池壁和水箱箱壁。

（4）设置水池或水箱的房间应有照明和良好的通风设施。

（5）水池和水箱的本体材料与表面涂料，不得影响水质卫生。

（6）水池或水箱的附件和构造应满足如下要求：

①人孔盖、通气管应能防止尘土、雨水、昆虫等有碍卫生的物质或动物进入。地下水池的人孔应凸出地面 0.15 m。

②地下贮水池的溢流排污管只能排入市政排水系统，且在接入检查井前，应设有空气隔断及防止倒灌的措施。

③水池或水箱溢流排污管应与排水系统通过断流设施排水（间接排水）。

2. 防止生活用水贮水时间过长引起污染的措施

（1）当消防贮水量远大于生活用水量时，不宜合用水池，如必须合建，应采取相应灭菌措施。

（2）贮水池的进出管，应采取相对方向进出，如有困难，则应采取导流措施，保证水流更新。

（3）建筑物内的消防给水系统与生活给水系统应分设。当分设有困难时，应考虑设独立的消防立管或采取消防系统定期排空措施。

（4）不经常使用的招待所、培训中心等建筑给水，宜采用变频给水，不宜采用水泵水箱供水方式，以防止贮水时间过长而引起污染。

3. 生活饮用水管道敷设防污染措施

（1）生活饮用水管道应避开毒物污染区，当受条件限制不能避开时，应采取防护措施。

（2）不得在大便槽、小便槽、污水沟、蹲便台阶内敷设给水管道。

（3）生活饮用水管的敷设应符合建筑给水排水和小区给水排水规范对管线综合敷设的要求，特别是要满足与生活污水管线的水平净距和竖向交叉的要求。

（4）生活饮用水管在堆放及操作安装中，应避免外界污染，验收前后应进行清洗和封闭。

4. 防止连接不当造成回流污染的措施

（1）给水管配水出口不得被任何液体或杂质所淹没。

（2）给水管配水出口高出用水设备溢流水位的最小空气间隙，不得小于给水管管径的 2.5 倍，如图 2-51 所示。

（3）特殊器具和生产用水设备无法设置最小空气间隙时，应设置防污隔断器或采取其他有效的隔断措施。

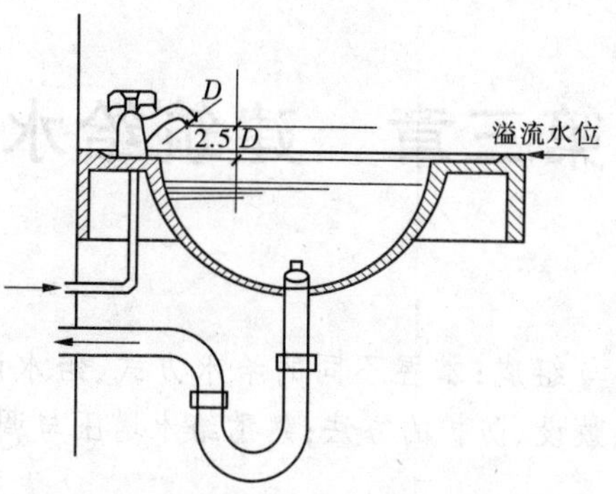

图 2-51　洗脸盆出水口的空气隔断间隙

(4)由市政生活给水管道直接引入非饮用水贮水池时,进水管口应高出水池溢流水位。

(5)生活饮用水管道不得与非饮用水管道连接。在特殊情况下,必须以饮用水作为工业备用水源时,两种管道的连接处,应采取防止水质污染的措施,如图 2-52 所示。在连接处,生活饮用水的水压必须经常大于其他水管的水压。

(6)严禁生活饮用水管道与大便器、大便槽冲洗水管直接连接。

(7)在非饮用水管道上接出用水接头时,应有明显标志,防止误接误饮。

(8)生活饮用水在与加热器连接时,应有防止热水回流使饮用水温度升高的措施。

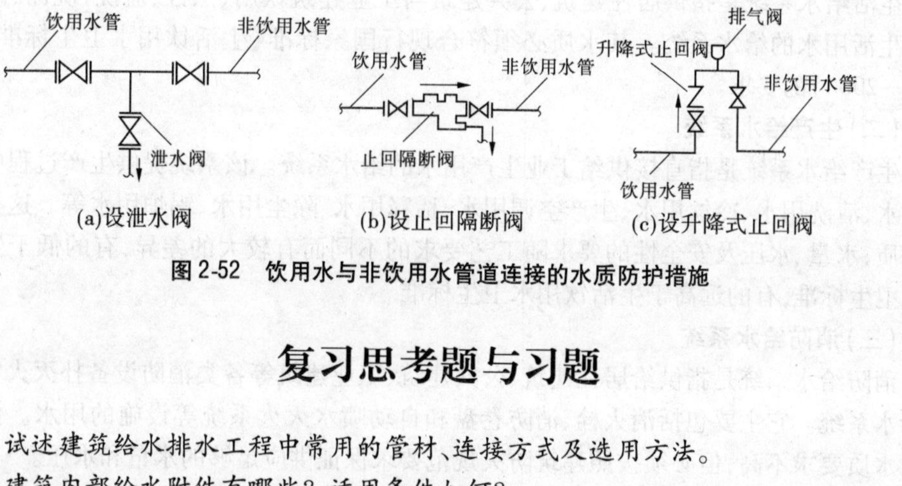

图 2-52　饮用水与非饮用水管道连接的水质防护措施

复习思考题与习题

1. 试述建筑给水排水工程中常用的管材、连接方式及选用方法。
2. 建筑内部给水附件有哪些？适用条件如何？
3. 存水弯、检查口、清扫口有哪几种？其构造、作用和规格以及设置的条件如何？
4. 建筑内部给水系统常用的水表有哪几种？各类水表的主要性能参数有哪些？
5. 如何选用水表及计算水表的压力损失？
6. 卫生器具按用途一般分为哪几类？
7. 选定卫生器具时应考虑哪些因素？
8. 卫生器具的冲洗设备有哪些？有何缺点？
9. 饮用水管道与卫生器具及其他管道相连接时,防止水质污染的措施有哪些？
10. 节水节能有哪些主要措施？

第三章　建筑给水

【学习目标】

了解给水系统的分类与组成；掌握不同的给水方式、给水设计秒流量及管网水力计算；理解给水管道的布置、敷设、防护的方法；熟悉给水增压与调节设备，并能正确选用。

第一节　给水系统的分类与组成

建筑给水系统是将城镇给水管网或自备水源给水管网中的水引入室内或一个建筑群体，供人们生活、生产和消防使用，并满足用水点对水量、水压、水质要求的冷水供应系统。

一、给水系统的分类

按用途不同，建筑给水系统可分为生活给水系统、生产给水系统和消防给水系统。

(一)生活给水系统

生活给水系统是指供居住建筑、公共建筑与工业建筑饮用、烹饪、盥洗、洗涤、沐浴等日常生活用水的给水系统。其水质必须符合现行国家标准《生活饮用水卫生标准》(GB 5749—2006)的要求。

(二)生产给水系统

生产给水系统是指直接供给工业生产用水的给水系统。该系统提供生产过程中的工艺用水、清洗用水、冷饮用水、生产空调用水、稀释用水、除尘用水、锅炉用水等。这类用水对水质、水量、水压及安全性的要求随工艺要求的不同而有较大的差异，有的低于生活饮用水卫生标准，有的远高于生活饮用水卫生标准。

(三)消防给水系统

消防给水系统是指供给居住建筑、公共建筑、工业建筑等各类消防设备扑灭火灾用水的给水系统。它主要包括消火栓、消防卷盘和自动喷水灭火系统等设施的用水。消防用水对水质要求不高，但必须按照建筑防火规范要求保证供应足够的水量和水压。

以上三类基本给水系统可以独立设置，也可根据具体情况予以合并共用，如生活－生产给水系统、生活－消防给水系统、生产－消防给水系统、生活－生产－消防给水系统。组合给水系统的选择应根据生活、生产、消防等各项用水对水质、水量、水压、水温的要求，结合室外给水系统的实际情况，经技术比较或兼顾社会、经济、技术、环境等因素而确定。

二、给水系统的组成

建筑给水系统一般由以下各部分组成，如图 3-1 所示。

(一)引入管

引入管又称进户管，是室外给水管网引至建筑内管网的管段。引入管一般埋地敷设，穿越建筑物外墙或基础。引入管受地面荷载、冰冻线的影响，一般埋设在室外地坪下 0.7 m，给水干管一般在室内地坪下 0.3 ~0.5 m，引入管进入建筑后立即上返到给水干管埋设深度，以避免多开挖土方，如图 3-2 所示。

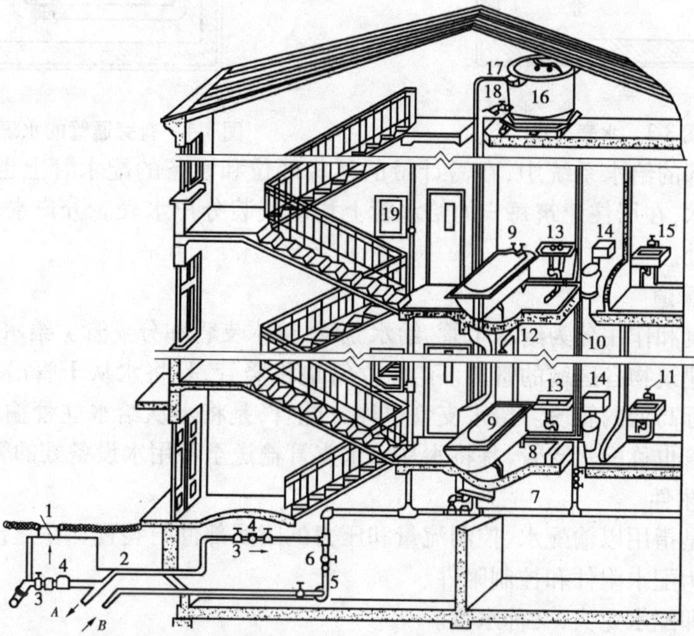

1—阀门井；2—引入管；3—闸阀；4—水表；5—水泵；6—止回阀；7—干管；
8—支管；9—浴盆；10—立管；11—水嘴；12—淋浴器；13—洗脸盆；14—大便器；
15—洗涤盆；16—水箱；17—进水管；18—出水管；19—消火栓；A—入贮水池；B—来自贮水池

图 3-1　建筑给水系统

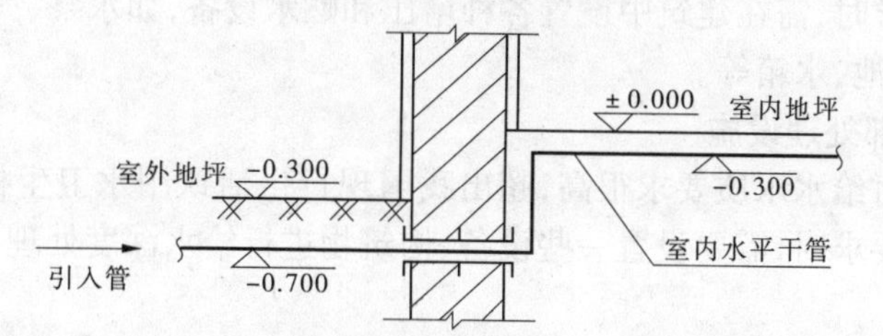

图 3-2　引入管

（二）水表节点

水表节点是安装在引入管上的水表及其前后设置的阀门和泄水装置的总称。

水表用于计算该建筑物的总用水量。水表前后设置的阀门用于检修、拆换水表时关闭管路。泄水装置用于检修时排泄室内管道系统中的水，也可以用来检测水表精度和测定管道进户时的水压值。

水表节点一般设在水表井中，如图 3-3 所示。当建筑物只有一条引入管时，宜在水表井中设旁通管，如图 3-4 所示。温暖地区的水表井一般设在室外，寒冷地区为避免水表冻裂，可将水表井设在采暖房间内。

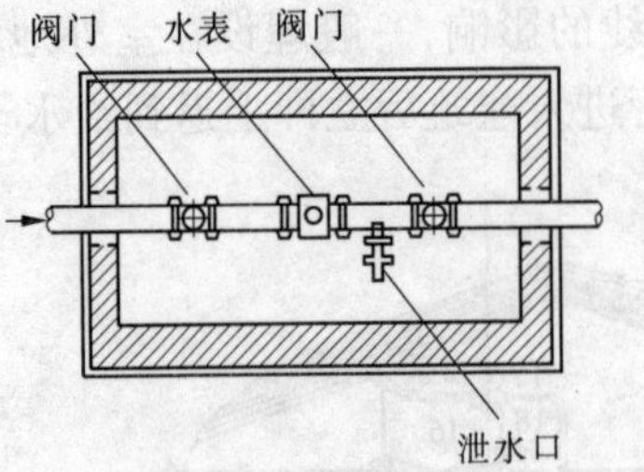

图 3-3　水表节点

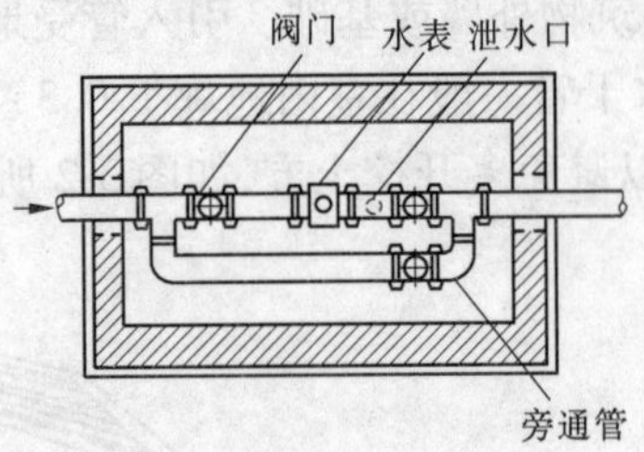

图 3-4　有旁通管的水表节点

在建筑内部的给水系统中，在需计量的某些部位和设备的配水管上也应安装水表。为利于节约用水，在居住建筑每户的给水管上均应安装分户水表。分户水表宜设在户外容易读取数据处。

(三)给水管道

按所处位置和作用分为给水干管、给水立管、给水支管和分支管。给水干管是将水从引入管输送至建筑物各区域的管段。给水立管也称竖管，是将水从干管沿垂直方向输送至各楼层不同标高处的管段。给水支管也称分配管，是将水从给水立管输送至各房间内的管段。分支管也称配水支管，是将水从给水支管输送至各用水设备处的管段。

(四)管道附件

管道附件是指用以输配水、控制流量和压力的附属部件与装置。在建筑给水系统中，按用途可以分为配水附件和控制附件。

配水附件即配水龙头，又称水嘴。

控制附件是管道系统中用于调节水量、水压，控制水流方向，以及关断水流，便于管道、仪表和设备检修的各类阀门。

(五)增压和贮水设备

当室外给水管网的水量、水压不能满足建筑用水要求，或建筑内对供水可靠性、水压稳定性有较高要求时，需在建筑中设置各种增压和贮水设备，如水泵、气压给水装置、变频调速给水装置、水池、水箱等。

(六)给水局部处理设施

当有些建筑对给水水质要求很高，超出我国现行生活饮用水卫生标准或其他原因造成水质不能满足要求时，需要设置一些设备、构筑物进行给水深度处理。

第二节　给水方式

给水方式又称供水方案，是根据用户对水质、水量、水压的要求，考虑市政给水管网设置条件，对给水系统的设计实施方案。在初步确定给水方式时，对层高不超过 3.5 m 的民用建筑，给水系统所需的压力(自室外地面算起)可用以下经验法估算：1 层为 100 kPa，2 层为 120 kPa，3 层以上每增加 1 层则增加 40 kPa。

一、室外管网直接给水方式

当室外给水管网提供的水量、水压在任何时候均能满足建筑用水时，直接把室外管网的水引入到建筑内各用水点，称为直接给水方式，如图 3-5 所示。

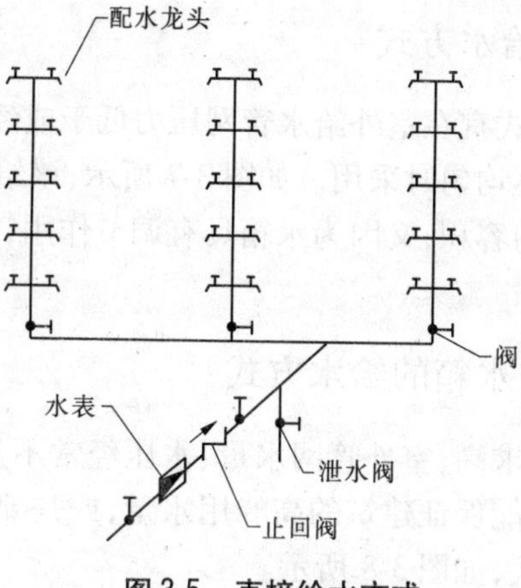

图 3-5　直接给水方式

本方式供水系统简单，充分利用外网水压，故设计中应优先采用。它一般适用于单层或多层建筑以及高层建筑中下面几层外网能够满足要求的各用水点。

二、单设水泵的给水方式

单设水泵的给水方式宜在室外给水管网的水压经常不足时采用。当建筑内用水量大且较均匀时，可用恒速水泵供水；当建筑内用水不均匀时，宜采用一台或多台水泵变速运行供水，以提高水泵的工作效率。当水泵与室外管网直接连接时，为充分利用室外管网压力以节省电能，此时应设旁通管，如图 3-6(a)所示。当室外管网压力足够大时，可自动开启旁通管的止回阀向建筑供水。

需注意，因水泵直接从室外管网抽水，会使外网压力降低，影响周围用户用水，严重时可能造成外网产生负压；当管道接口不严密时，其周边土壤中的渗透水会被吸入管内，造成水质污染，所以采用该方式供水必须征得市政部门的同意。在管道连接处应采取必要的措施，以免造成水质污染，也可以在系统中增设贮水池，避免采用水泵与室外管网直接连接的方式，如图 3-6(b)所示。

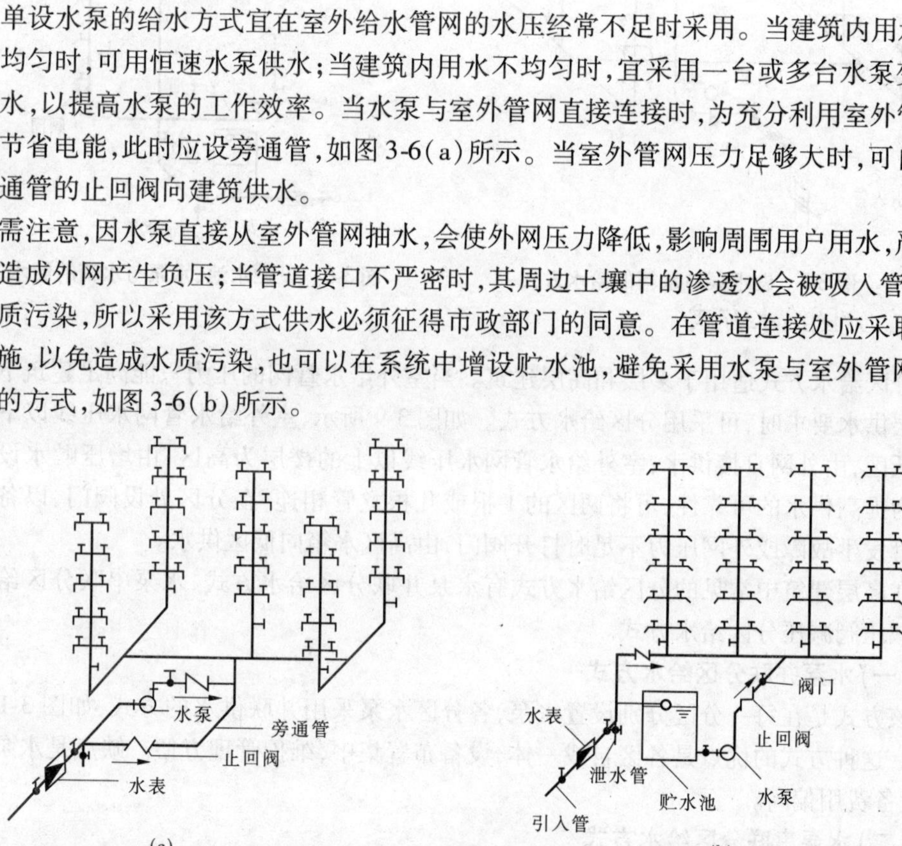

图 3-6　单设水泵的给水方式

三、设水泵与水箱的给水方式

设水泵与水箱的给水方式宜在室外给水管网压力低于或经常不满足建筑内给水管网所需要的水压，且室内用水不均匀时采用。如图 3-7 所示，该给水方式的优点是水泵能及时向水箱供水，可缩小水箱的容积，又因为水箱具有调节作用，故水泵出水量稳定，能保持在高效区运行。

四、设贮水池、水泵与水箱的给水方式

当建筑物用水可靠性要求高，室外管网水量、水压经常不足，且不允许直接从外网抽水，或是用水量较大，外网不能保证建筑的高峰用水量，或是要求贮备一定容积的消防水量时，应该采用这种给水方式，如图 3-8 所示。

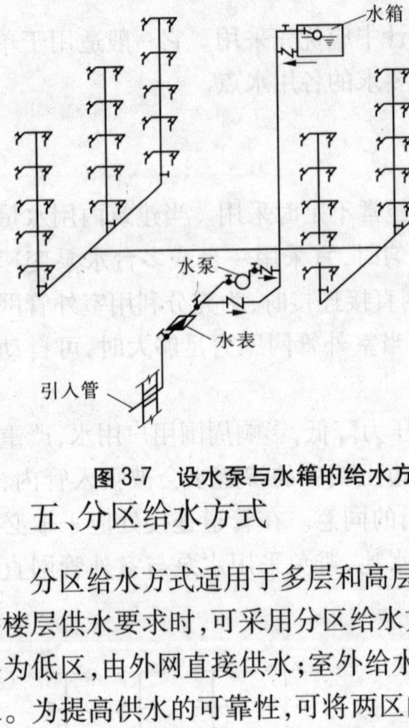

图 3-7　设水泵与水箱的给水方式

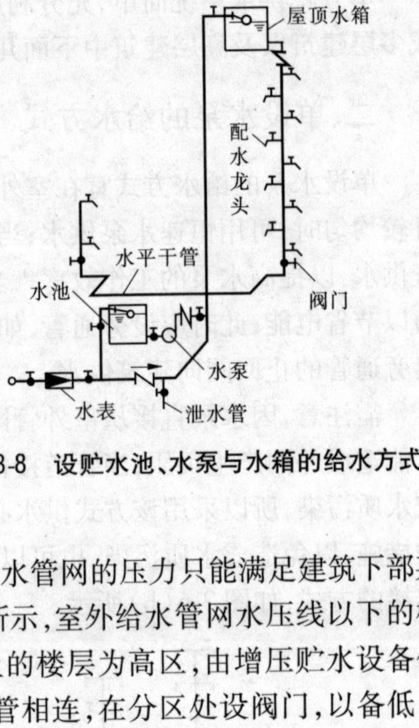

图 3-8　设贮水池、水泵与水箱的给水方式

五、分区给水方式

分区给水方式适用于多层和高层建筑。当室外给水管网的压力只能满足建筑下部某些楼层供水要求时，可采用分区给水方式。如图 3-9 所示，室外给水管网水压线以下的楼层为低区，由外网直接供水；室外给水管网水压线以上的楼层为高区，由增压贮水设备供水。为提高供水的可靠性，可将两区的 1 根或几根立管相连，在分区处设阀门，以备低区进水管发生故障或外网压力不足时打开阀门，由高区水箱向低区供水。

在高层建筑中常见的分区给水方式有水泵并联分区给水方式、水泵串联分区给水方式和减压阀减压分区给水方式。

（一）水泵并联分区给水方式

该方式是在每一分区分别设置水泵，各分区水泵采用并联供水的方式，如图 3-10（a）所示。这种方式的优点是各区自成一体，设备布置集中，维护管理方便。缺点是水泵数量多，设备费用偏高。

（二）水泵串联分区给水方式

该方式是将水泵分散设置在各区的楼层之中，各分区水泵采用串联方式供水，如图 3-10（b）所示。这种方式的优点是无高压水泵和高压管道，运行动力费用经济。缺点

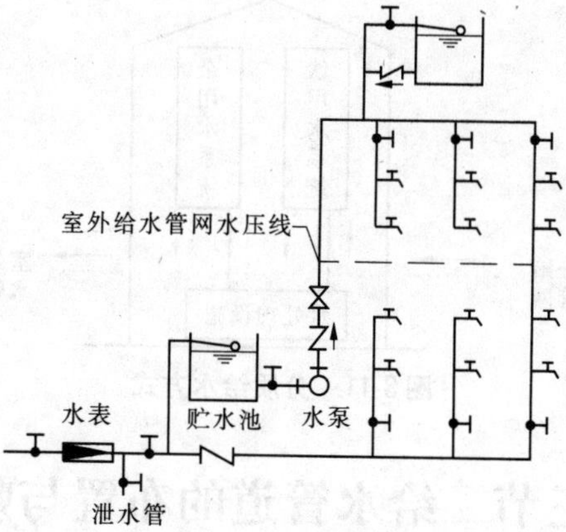

图 3-9　分区给水方式

是水泵分散布置，维修管理不方便，供水可靠性差，水泵设置的楼层防振、隔音要求高。

（三）减压阀减压分区给水方式

该分区给水方式是整个供水系统只用一组水泵，分区处设减压阀。水泵供水减压阀减压分区给水方式见图 3-10（c）。

这种方式的优点是供水可靠，设备与管材少，投资省，设备布置集中。缺点是下区水压损失大，能量消耗大。

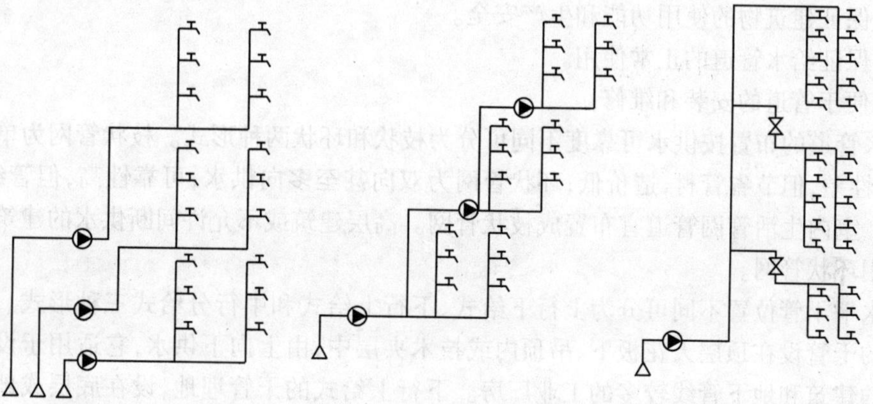
(a)水泵并联分区给水方式　(b)水泵串联分区给水方式　(c)减压阀减压分区给水方式

图 3-10　水泵分区给水方式

六、分质给水方式

分质给水方式即根据不同用途所需的不同水质，分别设置独立的给水系统，如图 3-11 所示。饮用水给水系统供饮用、烹饪、盥洗等生活用水，水质应符合现行生活饮用水卫生标准。杂用水给水系统，水质较差，应符合现行生活杂用水水质标准，只能用于建筑内冲洗便器、绿化、洗车、扫除等用水。为确保水质，还可采用饮用水与盥洗、沐浴等生活用水分设两个独立管网的分质给水方式。生活用水均先进入屋顶水箱，再经过管网供给各用水点，以防回流污染；饮用水则根据需要，经深度处理达到直接饮用要求，再进行输配。

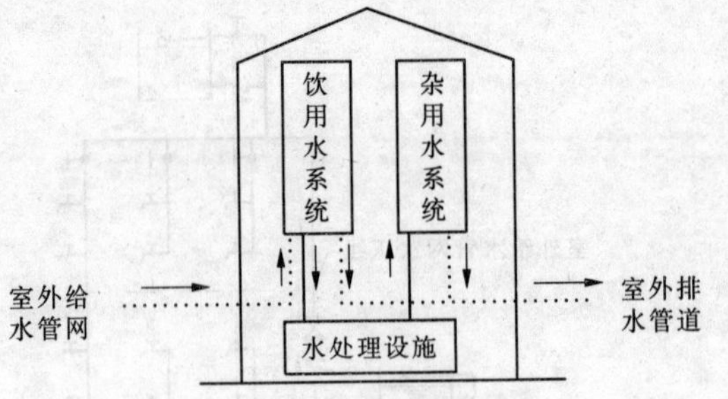

图 3-11　分质给水方式

第三节　给水管道的布置与敷设

给水管道的布置与敷设，除满足自身要求外，还必须深入了解该建筑物的建筑功能和结构情况，做到与供暖、通风、空调和供电等专业的配合，避免管线之间交叉、碰撞，以便于工程施工和今后的维修管理。

一、给水管道的布置

给水管道的布置原则如下：

(1)确保供水安全和良好的水力条件，力求经济合理。

(2)保证建筑物的使用功能和生产安全。

(3)保证给水管道的正常使用。

(4)便于管道的安装和维修。

给水管道的布置按供水可靠度不同可分为枝状和环状两种形式。枝状管网为单向供水，可靠性差，但节省管材，造价低；环状管网为双向甚至多向供水，可靠性高，但管线长，造价高。室内生活管网管道宜布置成枝状管网。高层建筑或不允许间断供水的建筑和设备宜采用环状管网。

按水平干管位置不同可分为上行下给式、下行上给式和中行分给式三种形式。上行下给式的干管设在顶层天花板下、吊顶内或技术夹层中，由上向下供水，它适用于设置高位水箱的建筑和地下管线较多的工业厂房。下行上给式的干管埋地，设在底层或地下室中，由下向上供水，它适用于利用室外管网水压直接供水的建筑。中行分给式的干管设在中间技术夹层或中间层的吊顶内，由中间向上、下两个方向供水，适用于屋顶用作露天茶座、舞厅或设有中间技术夹层的高层建筑。同一幢建筑的给水管网也可同时兼有以上两种方式。

给水管道布置时干管应尽可能靠近用水量大的用户，管道布置应力求短而直，尽可能与墙、梁、柱平行。当建筑物不允许间断供水时，引入管要设置两条或两条以上，并由市政管网不同侧引入，在室内将管道连成环状或贯通枝状双向供水。如不可能，可同侧引入，但两根引入管间距不小于 15 m，并在接管点间设置阀门。如条件不可能满足，可采取设贮水池或增设第二水源等安全供水措施。

给水管道不能妨碍生产操作、生产安全、交通运输和建筑物的使用，故管道不应穿越配电间，以免因渗漏造成电气设备故障或短路；不应穿越电梯机房、通信机房、大中型计算机房、计算机网络中心和音响库房等房间；不能布置在遇水易引起燃烧、爆炸、损坏的设备、产品和原料上方，还应避免在生产设备上面布置管道；给水管道应避免穿越人防地下室，必须穿越时应按人防工程要求设置防爆阀门。

当管道埋地时，应避免被重物压坏或被设备震坏。管道不得穿越生产设备基础，在特殊情况下必须穿越时，应采取有效保护措施。管道不宜穿过伸缩缝、沉降缝，如必须穿过，应采取保护措施，如软性接头法，即用橡胶管或金属波纹管连接沉降缝或伸缩缝两边的管道；丝扣弯头法，在建筑沉降过程中，两边的沉降差由丝扣弯头的旋转来补偿，仅适用于小管径的管道；活动支架法，在沉降缝两侧设支架，使管道只能垂直位移，以适应沉降、伸缩的应力。丝扣弯头法和活动支架法分别见图 3-12、图 3-13。

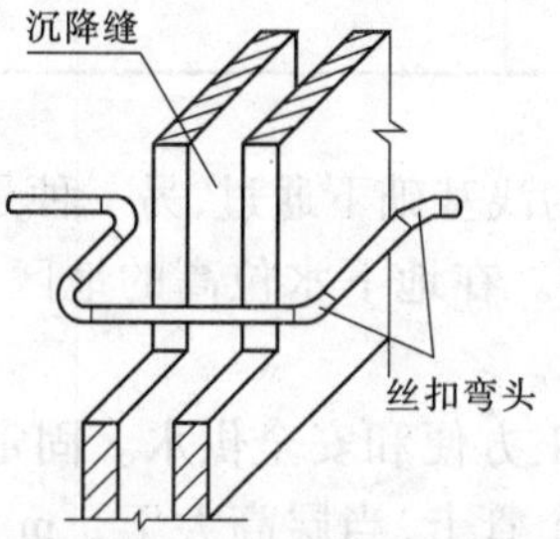

图 3-12　丝扣弯头法

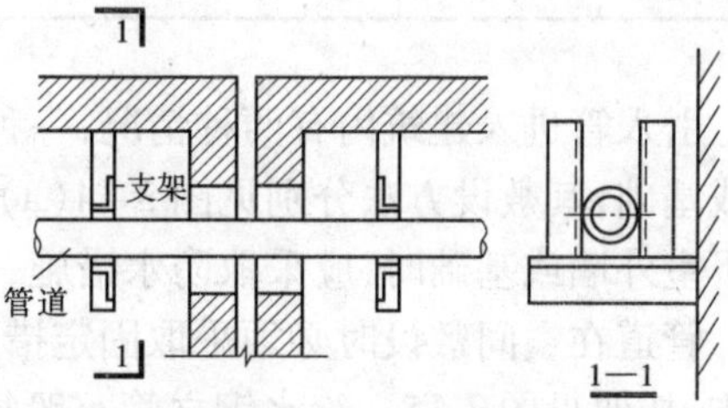

图 3-13　活动支架法

为防止管道腐蚀，管道不得设在烟道、风道、电梯井和排水沟内，不宜穿越橱窗、壁柜，不得穿过大小便槽，给水立管距大小便槽端部不得小于 0.5 m。

布置管道时在其周围要留有一定的空间，以满足安装、维修的要求。给水管道与其他管道和建筑结构的最小净距应满足安装操作需要，且不宜小于 0.3 m。需进入检修的管道井，其工作通道净宽度不宜小于 0.6 m。管道井每层应设检修设施，每两层应有横向隔断。

二、给水管道的敷设

（一）敷设形式

根据建筑对卫生、美观方面的要求，给水管道的敷设一般分为明装和暗装两种形式。

明装即管道外露。其优点是安装维修方便，造价低。缺点是管道表面易结露、积灰尘且影响美观。一般装修标准不高的民用建筑和大部分生产车间均采用明装。

暗装即将管道直接埋地或埋设在墙槽、楼板找平层中，隐蔽敷设在地下室、技术夹层、管道井、管沟或吊顶内。其优点是管道不影响室内的美观、整洁，适用于对卫生、美观要求较高的建筑，如高层建筑、宾馆和对某些生产工艺要求较高的车间。缺点是造价高，施工复杂，维修困难。

（二）敷设要求

给水横管穿承重墙或基础，立管穿楼板时均应预留孔洞。暗装管道在墙中敷设时也应预留墙槽，以避免临时打洞、凿槽影响建筑结构的强度。管道预留孔洞和墙槽的尺寸见表 3-1。横管穿过预留洞时，管顶上部净空不得小于建筑物的沉降量，以保护管道不至因建筑沉降而损坏，其净空一般不小于 0.10 m。

表 3-1　管道预留孔洞和墙槽的尺寸

管道名称	管径(mm)	明装留孔尺寸，长(高)(mm)×宽(mm)	暗装墙槽尺寸，宽(mm)×深(mm)
立管	≤25	100×100	130×130
	32～50	150×150	150×130
	70～100	200×200	200×200
2 根立管	≤32	150×100	200×130
横支管	≤25	100×100	60×60
	32～40	150×130	150×100
引入管	≤100	300×200	

引入管进入建筑内有两种情况，一种是从建筑物的浅基础下通过，另一种是穿越承重墙或基础，其敷设方法分别见图 3-14(a)和图 3-14(b)。在地下水位高的地区，引入管穿地下室外墙或基础时，应采取防水措施，如设防水套管。

管道在空间敷设时必须采取固定措施，以保证施工方便和安全供水。固定管道常用的支、托架见图 3-15。给水钢立管一般每层须安装 1 个管卡，当层高大于 5 m 时，每层须安装 2 个。水平钢管支、托架最大间距见表 3-2。

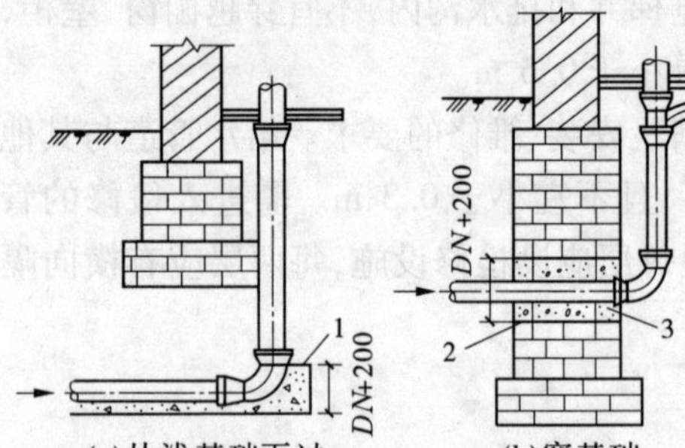

(a)从浅基础下过　(b)穿基础

1—C5.5 混凝土支座；2—黏土；3—M5 水泥砂浆封口

图 3-14　引入管穿基础时预留孔洞要求

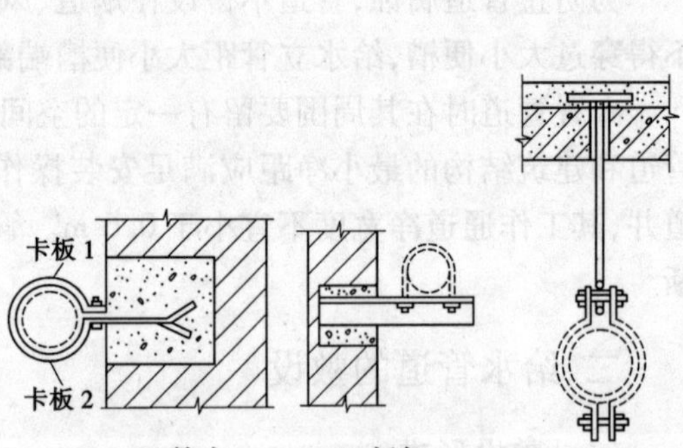

(a) 管卡　(b) 托架　(c) 吊环

图 3-15　管道支、托架

表 3-2　钢管支、托架最大间距

公称直径 DN(mm)	15	20	25	32	40	50	70	80	100	125	150
保温管(m)	1.5	2	2	2.5	3	3	4	4	4.5	5	6
非保温管(m)	2.5	3	3.5	4	4.5	5	6	6	6.5	7	8

三、管道防护

(一)防腐

金属管道无论是明装还是暗装，其外壁容易氧化锈蚀，都要采取措施予以防护，以延长管道的使用寿命。通常的防腐做法是管道除锈后，在外壁涂刷防腐涂料。明装的焊接钢管和铸铁管外刷防锈漆 2 遍、银粉面漆 2 遍，镀锌钢管外刷银粉面漆 2 遍；暗装和埋地管道均刷沥青漆 2 遍。防腐层应具有足够的抗压强度，良好的防水性、绝缘性和化学稳定性，能与被保护管道牢固黏结，且应为无毒的材料。

（二）防冻、防露

敷设在有可能结冻的房间、地下室及管井、管沟等地方的生活给水管道，为保证冬季安全使用应有防冻保温措施。

在湿热的气候条件下或在空气湿度较高的房间内敷设给水管道时，由于管道内的水温较低，空气中的水分会凝结并附着在管道表面，严重时还会产生滴水。这种管道结露现象不但会加速管道的腐蚀，还会影响建筑的使用，如使墙面受潮、粉刷层脱落，则影响墙体质量和建筑美观，其防露措施与保温方法相同。

（三）防漏

管道布置不当或管材质量和施工质量低劣，都能导致管道漏水。这不仅浪费水，影响给水系统正常供水，还会损坏建筑，特别是在湿陷性黄土地区，埋地管漏水会造成土壤湿陷，严重影响建筑基础的稳固性。防漏的主要措施有以下几种：

（1）避免将管道布置在易受外力损坏的位置，或采取必要且有效的保护措施，避免其直接承受外力。

（2）要健全管理制度，加强管材质量和施工质量的检查监督。

（3）在湿陷性黄土地区，可将埋地管道设在防水性能好的检漏管沟内，一旦漏水，水可沿沟排至检漏井内，便于及时发现和检修。管径较小的管道，也可敷设在检漏套管内。

（四）防振

当管道中水流速度过大时，启闭水嘴、阀门易出现水击现象，会引起管道、附件的振动，这不但会损坏管道附件造成漏水，还会产生噪声。为防止管道的损坏和噪声污染，在设计给水系统时应控制管道的水流速度，尽量减少使用电磁阀或速闭型阀门、水嘴。住宅建筑进户支管阀门后，应装设一个家用可曲挠橡胶接头进行隔振，并可在管道支架、吊架内衬垫减振材料，以减小噪声的扩散。

第四节　给水设计流量

建筑内用水包括生产用水、消防用水和生活用水三部分。

生产用水在生产班期内比较均匀且有规律性，其用水量根据地区条件、工艺过程、设备情况、产品性质等因素，按消耗在单位产品上的水量或单位时间内消耗在生产设备上的水量计算确定。

消防用水量大而集中，并与建筑物的使用性质、规模、耐火等级和火灾危险程度密切相关，计算方法详见第四章。

生活用水是满足人们生活上各种需要所消耗的用水，其用水量受当地气候、建筑物使用性质、卫生器具和用水设备的完善程度、使用者的生活习惯及水价等多种因素的影响，一般不均匀。

住宅的最高日生活用水定额及小时变化系数根据住宅类别、建筑标准、卫生器具完善程度和区域等因素,可按表3-3确定。

表3-3　住宅最高日生活用水定额及小时变化系数

住宅类别		卫生器具设置标准	用水定额(L/(人·d))	小时变化系数
普通住宅	Ⅰ	有大便器、洗涤盆	85~150	3.0~2.5
	Ⅱ	有大便器、洗脸盆、洗涤盆、洗衣机、热水器和沐浴设备	130~300	2.8~2.3
	Ⅲ	有大便器、洗脸盆、洗涤盆、洗衣机、集中热水供应(或家用热水机组)和沐浴设备	180~320	2.5~2.0
别墅		有大便器、洗脸盆、洗涤盆、洗衣机、洒水栓、家用热水机组和沐浴设备	200~350	2.3~1.8

注:1. 当地主管部门对住宅生活用水定额有具体规定时,应按当地规定执行。
2. 别墅用水定额中含庭院绿化用水和汽车抹车用水。

宿舍、旅馆和公共建筑的生活用水定额及小时变化系数根据卫生器具完善程度和区域条件,可按表3-4确定。

表3-4　宿舍、旅馆和公共建筑生活用水定额及小时变化系数

序号	建筑物名称	单　位	最高日生活用水定额(L)	使用时间(h)	小时变化系数
1	宿舍				
	Ⅰ类、Ⅱ类	每人每日	150~200	24	3.0~2.5
	Ⅲ类、Ⅳ类	每人每日	100~150	24	3.5~3.0
2	招待所、培训中心、普通旅馆				
	设公用盥洗室	每人每日	50~100		
	设公用盥洗室、淋浴室	每人每日	80~130	24	3.0~2.5
	设公用盥洗室、淋浴室、洗衣室	每人每日	100~150		
	设单独卫生间、公用洗衣室	每人每日	120~200		
3	酒店式公寓	每人每日	200~300	24	2.5~2.0
4	宾馆客房				
	旅客	每床位每日	250~400	24	2.5~2.0
	员工	每人每日	80~100		
5	医院住院部				
	设公用盥洗室	每床位每日	100~200	24	2.5~2.0
	设公用盥洗室、淋浴室	每床位每日	150~250	24	2.5~2.0
	设单独卫生间	每床位每日	250~400	24	2.5~2.0
	医务人员	每人每班	150~250	8	2.0~1.5
	门诊部、诊疗所	每病人每次	10~15	8~12	1.5~1.2
	疗养院、休养所住房部	每床位每日	200~300	24	2.0~1.5

续表 3-4

序号	建筑物名称	单 位	最高日生活用水定额(L)	使用时间(h)	小时变化系数
6	养老院 全托 日托	 每人每日 每人每日	 100 ~ 150 50 ~ 80	 24 10	 2.5 ~ 2.0 2.0
7	幼儿园、托儿所 有住宿 无住宿	 每儿童每日 每儿童每日	 50 ~ 100 30 ~ 50	 24 10	 3.0 ~ 2.5 2.0
8	公共浴室 淋浴 浴盆、淋浴 桑拿浴(淋浴、按摩池)	 每顾客每次 每顾客每次 每顾客每次	 100 120 ~ 150 150 ~ 120	 12 12 12	2.0 ~ 1.5
9	理发室、美容院	每顾客每次	40 ~ 100	12	2.0 ~ 1.5
10	洗衣房	每千克干衣	40 ~ 80	8	1.5 ~ 1.2
11	餐饮业 中餐酒楼 快餐店、职工及学生食堂 酒吧、咖啡厅、茶座、卡拉 OK 房	 每顾客每次 每顾客每次 每顾客每次	 40 ~ 60 20 ~ 25 5 ~ 15	 10 ~ 12 12 ~ 16 8 ~ 18	 1.5 ~ 1.2 1.5 ~ 1.2 1.5 ~ 1.2
12	商场 员工及顾客	每平方米营业厅面积每日	5 ~ 8	12	1.5 ~ 1.2
13	图书馆	每人每次	5 ~ 10	8 ~ 10	1.5 ~ 1.2
14	书店	每平方米营业厅面积每日	3 ~ 6	8 ~ 12	1.5 ~ 1.2
15	办公楼	每人每班	30 ~ 50	8 ~ 10	1.5 ~ 1.2
16	教学、实验楼 中小学校 高等院校	 每学生每日 每学生每日	 20 ~ 40 40 ~ 50	 8 ~ 9 8 ~ 9	 1.5 ~ 1.2 1.5 ~ 1.2
17	电影院、剧院	每观众每场	3 ~ 5	3	1.5 ~ 1.2
18	会展中心(博物馆、展览馆)	每平方米展厅面积每日	3 ~ 6	8 ~ 16	1.5 ~ 1.2
19	健身中心	每人每次	30 ~ 50	8 ~ 12	1.5 ~ 1.2
20	体育场(馆) 运动员淋浴 观众	 每人每次 每人每场	 30 ~ 40 3	 — 4	 3.0 ~ 2.0 1.2
21	会议厅	每座位每次	6 ~ 8	4	1.5 ~ 1.2
22	航站楼、客运站旅馆	每人次	3 ~ 6	8 ~ 16	1.5 ~ 1.2
23	菜市场地面冲洗及保鲜用水	每平方米每日	10 ~ 20	8 ~ 10	2.5 ~ 2.0
24	停车库地面冲洗水	每平方米每日	2 ~ 3	6 ~ 8	1.0

注:1. 除养老院、托儿所、幼儿园的用水定额中含食堂用水外,其他均不含食堂用水。

2. 除注明外,均不含员工生活用水,员工用水定额为每人每班 40 ~ 60 L。

3. 医疗建筑用水中已含医疗用水。

4. 空调用水应另计。

工业企业建筑生活、淋浴用水定额见表3-5。

表3-5　工业企业建筑生活、淋浴用水定额

<table>
<tr><td colspan="2">生活用水定额(L/(班·人))</td><td colspan="2">小时变化系数</td><td>说明</td></tr>
<tr><td>管理人员</td><td>30~50</td><td colspan="2" rowspan="2">1.5~2.5</td><td rowspan="2">每班工作时间以8 h计</td></tr>
<tr><td>车间工人</td><td>30~50</td></tr>
<tr><td colspan="5">工业企业建筑淋浴用水定额</td></tr>
<tr><td colspan="3">车间卫生特征</td><td rowspan="2">每人每班淋浴用水定额(L)</td><td rowspan="6">淋浴用水延续时间为1 h</td></tr>
<tr><td>有毒物质</td><td>生产性粉尘</td><td>其他</td></tr>
<tr><td>极易经皮肤吸收引起中毒的剧毒物质(如有机磷、三硝基甲苯、四乙基铅等)</td><td></td><td>处理传染性材料、动物原料(如皮毛等)</td><td rowspan="2">60</td></tr>
<tr><td>易经皮肤吸收或有恶臭的物质,或高毒物质(如丙烯腈、吡啶、苯酚等)</td><td>严重污染全身或对皮肤有刺激的粉尘(如炭黑、玻璃棉等)</td><td>高温作业、井下作业</td></tr>
<tr><td>其他毒物</td><td>一般粉尘(如棉尘)</td><td>重作业</td><td rowspan="2">40</td></tr>
<tr><td colspan="3">不接触有毒物质及粉尘,不污染或轻度污染身体(如仪表、金属冷加工、机械加工等)</td></tr>
</table>

汽车冲洗用水定额应根据车辆用途、道路路面等级、污染程度以及采用的冲洗方式,可按表3-6确定。

表3-6　汽车冲洗用水定额　　(单位:L/(辆·次))

冲洗方式	高压水枪冲洗	循环用水冲洗补水	抹车、微水冲洗	蒸汽冲洗
轿车	40~60	20~30	10~15	3~5
公共汽车、载重汽车	80~120	40~60	15~30	—

一、最高日用水量与最大时用水量

(一)最高日用水量

最高日用水时间最大1 h内的用水量称为最大时用水量。最高日最大时用水量与平均时用水量的比值为小时变化系数。最高日用水量可用下式求得:

$$Q_d = \frac{\sum (m_i q_{di})}{1\ 000} \tag{3-1}$$

式中　Q_d——最高日用水量，m^3/d；

m_i——用水单位数（人数、床位数等）；

q_{di}——最高日生活用水定额，L/（人·d）、L/（床·d）等，见表 3-3～表 3-6。

最高日用水量一般在确定贮水池（箱）容积过程中使用。

（二）最大时用水量

最大时用水量可用下式求得：

$$Q_h = \frac{Q_d}{T} K_h = Q_p K_h \tag{3-2}$$

式中　Q_h——最大时用水量，m^3/h；

T——建筑物内每天用水时间，h；

Q_p——最高日平均时用水量，m^3/h；

K_h——小时变化系数。

最大时用水量一般用于确定水泵流量和高位水箱容积等。

二、生活给水设计秒流量

建筑内的生活用水量在一定时间段（如 24 h、1 h）里是不均匀的，为了使建筑内瞬时高峰的用水都得到保证，其设计流量应为建筑内卫生器具配水最不利情况组合出流时的瞬时高峰流量，此流量又称设计秒流量。它是确定各管段管径，计算管路水头损失，进而确定给水系统所需压力的主要依据。

生活给水管网设计秒流量的计算方法，按建筑的性质及用水特点分为概率法、平方根法和经验法。为了简化计算，将污水盆上支管公称直径为 15 mm 的配水水嘴的额定流量 0.2 L/s 作为一个当量，其他卫生器具的给水额定流量与它的比值即为该卫生器具的当量，这样便可把某一管段上不同类型卫生器具的流量换算成当量值进行计算。

当前我国生活给水管网设计秒流量的计算方法，按建筑的性质及用水特点分三类。

（1）住宅建筑生活给水管道设计秒流量按概率法进行计算。

①根据住宅配置的卫生器具给水当量、使用人数、用水定额、使用时数及小时变化系数，按式（3-3）计算出最大用水时卫生器具给水当量平均出流概率。

$$U_0 = \frac{q_d m K_h}{0.2 N_g T \times 3\ 600} \tag{3-3}$$

式中　U_0——生活给水管道的最大用水时卫生器具给水当量平均出流概率（%）；

q_d——住宅建筑最高日生活用水定额，按表 3-3 取用；

m——每户用水人数；

K_h——小时变化系数，按表 3-3 取用；

N_g——每户设置的卫生器具给水当量数（按表 3-7 选用）；

0.2——1 个卫生器具给水当量的额定流量，L/s；

T——用水时数，h。

表3-7　卫生器具的给水额定流量、当量、连接管公称管径和最低工作压力

序号	给水配件名称	额定流量（L/s）	当量	支管管径（mm）	配水点前所需流出水头（MPa）
1	污水盆（池）水龙头	0.20	1.0	15	0.020
2	住宅厨房洗涤盆（池）水龙头	0.20(0.14)	1.0(0.7)	15	0.015
3	食堂厨房洗涤盆（池）水龙头 普通水龙头	0.32(0.24) 0.44	1.6(1.2) 2.2	15 20	0.020 0.040
4	住宅集中水龙头	0.30	1.5	20	0.020
5	洗手盆水龙头	0.15(0.1)	0.75(0.5)	15	0.020
6	洗脸盆水龙头、盥洗槽水龙头	0.20(0.16)	1.0(0.8)	15	0.015
7	浴盆水龙头	0.30(0.20) 0.30(0.20)	1.5(1.0) 1.5(1.0)	15 20	0.020 0.015
8	淋浴器	0.15(0.1)	0.75(0.5)	15	0.025～0.040
9	大便器 冲洗水箱浮球阀 自闭式冲洗阀	 0.1 1.2	 0.5 6.0	 15 25	 0.020 按产品要求
10	大便槽冲洗水箱进水阀	0.1	0.5	15	0.020
11	小便器 手动冲洗阀 自闭式冲洗阀 自动冲洗水箱进水阀	 0.05 0.1 0.1	 0.25 0.5 0.5	 15 15 15	 0.015 按产品要求 0.020
12	小便槽多孔冲洗管（每米长）	0.05	0.25	15～20	0.015
13	实验室化验龙头（鹅颈） 单联 双联 三联	 0.07 0.15 0.20	 0.35 0.75 1.0	 15 15 15	 0.020 0.020 0.020
14	净身器冲洗水龙头	0.10(0.07)	0.5(0.35)	15	0.030
15	饮水器喷嘴	0.05	0.25	15	0.020
16	洒水栓	0.40 0.70	2.0 3.5	20 25	按产品要求 按产品要求
17	室内洒水龙头	0.20	1.0	15	按产品要求
18	家用洗衣机给水龙头	0.24	1.2	15	0.020

注：1. 表中括弧内的数值在有热水供应单独计算冷水或热水管道管径时采用。

2. 淋浴器所需流出水头按控制出流的启闭阀件前计算。

3. 充气水龙头和充气淋浴器的给水额定流量应按本表同类型给水配件的额定流量乘以0.7采用。

4. 卫生器具给水配件所需流出水头有特殊要求时，其数值应按产品要求确定。

5. 浴盆上附设淋浴器时，额定流量和当量应按浴盆水龙头计算，不必重复计算浴盆上附设淋浴器的额定流量和当量。

②根据计算管段上的卫生器具给水当量总数，按式(3-4)计算得出该管段的卫生器具给水当量的同时出流概率。

$$U = \frac{1 + \alpha_c (N_g - 1)^{0.49}}{\sqrt{N_g}} \tag{3-4}$$

式中 U——计算管段的卫生器具给水当量同时出流概率(%)；

α_c——对应于 U_0 的系数(按表3-8取用)；

N_g——计算管段的卫生器具给水当量总数。

表3-8 给水管段卫生器具给水当量同时出流概率计算系数 α_c

U_0(%)	α_c	U_0(%)	α_c	U_0(%)	α_c
1.0	0.003 23	3.0	0.019 39	5.0	0.037 15
1.5	0.006 97	3.5	0.023 74	6.0	0.046 29
2.0	0.010 97	4.0	0.028 16	7.0	0.055 55
2.5	0.015 12	4.5	0.032 63	8.0	0.064 89

③根据计算管段上的卫生器具给水当量同时出流概率，按式(3-5)计算得出计算管段的设计秒流量。

$$q_g = 0.2UN_g \tag{3-5}$$

式中 q_g——计算管段的设计秒流量，L/s。

为了计算快速、方便，在计算出 U_0 后，即可根据计算管段的 N_g 值从表3-9中直接查得给水设计秒流量，该表可用内插法。当计算管段的卫生器具给水当量总数超过表3-9中的数值时，其流量应取最大用水时平均流量，即

$$q_g = 0.2U_0N_g$$

表3-9 给水管段设计秒流量计算表

U_0(%)	1.0		1.5		2.0		2.5	
N_g	U(%)	q_g(L/s)	U(%)	q_g(L/s)	U(%)	q_g(L/s)	U(%)	q_g(L/s)
1	100.00	0.20	100.00	0.20	100.00	0.20	100.00	0.20
2	70.94	0.28	71.20	0.28	71.49	0.29	71.78	0.29
3	58.00	0.35	58.30	0.35	58.62	0.35	58.96	0.35
4	50.28	0.40	50.60	0.40	50.94	0.41	51.30	0.41
5	45.01	0.45	45.34	0.45	45.69	0.46	46.06	0.46
6	41.12	0.49	41.45	0.50	41.81	0.50	42.18	0.51
7	38.09	0.53	38.43	0.54	38.79	0.54	39.17	0.55
8	35.65	0.57	35.99	0.58	36.36	0.58	36.74	0.59
9	33.63	0.61	33.98	0.61	34.35	0.62	34.73	0.63
10	31.92	0.64	32.27	0.65	32.64	0.65	33.03	0.66

续表 3-9

U_0(%)	1.0		1.5		2.0		2.5	
N_g	U(%)	q_g(L/s)	U(%)	q_g(L/s)	U(%)	q_g(L/s)	U(%)	q_g(L/s)
11	30.45	0.67	30.80	0.68	31.17	0.69	31.56	0.69
12	29.17	0.70	29.52	0.71	29.89	0.72	30.28	0.73
13	28.04	0.73	28.39	0.74	28.76	0.75	29.15	0.76
14	27.03	0.76	27.38	0.77	27.76	0.78	28.15	0.79
15	26.12	0.78	26.48	0.79	26.85	0.81	27.24	0.82
16	25.30	0.81	25.66	0.82	26.03	0.83	26.42	0.85
17	24.56	0.83	24.91	0.85	25.29	0.86	25.68	0.87
18	23.88	0.86	24.23	0.87	24.61	0.89	25.00	0.90
19	23.25	0.88	23.60	0.90	23.98	0.91	24.37	0.93
20	22.67	0.91	23.02	0.92	23.40	0.94	23.79	0.95
22	21.63	0.95	21.98	0.97	22.36	0.98	22.75	1.00
24	20.72	0.99	21.07	1.01	21.45	1.03	21.85	1.05
26	19.92	1.04	20.27	1.05	20.65	1.07	21.05	1.09
28	19.21	1.08	19.56	1.10	19.94	1.12	20.33	1.14
30	18.56	1.11	18.92	1.14	19.30	1.16	19.69	1.18
32	17.99	1.15	18.34	1.17	18.72	1.20	19.12	1.22
34	17.16	1.19	17.81	1.21	18.19	1.24	18.59	1.26
36	16.97	1.22	17.33	1.25	17.71	1.28	18.11	1.30
38	16.53	1.26	16.89	1.28	17.27	1.31	17.66	1.34
40	16.12	1.29	16.48	1.32	16.86	1.35	17.25	1.38
42	15.74	1.32	16.09	1.35	16.47	1.38	16.87	1.42
44	15.38	1.35	15.74	1.39	16.12	1.42	16.52	1.45
46	15.05	1.38	15.41	1.42	15.79	1.45	16.18	1.49
48	14.74	1.42	15.10	1.45	15.48	1.49	15.87	1.52
50	14.45	1.45	14.81	1.48	15.19	1.52	15.58	1.56
55	13.79	1.52	14.15	1.56	14.53	1.60	14.92	1.64
60	13.22	1.59	13.57	1.63	13.95	1.67	14.35	1.72

有两条或两条以上具有不同最大用水时卫生器具给水当量平均出流概率的给水支管的给水干管，该管段的最大用水时卫生器具给水当量平均出流概率按式(3-6)计算。

$$\overline{U}_0 = \frac{\sum (U_{0i} N_{gi})}{\sum N_{gi}} \tag{3-6}$$

式中 $\overline{U}_0$——给水干管的卫生器具给水当量平均出流概率(%)；

U_{0i}——给水支管的最大用水时卫生器具给水当量平均出流概率(%)；

N_{gi}——相应给水支管的卫生器具给水当量总数。

(2)住宅、集体宿舍、旅馆、医院、疗养院、幼儿园、养老院、办公楼、商场、客运站、会展中心、中小学教学楼、公共厕所等建筑的生活给水设计秒流量，按平方根法计算，即式(3-7)。

$$q_g = 0.2\alpha \sqrt{N_g} + kN_g \tag{3-7}$$

式中 q_g——计算管段的给水设计秒流量，L/s；

α、k——根据建筑物用途而定的系数，应按表 3-10 采用；

N_g——计算管段的卫生器具给水当量总数。

表 3-10 根据建筑物用途而定的系数 α、k 值

建筑物名称		α	k
普通住宅	有大便器、洗涤盆，无淋浴设备	1.05	0.005 0
	有大便器、洗涤盆和淋浴设备	1.02	0.004 5
	有大便器、洗涤盆、淋浴设备和热水供应	1.1	0.005 0
高级住宅和别墅		1.1	0.005 0
幼儿园、托儿所		1.2	0
门诊部、诊疗所		1.4	
办公楼、商场		1.5	
学校		1.8	
医院、疗养院、休养所		2.0	
集体宿舍、旅馆、招待所、宾馆		2.5	
部队营房		3.0	

如计算值小于该管段上一个最大卫生器具给水额定流量，应采用一个最大的卫生器具给水额定流量作为设计秒流量；如计算值大于该管段上按卫生器具给水额定流量累加所得流量值，应按卫生器具给水额定流量累加所得流量值采用。

有大便器延时自闭式冲洗阀的给水管段，大便器延时自闭式冲洗阀的给水当量均以 0.5 计，计算得到的 q_g 附加 1.10 L/s 的流量后，为该管段的给水设计秒流量。

综合楼建筑的 α 值应按表 3-10 加权平均法计算。

(3)工业企业的生活间、公共浴室、职工食堂或营业餐馆的厨房、体育场馆运动员休息室、剧院的化妆间、普通理化实验室等建筑的生活给水管道的设计秒流量，按经验法计算。计算管段的给水设计秒流量根据卫生器具给水额定流量、同类型卫生器具数和卫生器具的同时给水百分数按式(3-8)计算。

$$q_g = \sum (q_0 N_0 b) \quad (3\text{-}8)$$

式中 q_g——计算管段的给水设计秒流量,L/s;

q_0——同类型的一个卫生器具给水额定流量,L/s;

N_0——计算管段同类型卫生器具数;

b——卫生器具的同时给水百分数,应按表 3-11 ~ 表 3-13 选用。

如计算值小于该管段上一个最大卫生器具给水额定流量时,应采用一个最大的卫生器具给水额定流量作为设计秒流量。大便器自闭式冲洗阀应单列计算,当单列计算值小于1.2 L/s 时,以 1.2 L/s 计;大于 1.2 L/s 时,以计算值计。

表 3-11 宿舍(Ⅰ、Ⅱ类)、工业企业生活间、公共浴室、影剧院、体育场馆等卫生器具同时给水百分数 (%)

卫生器具名称	同时给水百分数				
	宿舍(Ⅰ、Ⅱ类)	工业企业生活间	公共浴室	影剧院	体育场馆运动员休息室
洗涤盆(池)	—	33	15	15	15
洗手盆	—	50	50	50	70(50)
洗脸盆、盥洗槽水嘴	5 ~ 100	60 ~ 100	60 ~ 100	50	80
浴盆	—	—	50	—	—
无间隔淋浴器	20 ~ 100	100	100	—	100
有间隔淋浴器	5 ~ 80	80	60 ~ 80	(60 ~ 80)	(60 ~ 100)
大便器冲洗水箱	5 ~ 70	30	20	50(20)	70(20)
大便槽自动冲洗水箱	100	100	—	100	100
大便器自闭式冲洗阀	1 ~ 2	2	2	10(2)	5(2)
小便器自闭式冲洗阀	2 ~ 10	10	10	50(10)	70(10)
小便器(槽)自动冲洗水箱	—	100	100	100	100
净身盆	—	33	—	—	—
饮水器	—	30 ~ 60	30	30	30
小卖部洗涤盆	—	—	50	50	50

注:1. 表中括号内的数值是电影院、剧院的化妆间,体育场馆的运动员休息室使用。

2. 健身中心的卫生间,可采用本表体育场馆运动员休息室的同时给水百分数。

表 3-12 职工食堂、营业餐馆厨房设备同时给水百分数 (%)

厨房设备名称	污水盆(池)	洗涤盆(池)	煮锅	生产性洗涤机	器皿洗涤机	开水器	蒸汽发生器	灶台水嘴
同时给水百分数	50	70	60	40	90	50	100	30

注:职工或学生饭堂的洗碗台水嘴,按 100% 同时给水,但不与厨房用水叠加。

表 3-13　实验室化验水嘴同时给水百分数　（%）

化验水嘴名称	同时给水百分数	
	科学研究实验室	生产实验室
单联化验水嘴	20	30
双联或三联化验水嘴	30	50

第五节　给水管网水力计算

一、计算目的与类型

（一）计算目的

（1）经济合理地确定室内给水管网中各管段的管径。

（2）求出各管段通过设计流量时产生的压力损失，进而确定给水系统所需水压。

（3）复核室外给水管网的水压能否满足室内用水要求，以确定给水方式和增压措施。

（二）计算类型

（1）复核型。如直接给水方式的供水系统，除确定管径外，主要是校核室外给水管网的压力能否满足最不利点配水口或消火栓所需的水压要求。

（2）设计型。如设有升压、贮水设备等给水系统，除确定管径外，还要通过计算确定升压装置的扬程和高位水箱的高度。

二、管径的确定方法

在计算出各管段的设计秒流量后，再选定合适的流速，就可根据式(3-9)算出管径，即

$$d = \sqrt{\frac{4q_g}{\pi v}} \qquad (3\text{-}9)$$

式中　d——计算管段的管径，m；

q_g——管段的设计秒流量，m^3/s；

v——选定的管中流速，m/s。

由式(3-9)可以看出，管径和流速成反比。如流速选择过大，所得管径就小，但系统会引起水锤，产生噪声，易导致水击而损坏管道或附件，并增加管网的水头损失，提高建筑内给水系统所需的压力，增大运行费用；如流速选择过小，所得管径就大，从而造成管材投资偏大。

因此，设计时应综合考虑以上因素，将给水管道流速控制在适当的范围内，可参考表 3-14。消火栓给水管道的流速不宜大于 2.5 m/s，自动喷水灭火系统给水管道的流速不宜大于 5 m/s。

表 3-14　生活与生产给水管道的水流速度

公称直径(mm)	15~20	25~40	50~70	≥80
水流速度(m/s)	≤1.0	≤1.2	≤1.5	≤1.8

三、给水管网水头损失的计算

(一)沿程水头损失

沿程水头损失可由下式计算:

$$h_y = Li = L \times 105 C_h^{-1.85} d_j^{-4.87} q_g^{1.85} \tag{3-10}$$

式中 h_y——管段的沿程水头损失,kPa;

L——管段的长度,m;

i——管道单位长度的水头损失,kPa/m;

C_h——海澄-威廉系数,按表3-15采用;

d_j——管道计算内径,m;

q_g——给水设计流量,m^3/s。

表3-15 各种管材的海澄-威廉系数

管道类别	塑料管、内衬(涂)塑管	钢管、不锈钢管	内衬水泥、树脂的铸铁管	普通钢管、铸铁管
C_h	140	130	130	100

从前面所述的内容看,水力计算主要涉及q_g、d、v、i等参数。为方便使用,已经根据诸多因素,编制了各种管材的水力计算表,如表3-16、表3-17,也可参见《给水排水设计手册》第一册和《建筑给水排水设计手册》,表中数据可直接使用。使用时根据管段的q_g和控制流速v,便可查出管径d、管道单位长度的水头损失i值,用式(3-10)算出沿程水头损失。

(二)局部水头损失

(1)局部水头损失计算。

给水管段中的局部水头损失可按下式计算:

$$h_j = \sum \xi \frac{v^2}{2g} \tag{3-11}$$

式中 h_j——管段中局部水头损失之和,kPa;

$\sum\xi$——管段局部阻力系数之和;

v——沿水流方向局部管件下游的流速,m/s;

g——重力加速度,m/s^2。

(2)给水管网中局部管件甚多,同类部件由于构造的不同其ξ值也不同,详细计算较为烦琐,在实际工程中给水管网的局部水头损失一般不作详细计算,采用管(配)件当量长度法计算。螺纹接口的阀门及管件的摩阻损失当量长度见表3-18。

(3)当管道的管(配)件当量长度资料不足时,可根据下列管件的连接状况,按管网沿程水头损失的百分数取值。

①管(配)件内径与管道内径一致,采用三通分水时,取25%~30%;采用分水器分水时,取15%~20%。

②管(配)件内径略大于管道内径,采用三通分水时,取50%~60%;采用分水器分水时,取30%~35%。

表 3-16　给水塑料管水力计算表

q_g	*DN*15		*DN*20		*DN*25		*DN*32		*DN*40		*DN*50		*DN*70		*DN*80		*DN*100	
(L/s)	*v* (m/s)	*i* (kPa/m)	*v* (m/s)	*i* (kPa/m)	*v* (m/s)	*i* (kPa/m)	*v* (m/s)	*i* (kPa/m)	*v* (m/s)	*i* (kPa/m)	*v* (m/s)	*i* (kPa/m)	*v* (m/s)	*i* (kPa/m)	*v* (m/s)	*i* (kPa/m)	*v* (m/s)	*i* (kPa/m)
0. 10	0. 50	0. 275	0. 26	0. 060														
0. 15	0. 75	0. 564	0. 39	0. 123	0. 23	0. 033												
0. 20	0. 99	0. 940	0. 53	0. 206	0. 30	0. 055	0. 20	0. 020										
0. 30	1. 49	1. 93	0. 79	0. 422	0. 45	0. 113	0. 29	0. 040										
0. 40	1. 99	3. 21	1. 05	0. 703	0. 61	0. 188	0. 39	0. 067	0. 24	0. 021								
0. 50	2. 49	4. 77	1. 32	1. 04	0. 76	0. 279	0. 49	0. 099	0. 30	0. 031								
0. 60	2. 98	6. 60	1. 58	1. 44	0. 91	0. 386	0. 59	0. 137	0. 36	0. 043	0. 23	0. 014						
0. 70			1. 84	1. 90	1. 06	0. 507	0. 69	0. 181	0. 42	0. 056	0. 27	0. 019						
0. 80			2. 10	2. 40	1. 21	0. 643	0. 79	0. 229	0. 48	0. 071	0. 30	0. 023						
0. 90			2. 37	2. 96	1. 36	0. 792	0. 88	0. 282	0. 54	0. 088	0. 34	0. 029	0. 23	0. 014				
1. 00					1. 51	0. 955	0. 98	0. 340	0. 60	0. 106	0. 38	0. 035	0. 25	0. 018				
1. 50					2. 27	1. 96	1. 47	0. 698	0. 90	0. 217	0. 57	0. 072	0. 39	0. 029	0. 27	0. 012		
2. 00							1. 96	1. 160	1. 20	0. 361	0. 76	0. 119	0. 52	0. 049	0. 36	0. 020	0. 24	0. 008
2. 50							2. 46	1. 730	1. 50	0. 536	0. 95	0. 157	0. 65	0. 072	0. 45	0. 030	0. 30	0. 011
3. 00									1. 81	0. 741	1. 14	0. 245	0. 78	0. 099	0. 54	0. 042	0. 36	0. 016
3. 50									2. 11	0. 974	1. 33	0. 322	0. 91	0. 131	0. 63	0. 055	0. 42	0. 021
4. 00									2. 41	1. 230	1. 51	0. 408	1. 04	0. 166	0. 72	0. 069	0. 48	0. 026
4. 50									2. 71	1. 520	1. 70	0. 503	1. 17	0. 205	0. 81	0. 086	0. 54	0. 032
5. 00											1. 89	0. 606	1. 30	0. 247	0. 90	0. 104	0. 60	0. 039
5. 50											2. 08	0. 718	1. 43	0. 293	0. 99	0. 123	0. 66	0. 046
6. 00											2. 27	0. 838	1. 56	0. 342	1. 08	0. 143	0. 72	0. 052
6. 50													1. 69	0. 394	1. 17	0. 165	0. 78	0. 062
7. 00													1. 82	0. 445	1. 26	0. 188	0. 84	0. 071
7. 50													1. 95	0. 507	1. 35	0. 213	0. 90	0. 080
8. 00													2. 08	0. 569	1. 44	0. 238	0. 96	0. 090
8. 50													2. 21	0. 632	1. 53	0. 265	1. 02	0. 102
9. 00													2. 34	0. 701	1. 62	0. 294	1. 08	0. 111
9. 50													2. 47	0. 772	1. 71	0. 323	1. 14	0. 121
10. 0															1. 80	0. 354	1. 20	0. 134

表 3-17　给水钢管(水煤气管)水力计算表

q_g	DN15		DN20		DN25		DN32		DN40		DN50		DN70		DN80		DN100	
(L/s)	v (m/s)	i (kPa/m)	v (m/s)	i (kPa/m)	v (m/s)	i (kPa/m)	v (m/s)	i (kPa/m)	v (m/s)	i (kPa/m)	v (m/s)	i (kPa/m)	v (m/s)	i (kPa/m)	v (m/s)	i (kPa/m)	v (m/s)	i (kPa/m)
0.05	0.29	0.284																
0.07	0.41	0.518	0.22	0.111														
0.10	0.58	0.985	0.31	0.208														
0.12	0.70	1.37	0.37	0.288	0.23	0.086												
0.14	0.82	1.82	0.43	0.38	0.26	0.113												
0.16	0.94	2.34	0.50	0.485	0.30	0.143												
0.18	1.05	2.91	0.56	0.601	0.34	0.176												
0.20	1.17	3.54	0.62	0.727	0.38	0.213	0.21	0.052										
0.25	1.46	5.51	0.78	1.09	0.47	0.318	0.26	0.077	0.20	0.039								
0.30	1.76	7.93	0.93	1.53	0.56	0.442	0.32	0.107	0.24	0.054								
0.35			1.09	2.04	0.66	0.586	0.37	0.141	0.28	0.080								
0.40			1.24	2.63	0.75	0.748	0.42	0.179	0.32	0.089								
0.45			1.40	3.33	0.85	0.932	0.47	0.221	0.36	0.111	0.21	0.031 2						
0.50			1.55	4.11	0.94	1.13	0.53	0.267	0.40	0.134	0.23	0.037 4						
0.55			1.71	4.97	1.04	1.35	0.58	0.318	0.44	0.159	0.26	0.044 4						
0.60			1.86	5.91	1.13	1.59	0.63	0.373	0.48	0.184	0.28	0.051 6						
0.65			2.02	6.94	1.22	1.85	0.68	0.431	0.52	0.215	0.31	0.059 7						
0.70					1.32	2.14	0.74	0.495	0.56	0.246	0.33	0.068 3	0.20	0.020				
0.75					1.41	2.46	0.79	0.562	0.60	0.283	0.35	0.077 0	0.21	0.023				
0.80					1.51	2.79	0.84	0.632	0.64	0.314	0.38	0.085 2	0.23	0.025				
0.85					1.60	3.16	0.90	0.707	0.68	0.351	0.40	0.096 3	0.24	0.028				
0.90					1.69	3.54	0.95	0.787	0.72	0.390	0.42	0.107	0.25	0.031 1				
0.95					1.79	3.94	1.00	0.869	0.76	0.431	0.45	0.118	0.27	0.034 2				
1.00					1.88	4.37	1.05	0.957	0.80	0.473	0.47	0.129	0.28	0.037 6	0.20	0.016 4		
1.10					2.07	5.28	1.16	1.14	0.87	0.564	0.52	0.153	0.31	0.044 4	0.22	0.019 5		
1.20							1.27	1.35	0.95	0.663	0.56	0.18	0.34	0.051 8	0.24	0.022 7		
1.30							1.37	1.59	1.03	0.769	0.61	0.208	0.37	0.059 9	0.26	0.026 1		
1.40							1.48	1.84	1.11	0.884	0.66	0.237	0.40	0.068 3	0.28	0.029 7		
1.50							1.58	2.11	1.19	1.01	0.71	0.27	0.42	0.077 2	0.30	0.033 6		

续表 3-17

q_g (L/s)	DN15 v (m/s)	DN15 i (kPa/m)	DN20 v (m/s)	DN20 i (kPa/m)	DN25 v (m/s)	DN25 i (kPa/m)	DN32 v (m/s)	DN32 i (kPa/m)	DN40 v (m/s)	DN40 i (kPa/m)	DN50 v (m/s)	DN50 i (kPa/m)	DN70 v (m/s)	DN70 i (kPa/m)	DN80 v (m/s)	DN80 i (kPa/m)	DN100 v (m/s)	DN100 i (kPa/m)
1.60							1.69	2.40	1.27	1.14	0.75	0.304	0.45	0.0870	0.32	0.0376		
1.70							1.79	2.71	1.35	1.29	0.80	0.340	0.48	0.0969	0.34	0.0419		
1.80							1.90	3.04	1.43	1.44	0.85	0.378	0.51	0.107	0.36	0.0466		
1.90							2.00	3.39	1.51	1.61	0.89	0.418	0.54	0.119	0.38	0.0513		
2.00									1.59	1.78	0.94	0.460	0.57	0.13	0.40	0.0562	0.23	0.0147
2.20									1.75	2.16	1.04	0.549	0.62	0.155	0.44	0.0666	0.25	0.0172
2.40									1.91	2.56	1.13	0.645	0.68	0.182	0.48	0.0779	0.28	0.0200
2.60									2.07	3.01	1.22	0.749	0.74	0.21	0.52	0.0903	0.30	0.0231
2.80											1.32	0.869	0.79	0.241	0.56	0.103	0.32	0.0263
3.00											1.41	0.998	0.85	0.274	0.60	0.117	0.35	0.0298
3.50											1.65	1.36	0.99	0.365	0.70	0.155	0.40	0.0393
4.00											1.88	1.77	1.13	0.468	0.81	0.198	0.46	0.0501
4.50											2.12	1.24	1.28	0.586	0.91	0.246	0.52	0.0620
5.00											2.35	2.77	1.42	0.723	1.01	0.30	0.58	0.0749
5.50											2.59	3.35	1.56	0.875	1.11	0.358	0.63	0.0892
6.00													1.70	1.04	1.21	0.421	0.69	0.105
6.50													1.84	1.22	1.31	0.494	0.75	0.121
7.00													1.99	1.42	1.41	0.573	0.81	0.139
7.50													2.13	1.63	1.51	0.657	0.87	0.158
8.00													2.27	1.85	1.61	0.748	0.92	0.178
8.50													2.41	2.09	1.71	0.844	0.98	0.199
9.00													2.55	2.34	1.81	0.946	1.04	0.221
9.50															1.91	1.05	1.10	0.245
10.0															2.01	1.17	1.15	0.269

③管(配)件内径略小于管道内径,管(配)件的插口插入管口内连接,采用三通分水时,取70% ~80%;采用分水器分水时,取35% ~40%。

(4)在实际工程中,局部水头损失一般不逐个计算,按管网沿程水头损失的百分数采用即可,其百分数取值为:

①塑料类管道应按以下百分数采用:

粘接连接和热熔连接的塑料管为30%;

卡环、卡套式机械连接的塑料管为50% ~60%;

钢塑复合管、生活给水管道为40%,消防给水管道为30%。

②金属管按以下百分数采用:

生活给水管网为15%;

生产给水管网,生活、消防共用给水管网,生活、生产、消防共用给水管网为20%;

生产、消防共用给水管网为15%;

消火栓系统消防给水管网为10%;

自动喷水灭火系统消防给水管网为20%。

表3-18 螺纹接口的阀门及管件的摩阻损失当量长度表

管件内径(mm)	各种管件的折算管道长度(m)						
	90°标准弯头	45°标准弯头	标准三通90°转角流	三通直向流	闸板阀	球 阀	角 阀
9.5	0.3	0.2	0.5	0.1	0.1	2.4	1.2
12.7	0.6	0.4	0.9	0.2	0.1	4.6	2.4
19 1	0.8	0.5	1.2	0.2	0.2	6.1	3.6
25.4	0.9	0.5	1.5	0.3	0.2	7.6	4.6
31.8	1.2	0 7	1.8	0.4	0.2	10.6	5.5
38.1	1.5	0.9	2.1	0.5	0.3	13.7	6.7
50.8	2.1	1.2	3.0	0.6	0.4	16.7	8.5
63.5	2.4	1.5	3.6	0.8	0.5	19.8	10.3
76.2	3.0	1.8	4.6	0.9	0.6	24.3	12.2
101.6	4.3	2.4	6.4	1.2	0.8	38.0	16.7
127.0	5.2	3	7.6	1.5	1.0	42.6	21.3
152.4	6.1	3.6	9.1	1.8	1.2	50.2	24.3

注:本表的螺纹接口是指管件无凹口的螺纹,即管件与管道在连接点内径有突变,管件内径大于管道内径。若管件为凹口螺纹,或管件与管道为等径焊接,其折算补偿长度取本表值的1/2。

(5)某些配件局部水头损失的经验值可按如下数值采用。

①水表的水头损失,应按选用产品所给定的压力损失值计算。在未确定具体产品时,可按下列情况选用:住宅入户管上的水表,宜取0.01 MPa;建筑物或小区引入管上的水表,在生活用水工况时,宜取0.03 MPa;在校核消防工况时,宜取0.05 MPa。

②比例式减压阀的水头损失,阀后动水压宜按阀后静水压的80% ~90%采用。

③管道过滤器的局部水头损失,宜取0.01 MPa。

④管道倒流防止器的局部水头损失,宜取0.025 ~0.04 MPa。

四、给水系统所需水压

室内给水系统的压力,必须保证将需要的水量输送到建筑物内最不利配水点(通常为距引入管起端最高最远点)的配水龙头或用水设备处,并保证有足够的流出压力,如图3-16所示。室内给水系统所需水压可用下式计算:

$$H = H_1 + H_2 + H_3 + H_4 \tag{3-12}$$

式中 H——给水系统所需的供水压力,kPa;

H_1——引入管起点至管网最不利点位置高度所要求的静水压力,kPa;

H_2——计算管路(最不利配水点至引入管起点间的管路,也称最不利管路)的沿程与局部水头损失之和,kPa;

H_3——水流通过水表的水头损失,kPa;

H_4——管网最不利点所需的最小工作压力,kPa,见表3-7。

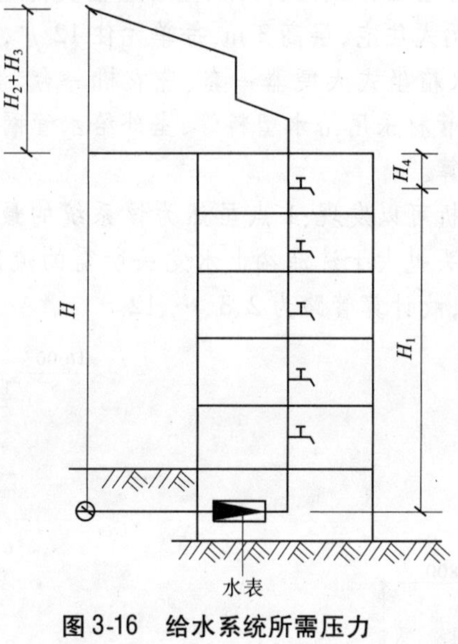

图3-16 给水系统所需压力

五、给水管网水力计算步骤

(1)根据建筑平面图,绘出给水管道平面布置图;估算给水系统所需压力,并根据市政管网提供的压力确定给水方式,绘制出计算用轴测图。

(2)绘制出水力计算用表格(目的是便于将每一步的计算结果填入表内,方便计算,便于检查校准),参见表3-19。

(3)对计算用轴测图中的节点进行编号,并将两节点间的管段长度列入计算表之中。

(4)根据轴测图选择最不利配水点,确定最不利计算管路。若在轴测图上能明确判定最不利点，从引入管起点至最不利点则为计算管路。若在轴测图上难以判定最不利点，则应同时选择几条计算管路，分别计算各管路所需压力，取计算结果最大的值作为给水系统所需压力。

(5)根据建筑的性质选用设计秒流量公式，计算各管段的设计秒流量。

(6)根据各设计管段的设计流量和允许流速，查水力计算表确定出各管段的管径，算出管段的水头损失，进而求出给水系统所需压力。

(7)校核。当室外给水管网压力 H_0(也可能是水泵所提供的扬程)大于建筑给水系统所需压力 H 时，设计方案可行(在实际工程中，通常应使 H_0 略大于 H，其大于的幅度一般为5% ~10%。H_0 较小时，宜接近高限；H_0 较大时，宜接近低限)。

当 H_0 大于 H 较多时，可将管网中部分管段的管径调小一些，以节约能源和投资。

当 H 略大于 H_0 时，可适当放大部分管段的管径，减小管道系统的水头损失，达到上述的要求。

当 H 大于 H_0 较多时，则应修正原方案，在给水系统中增设增压设备。

(8)确定非计算管路各管段的管径。对于非计算管路，其管径也是根据管段的设计秒流量，查水力计算表确定的。其水头损失就不必计算了。

(9)如给水系统中设有增压、贮水设备，还应对这些设备进行计算选型。

【例 3-1】 某 6 层单元式住宅，层高 3 m，每单元住 12 户，每户厨房设洗涤盆一个；卫生间内设淋浴器一个、低水箱坐式大便器一套、洗衣机一台、洗脸盆一个，有局部热水供应。具体布置见图 3-17。管材采用给水塑料管，室外给水管网的常年水压 H_0 为 260 kPa。试进行给水系统的水力计算。

解 (1)由图 3-18 分析可以发现：1 点虽然为该系统的最远点，但 2 点的位置最高，而且淋浴器所需的流出水头也大于洗涤盆上水龙头所需的流出水头，因此可以确定 2 点为该系统的最不利配水点，故计算管路为 2、3、…、12。

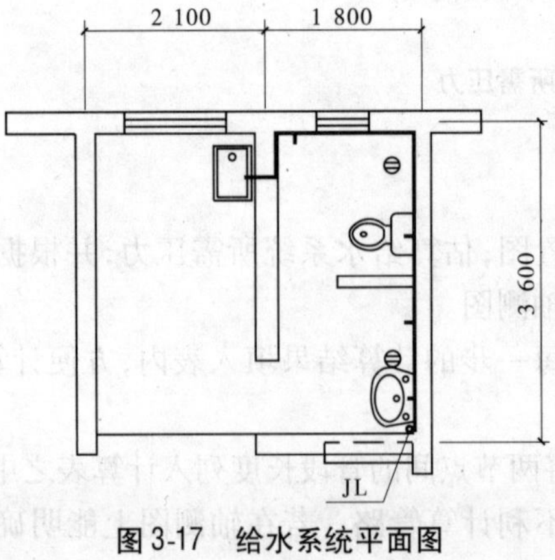

图 3-17 给水系统平面图

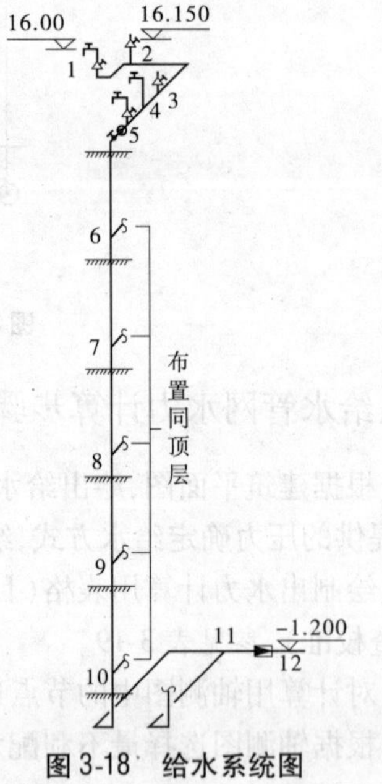

图 3-18 给水系统图

(2)该建筑为住宅楼,选用式 $q_g = 0.2\alpha\sqrt{N_g} + kN_g$ 计算各管段的设计秒流量。由表3-10查得 $\alpha = 1.1$, $k = 0.005$。

(3)根据各管段的设计秒流量 q_g,考虑流速 v 的控制范围,查表3-16可得管径 DN 和单位长度的沿程水头损失 i,并依据图纸确定各管段的管长 L,由式(3-10)计算各管段的沿程水头损失 h_y。为使计算有条不紊的进行,绘制水力计算表3-19,把各项计算结果列入表中。

(4)根据式(3-12)计算室内给水系统所需水压。

计算引入管起点至最不利配水点位置高度所要求的静水压力 H_1:

$$H_1 = (3 \times 5 + 1.15 + 1.2) \times 10 = 173.5(\text{kPa})$$

计算管路的沿程与局部水头损失之和 H_2:

$$H_2 = \sum h_y + \sum h_j = (1 + 30\%)\sum h_y = 1.3 \times 15.75 = 20.48(\text{kPa})$$

计算水表的水头损失 H_3:

表3-19 给水管网水力计算表

管段编号	卫生器具名称、当量值和数量					当量总数 N_g	设计秒流量 q_g (L/s)	管径 DN (mm)	流速 v (m/s)	每米管长沿程水头损失 i (kPa/m)	管长 L (m)	管段沿程水头损失 h_y (kPa)
	洗涤盆	淋浴器	低水箱大便器	洗衣机用水龙头	洗脸盆							
	0.7	0.5	0.5	1.2	0.8							
1—2	1					0.7	0.14	15	0.70	0.51	0.5	0.26
2—3	1	1				1.2	0.24	20	0.64	0.29	3.0	0.87
3—4	1	1	1			1.7	0.29	20	0.76	0.40	1.2	0.48
4—5	1	1	1	1		2.9	0.39	20	1.02	0.68	1.1	0.75
5—6	1	1	1	1	1	3.7	0.44	20	1.16	0.84	4.0	3.36
6—7	2	2	2	2	2	7.4	0.64	25	0.97	0.43	3.0	1.29
7—8	3	3	3	3	3	11.1	0.79	25	1.20	0.63	3.0	1.89
8—9	4	4	4	4	4	14.8	0.92	32	0.90	0.29	3.0	0.87
9—10	5	5	5	5	5	18.5	1.04	32	1.02	0.37	3.0	1.11
10—11	6	6	6	6	6	22.2	1.15	32	1.13	0.45	9.0	4.05
11—12	12	12	12	12	12	44.4	1.69	40	1.01	0.27	4.0	1.08

计算管路的沿程水头损失 $\sum h_y = 16.01 - 0.26 = 15.75(\text{kPa})$

住宅楼每户给水管的设计秒流量 $q'_g = 0.44 \times 3.6 = 1.58(\text{m}^3/\text{h})$,查表2-8,选用 DN20 的旋翼湿式水表,其最大流量为 $2.5\ \text{m}^3/\text{h} > q'_g$,所以分户水表的水头损失 H'_B 根据式(2-1)、式(2-2)可得:

$$H'_B = \frac{q'^2_g}{K_B} = \frac{q'^2_g}{\frac{Q_t^2}{100}} = \frac{1.58^2}{\frac{5^2}{100}} = 9.99(\text{kPa}) < 25\ \text{kPa}$$

住宅楼每单元给水总管的设计秒流量 $q_g = 1.69 \times 3.6 = 6.08(\text{m}^3/\text{h})$，查表 2-8，选用 $DN40$ 的旋翼湿式水表，其最大流量为 $10\ \text{m}^3/\text{h} > q_g$，所以总水表的水头损失 H_B 根据式(2-1)、式(2-2)可得：

$$H_B = \frac{q_g^2}{K_B} = \frac{q_g^2}{\frac{Q_t^2}{100}} = \frac{6.08^2}{\frac{20^2}{100}} = 9.24(\text{kPa}) < 25\ \text{kPa}$$

水表的水头损失：

$$H_3 = H'_B + H_B = 9.99 + 9.24 = 19.23(\text{kPa})$$

室内给水系统所需水压 H：

$H = H_1 + H_2 + H_3 + H_4 = 173.5 + 20.48 + 19.23 + 30 = 243.21(\text{kPa}) < H_0 = 260(\text{kPa})$

结果满足要求。

值得说明的是，在实际工程设计中，建筑给水系统管网的水力计算有相当多的重复性计算工作，特别是大型建筑的给水系统，或者是给水环状管网的水力计算，非常繁杂，人工计算既费时又费力。若编制出给水管网计算程序，应用计算机代替手工计算的重复劳动，既省时省力，又提高了计算精确度。随着计算机应用的发展，这种计算方式将会逐渐普及。

第六节　给水增压与调节设备

一、水泵

水泵是给水系统中的主要增压设备。离心式水泵具有结构简单、体积小、效率高、运转平稳且流量和扬程在一定范围内可以调节等优点，所以一般在建筑内部给水系统中广泛使用。

为节省占地面积，可采用结构紧凑、安装管理方便的立式离心泵或管道泵。当采用设水泵、水箱的给水方式时，通常是水泵直接向水箱输水，水泵的出水量与扬程几乎不变，可选用恒速离心泵；当采用不设水箱而须设水泵的给水方式时，可采用调速泵组供水。

水泵的流量、扬程应根据给水系统所需的流量、压力确定。由流量、扬程查水泵性能曲线即可确定其型号。

(一)流量的确定

在生活(生产)给水系统中，当无水箱调节时，其流量均应按设计秒流量确定；当有水箱调节时，水泵流量应按最大小时流量确定；当调节水箱容积较大，且用水量均匀，水泵流量可按平均小时流量确定。

消防水泵流量应以室内消防设计水量确定。

（二）扬程的确定

水泵的扬程应根据水泵的用途以及与室外给水管网连接的方式来确定。

当水泵与室外给水管网直接连接时：

$$H_b \geqslant H_z + H_s + H_c - H_0 \tag{3-13}$$

当水泵从贮水池吸水向室内管网供水时：

$$H_b \geqslant H_z + H_s + H_c \tag{3-14}$$

当水泵从贮水池吸水向室内管网中的高位水箱输水时：

$$H_b \geqslant H_{z1} + H_s + H_v \tag{3-15}$$

式中 H_b——水泵扬程，kPa；

H_z——水泵吸入端最低水位至室内管网中最不利点所需的静水压力，kPa；

H_s——水泵吸入口至室内最不利点的总水头损失（含水表的水头损失），kPa；

H_c——室内管网最不利点处用水设备的最低工作压力，kPa；

H_0——室外给水管网所能提供的最小压力，kPa；

H_{z1}——水泵吸入端最低水位至水箱最高水位要求的静水压力，kPa；

H_v——水泵出水管末端的流速水头，kPa。

如遇式(3-13)所限定的情况，计算出 H_b 选定水泵后，还应以室外给水管网的最大压力校核水泵的工作效率和超压情况。如果超压过大，会损坏管道或附件，则应采取设置水泵回流管、管网泄压管等保护性措施。

（三）水泵的选择与设置

水泵的选择应考虑噪声低、节能等因素，水泵扬程可按计算扬程 H_b 乘以 1.05～1.10 确定。为保证安全供水，生活和消防水泵应设置备用泵，生产用水泵可根据生产工艺要求设置备用泵。

水泵机组一般设置在水泵房内，泵房应远离防振、防噪声要求较高的房间，室内要有良好的通风、采光、防冻和排水措施。水泵的布置要便于起吊设备的操作，管道连接力求管线短、弯头少，其间距要保证检修时能拆卸、放置电机和泵体，并满足维修要求（见图 3-19）。

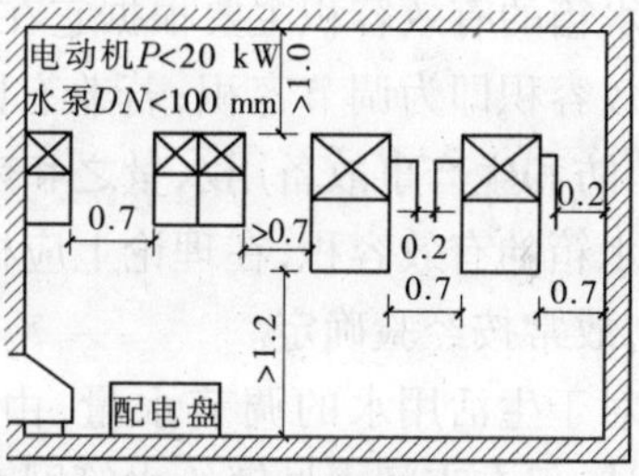

图 3-19 水泵机组的布置间距 （单位：m）

为操作安全，防止操作人员误触快速运转中的泵轴，水泵机组必须设高出地面不小于 0.1 m 的基础。当水泵基础需在基坑时，则基坑四周应有高出地面不小于 0.1 m 的防水栏。水泵启闭尽可能采用自动控制，间接抽水时应优先采用自吸冲水方式，以便水泵及时启动。

每台水泵一般应设独立的吸水管，如必须设置成几台水泵共用吸水管，吸水总管伸入水池的引水管不宜少于两条，每条引水管上均应设阀门，当一条引水管发生故障时，其余引水管应满足全部设计流量要求。

为减小水泵运行时振动产生的噪声，应尽量选择低噪声水泵，也可在水泵基座下安装橡胶减振器、弹簧减振器或橡胶隔振器，在吸水管、出水管上装设可曲挠橡胶接头，采用弹性吊架（见图 3-20）以及采取其他新兴的隔振技术措施等。有条件和必要时，建筑上还可采取隔振和吸声措施,如图 3-21 所示。

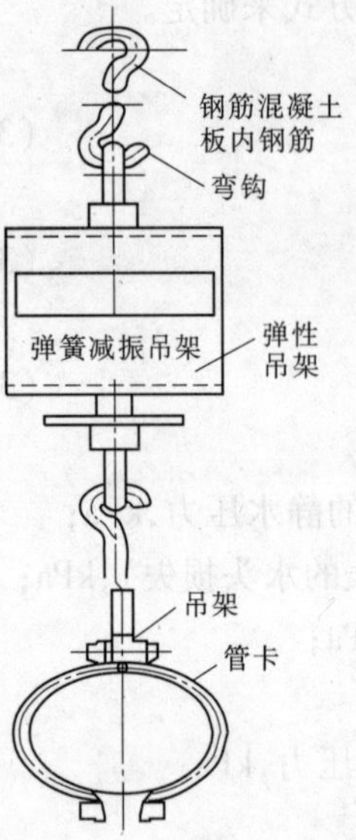

图 3-20 弹性吊架

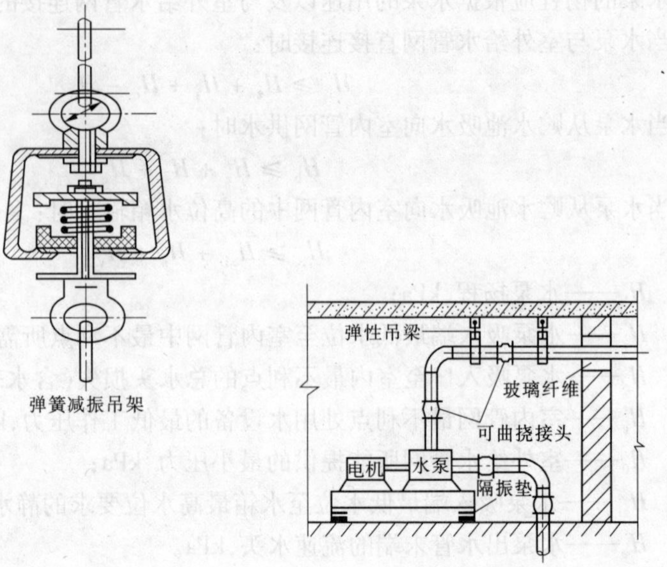

图 3-21 水泵隔振安装结构示意图

二、水箱

根据用途不同,水箱可分为高位水箱、减压水箱、冲洗水箱、断流水箱等多种类型。其形状通常为矩形和圆形,制作材料包括普通钢板、搪瓷钢板、镀锌钢板、复合钢板与不锈钢板等。下面主要介绍在给水系统中使用较为广泛的高位水箱。

(一)水箱的有效容积及设置高度

水箱的有效容积主要根据它在给水系统中的作用来确定。若仅作为水量调节之用,其有效容积即为调节容积;若兼有贮备消防和生产事故用水量作用,其容积应以调节水量、消防和生产事故备用水量之和来确定。

水箱的有效容积,在理论上应根据用水和进水流量变化曲线确定。但变化曲线难以获得,故常按经验确定。

对于生活用水的调节水量,由水泵联动提升进水时,可按不小于最大时用水量的50%计;仅在夜间由城镇给水管网直接进水的水箱,生活用水贮存量应按用水人数和最高日用水定额确定;生产事故备用水量应按工艺要求确定;当生活和生产调节水箱兼作消防用水贮备时,水箱的有效容积除生活或生产调节水量外,还应包括 10 min 的室内消防设计流量。

水箱内的有效水深一般采用 0.70 ~2.50 m。水箱的保护高度一般为 200 mm。

水箱的设置高度可按下式计算:

$$h = H_s + H_c \tag{3-16}$$

式中 h——水箱最低水位至最不利配水点位置高度所需的静水压力,kPa;

H_s——水箱出口至最不利点管路的总水头损失,kPa;

H_c——最不利点用水设备的最低工作压力,kPa。

贮备消防水量水箱的安装高度 h,如不能满足消防设备所需水压,应采取设置增压泵等措施。

(二)水箱的配管、附件

水箱的配管与附件如图 3-22 所示。

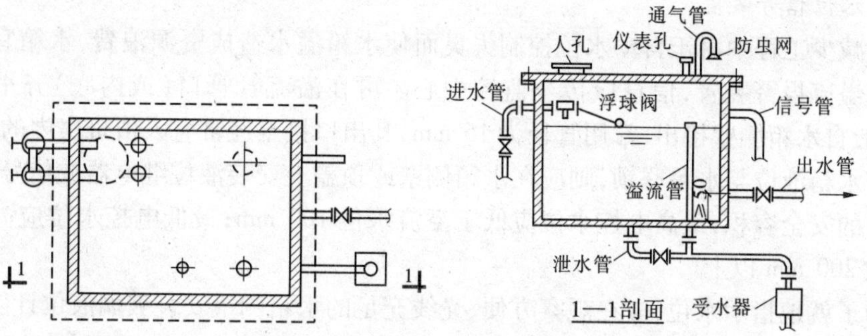

图 3-22　水箱的各种管道及附件

1. 进水管

进水管的管径可按水泵出水量或管网设计秒流量确定。水箱进水管一般由水箱侧壁接入,也可从顶部或底部接入。利用市政管网直接进水的水箱,进水管出口应装设液压水位控制阀或浮球阀,进水管上还应装设检修用的阀门,当管径≥50 mm 时,控制阀(或浮球阀)不少于 2 个。从水箱侧壁进入的进水管,其中心距箱顶有 150 ~ 200 mm 的距离。

当水箱采用水泵加压进水时,进水管不得设置自动水位控制阀,应设置利用水箱水位自动控制水泵开、停的装置。当水泵给多个水箱供水时,应在水箱进水管上装设电动阀,由水位监控设备实现自动控制,电动阀应与进水管管径相同。

2. 出水管

出水管管径应按设计秒流量计算。出水管可从水箱的侧壁或底部接出,出水管内底或管口应高出水箱内底且应大于 50 mm,以免将箱底沉淀物带入配水管网,并应装设阀门以利于检修。为避免出现较大死水区,出水管不宜与进水管设在同一侧。为防止断流,进、出水管宜分设在水箱两侧。

为便于维修和减小阻力,出水管上应装设阻力较小的闸阀,不允许安装阻力大的截止阀;水箱进、出水管宜分别设置;如进水、出水合用一根管道,则应在出水管上装设阻力较小的旋启式止回阀,如图 3-23 所示。止回阀的标高应低于水箱最低水位 1.0 m 以上;消防和生活合用的水箱除采取确保消防贮备水量不作它用的技术措施外,还应尽量避免产生死水区。

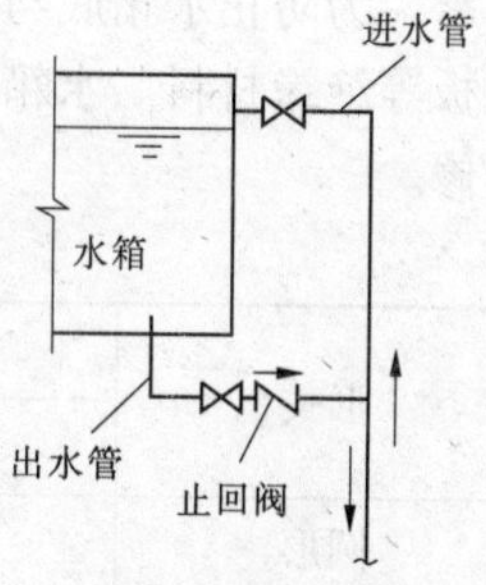

图 3-23　水箱进、出水管合用示意图

3. 溢流管

溢流管可从水箱底部或侧壁接出,其管径应比进水管大一级。管口应在水箱报警水位以上 50 mm 处,管顶设 1∶1.5 ~ 1∶2喇叭口。溢流管上不允许设阀门,其出口应设网罩。

4. 泄水管

泄水管从箱底接出，用以检修或清洗时泄水。管径一般比进水管小一级，至少不应小于 50 mm，泄水管上应装设闸阀，其出口可以与溢水管相连后用同一根管排水，但不能与下水管道直接连接。

5. 水位信号装置

为减少工程中由于自动水位控制失灵而使水箱溢水造成资源浪费，水箱宜设置水位监视和溢流报警装置，信息应传至监控中心。可在溢流管管口（或内底）齐平处设信号管，一般自水箱侧壁接出，常用管径为 15 mm，其出口接至经常有人值班房内的洗涤盆上。

若水箱液位与水泵联锁，则应在水箱侧壁或顶盖上安装液位继电器或信号器，并应保持一定的安全容积；最高电控水位应低于溢流水位 100 mm；最低电控水位应高于最低设计水位 200 mm 以上。

为了就地指示水位，应在观察方便、光线充足的水箱侧壁安装玻璃液位计。

6. 通气管

供生活饮用水的水箱，当贮存量较大时，宜在箱盖上设通气管，以便箱内空气流通。通气管高出水箱顶 0.5 m，其管径一般≥50 mm，管口应朝下并设网罩。

7. 人孔

为便于清洗、检修，箱盖上应设人孔。

（三）水箱的布置与安装

1. 水箱间

水箱间的位置应结合建筑、结构条件和便于管道布置来考虑，能使管线尽量简短，同时应有良好的通风、不结冻（室内最低温一般不得低于 5 ℃）、采光和防蚊蝇条件。

水箱间净高不得低于 2.20 m，并能满足布置要求。水箱间的承重结构应为非燃烧材料。

2. 水箱的布置与安装

水箱布置间距要求见表 3-20。对于大型公共建筑和高层建筑，为保证供水安全，宜将水箱分成两格或设置两个水箱。金属水箱安装时，用槽钢（工字钢）梁或钢筋混凝土支墩支承。为防止水箱底与支承接触面发生腐蚀，应在它们之间垫以石棉橡胶板、橡胶板或塑料板等绝缘材料。水箱底距地面宜有不小于 800 mm 的净空高度，以便安装管道和进行检修。

表 3-20　水箱布置间距　　（单位：m）

形式	箱外壁至墙面的距离		水箱之间的距离	箱顶至建筑最低点的距离
	有阀一侧	无阀一侧		
圆形	0.8	0.5	0.7	0.6
矩形	1.0	0.7	0.7	0.6

三、贮水池

贮水池是贮存和调节水量的构筑物。当一幢（特别是高层建筑）或数幢相邻建筑所需的水量、水压明显不足或是用水量很不均匀（在短时间内特别大），城市供水管网难以满足时，应设贮水池。

贮水池可设置成生活用水贮水池、生产用水贮水池和消防用水贮水池。贮水池的形状有圆形、方形、矩形和因地制宜的异形。小型贮水池可以是砖石结构，混凝土抹面；大型贮水池多为钢筋混凝土结构。不论是哪种结构形式，都必须保证其安全卫生，结构牢固，不渗不漏。

（一）贮水池的有效容积

贮水池的有效容积应按进水量与用水量变化曲线经计算确定。当资料不足时，宜按最高日用水量的20% ~50%确定。

贮水池的有效容积包括调节水量、消防贮备水量和生产事故备用水量三部分。它与市政管网供水能力、用水量变化情况和用水可靠性要求有关，一般按式（3-17）计算，市政管网供水能力应满足式（3-18）的要求。

$$V = (Q_b - Q_g)T_b + V_f + V_s \tag{3-17}$$

$$Q_g \geqslant \frac{T_b}{T_b + T_t}Q_b \tag{3-18}$$

式中 V——贮水池的有效容积，m^3；

Q_b——水泵出水量，m^3/h；

Q_g——水源供水能力（水池进水量），m^3/h；

T_b——水泵最长连续运行时间，h；

V_f——消防贮备水量，m^3；

V_s——生产事故备用水量，m^3；

T_t——水泵运行的间隔时间，h。

市政管网供水能力大于水泵出水量时，不需要考虑调节水量，取 $Q_g = Q_b$；消防贮备水量根据现行《建筑设计防火规范》（GB 50016—2006）和《高层民用建筑设计防火规范》（GB 50045—95）（2005 年版）确定，在火灾情况下能够保证连续供水时，贮水池的容量可以扣除火灾延续时间内补充的水量；生产事故备用水量，主要是在进水管路系统发生故障需要检修期间，满足室内生产、生活用水的需要，可根据建筑物的重要性，取2 ~3倍最大时用水量。

（二）贮水池的设置要求

贮水池应设在通风良好、不结冻的房间内，如室内地下室；也可以布置在室外泵房附近。为防止渗漏造成损害和避免噪声影响，贮水池不宜毗邻电气用房和居住用房。生活贮水池应远离粪池、厕所、厨房等卫生环境不良的房间。生活贮水池不得兼作他用，消防和生产事故贮水池可兼作喷泉池、水景池和游泳池等，但不得少于两格。消防贮水池中包括室外消防用水量时，应在室外设有供消防车取水用的吸水口。昼夜用水的建筑物贮水池和贮水池容积大于500 m^3 时，应分成两格，以便清洗、检修。

贮水池外壁与建筑本体结构墙面或其他池壁之间的净距应满足施工或装配的需要。无管道的侧面，净距不宜小于0.7 m；安装管道的侧面，净距不宜小于1.0 m，且管道外壁与建筑本体墙面之间通道的宽度不宜小于0.6 m；设有人孔的池顶顶板面与建筑本体楼板的净空一般不宜小于 1.5 m，因条件所限，最小不应小于 0.8 m。

贮水池应设进水管、出(吸)水管、溢流管、泄水管、人孔、通气管和水位信号装置。溢流管应比进水管大一号，溢流管出口应高出地坪 0.1 m；通气管直径应为 200 mm，其设置高度应距覆盖层 0.5 m 以上；水位信号应反映到泵房和操纵室；必须保证污水、尘土、杂物不得通过人孔、通气管、溢流管进入池内；贮水池进水管和出水管应布置在相对位置，以便贮水经常流动，避免滞留和死角，以防池水腐化变质。

贮水池的设置高度应利于水泵自吸抽水，池内宜设有深度大于或等于 1.0 m 的水泵吸水坑，吸水坑的大小和深度应满足水泵吸水管的安装要求。

四、吸水井

当室外给水管网水压不足但能够满足建筑内所需水量时，可不设置贮水池；若室外管网不允许直接抽水，即可设置仅满足水泵吸水要求的吸水井。

吸水井的容积应大于最大一台水泵 3 min 的出水量。

吸水井可设在室内底层或地下室，也可设在室外地下或地上。对于生活用吸水井，应有防污染的措施。

吸水井的尺寸应满足吸水管的布置、安装和水泵正常工作的要求，吸水管在吸水井内布置的最小尺寸如图 3-24 所示。

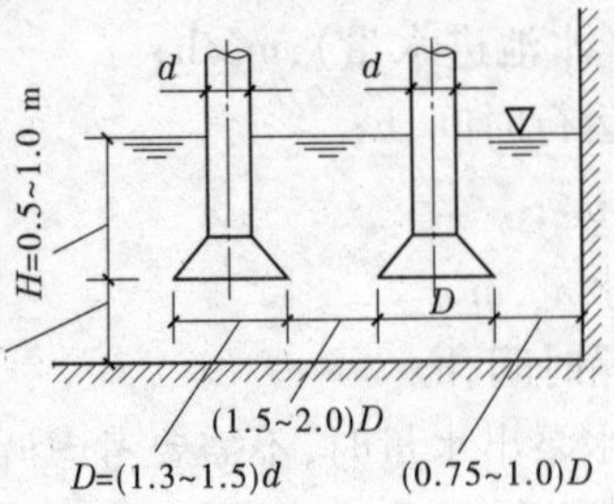

图 3-24　吸水管在吸水井中布置的最小尺寸

五、气压给水设备

气压给水设备是指由水泵机组、气压水罐和电气控制系统组成的加压给水设备。它是利用气压水罐内气体的可压缩性以使给水管网保持较稳定的水压和流量调节的气压给水装备，其作用相当于高位水箱或水塔。

(一)分类与组成

气压给水设备按罐内水、气接触方式，可分为补气式和隔膜式两类。按输水压力的稳定状况，可分为变压式和定压式两类。

1. 补气变压式气压给水设备

如图 3-25 所示，当罐内压力较小(如为 P_1)时，水泵向室内给水系统加压供水，水泵出水除供用户外，多余部分进入气压水罐，罐内水位上升，空气被压缩。当压力较大(如 P_2)时，水泵停止工作，用户所需的水由气压水罐提供。随着罐内水量的减少，空气体积膨胀，压力将逐渐降低，当压力降至 P_1 时，水泵再次启动。如此往复，达到供水的目的。

用户对水压允许有一定波动时,常采用这种方式。

2. 补气定压式气压给水设备

如图3-26所示,目前常见的做法是,在上述变压式供水管道上安装压力调节阀7,将调节阀出口水压控制在要求范围内,使供水压力稳定。当用户要求供水压力稳定时,宜采用这种方式。

上述两种方式的气压水罐内还设有排气阀,其作用是防止罐内水位下降至最低水位以下后,罐内空气随水流泄入管网。这种气压给水设备,罐中水、气直接接触,在运行过程中,部分气体会溶于水中,气体将逐渐减少,罐内压力随之下降,时间稍长,就不能满足设计要求。为保证系统正常运行,需设补气装置。补气的方法很多,如采用空气压缩机补气,在水泵吸水管上安装补气阀,在水泵出水管上安装水射器或补气罐等。

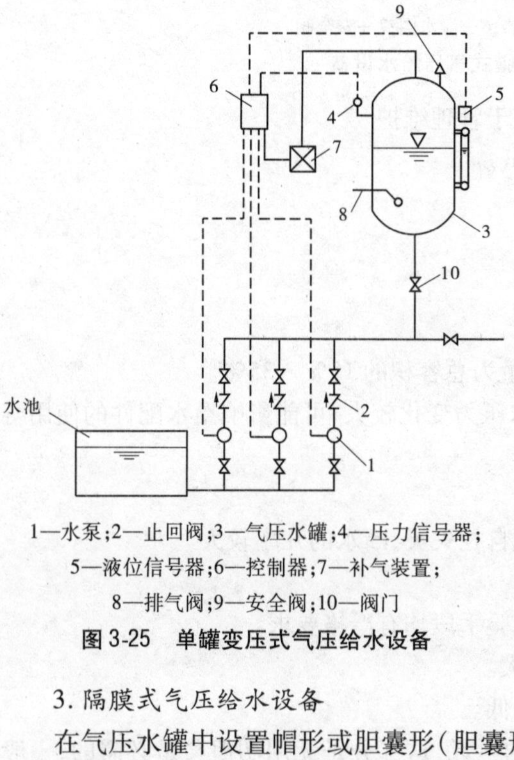

1—水泵;2—止回阀;3—气压水罐;4—压力信号器;5—液位信号器;6—控制器;7—补气装置;8—排气阀;9—安全阀;10—阀门

图3-25 单罐变压式气压给水设备

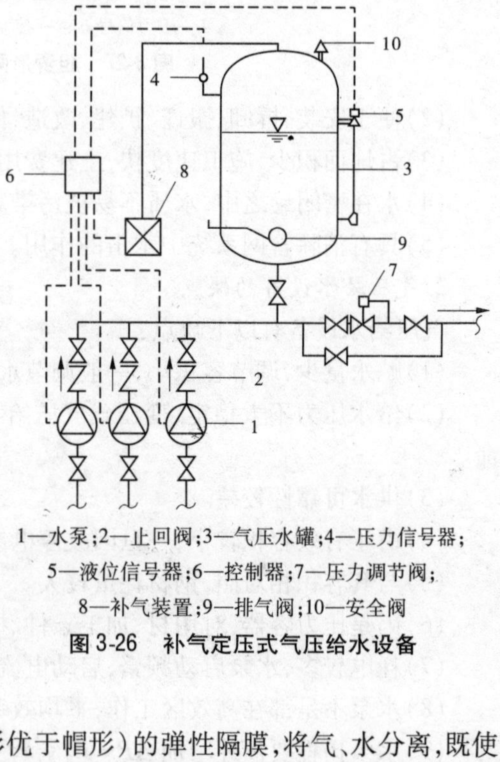

1—水泵;2—止回阀;3—气压水罐;4—压力信号器;5—液位信号器;6—控制器;7—压力调节阀;8—补气装置;9—排气阀;10—安全阀

图3-26 补气定压式气压给水设备

3. 隔膜式气压给水设备

在气压水罐中设置帽形或胆囊形(胆囊形优于帽形)的弹性隔膜,将气、水分离,既使气体不会溶于水中,又使水质不易被污染,补气装置也就不需设置。如图3-27所示为胆囊形隔膜式气压给水设备。

生活给水系统中的气压给水设备,必须注意采取水质防护措施。如气压水罐和补气罐内壁应涂无毒防腐涂料,隔膜应用无毒橡胶制作,补气装置的进气口都要设空气过滤装置,采用无油润滑型空气压缩机等。

(二)气压给水设备的特点

1. 气压给水设备的优点

气压给水设备与高位水箱相比,有以下优点:

(1)灵活性大,设置位置限制条件少,便于隐蔽。

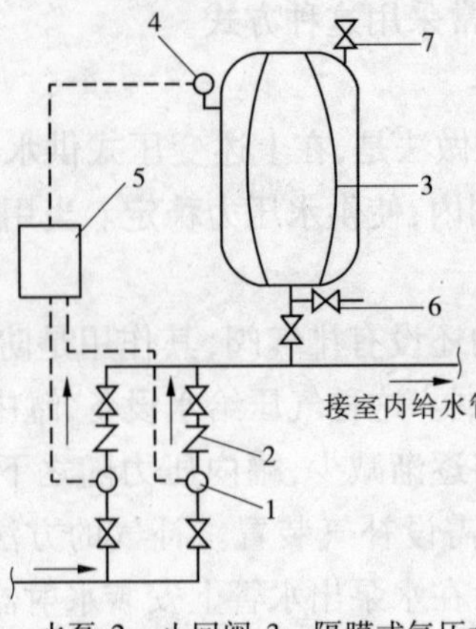

1—水泵;2—止回阀;3—隔膜式气压水罐;

4—压力信号器;5—控制器;6—泄水阀;7—安全阀

图 3-27　胆囊形隔膜式气压给水设备

(2)便于安装、拆卸、搬迁、扩建、改造,便于管理维护。

(3)占地面积少,施工速度快,土建费用低。

(4)水在密闭罐之中,水质不易被污染。

(5)具有消除管网系统中水击的作用。

2. 气压给水设备的缺点

气压给水设备有以下缺点:

(1)贮水量少,调节容积小,一般调节水量为总容积的 15% ~35%。

(2)给水压力不太稳定,变压式气压给水压力变化较大,可能影响给水配件的使用寿命。

(3)供水可靠性较差。

(4)由于有效容积较小,一旦因故停电或自控失灵,断水的几率较大。

(5)与其容积相对照,钢材耗量较大。

(6)因是压力容器,对用材、加工条件、检验手段均有严格要求。

(7)耗电较多,水泵启动频繁,启动电流大。

(8)水泵不是都在高效区工作,平均效率低。

(9)水泵扬程要额外增加 $\Delta P = P_2 - P_1$ 的电耗,这部分是无用功但又是必需的,一般增加 15% ~25% 的电耗(因此,推荐采用 2 台以上水泵并联工作的气压给水系统)。

3. 气压给水设备的计算

气压给水设备的计算内容主要是:确定气压水罐的总容积和调节容积,确定配套水泵的流量和扬程。

1)气压水罐容积的计算

气压水罐容积计算的前提是:已知气压水罐的最小工作压力 P_1,即供水管网中最不利点所需压力。

气压水罐容积计算的依据是波义耳 - 马略特定律。

由图 3-28 可得出:

$$V_z P_0 = V_1 P_1 = V_2 P_2 \tag{3-19}$$

$$V_t = V_1 - V_2 = \frac{q_b}{4n} \tag{3-20}$$

气压水罐总容积可按下式计算：

$$V_x = \alpha_a V_t = \frac{\alpha_a q_b}{4n} \tag{3-21}$$

$$V = \frac{\beta V_x}{1 - \alpha_b} \tag{3-22}$$

式中 V_z——气压水罐的理论总容积，m^3；

P_0——气压水罐无水时的绝对压力，MPa；

V_1——气压水罐内压力为 P_1 时气体的体积，m^3；

P_1——气压水罐内最低工作压力（绝对压力），MPa；

V_2——气压水罐内压力为 P_2 时气体的体积，m^3；

P_2——气压水罐内最高工作压力（绝对压力），MPa，其值不得使管网配水点的水压大于0.55 MPa；

V_t——气压水罐的理论调节容积，m^3；

q_b——平均工作压力时，配套水泵的计算流量，m^3/h，其值不应小于管网最大小时流量的1.2倍，当由几台水泵并联运行时，为最大一台水泵的流量；

n——水泵1 h内最大启动次数，一般采用6～8次；

V_x——实际采用的气压水罐调节容积，m^3；

V——实际采用的气压水罐总容积，m^3；

α_a——安全系数，宜采用1.0～1.3；

α_b——工作压力比，即 P_1 与 P_2 之比，宜采用0.65～0.85，在有特殊要求（如农村给水、消防给水）时，也可在0.5～0.9范围内选用；

β——容积附加系数 $\beta = \frac{V}{V_1}$，隔膜式气压水罐宜采用1.05，补气式立式水罐宜采用1.10，补气式卧式水罐宜采用1.25。

图3-28中 V_3 为水的保护容积，即设计最低工作压力时罐内水容积，$V_3 = V - V_1$，m^3。

2）水泵的选型

在气压给水系统中，为尽量提高水泵的平均工作效率，一般应选择流量—扬程特性曲线较陡的W型旋涡泵、DA型多级离心泵或MS型离心泵。

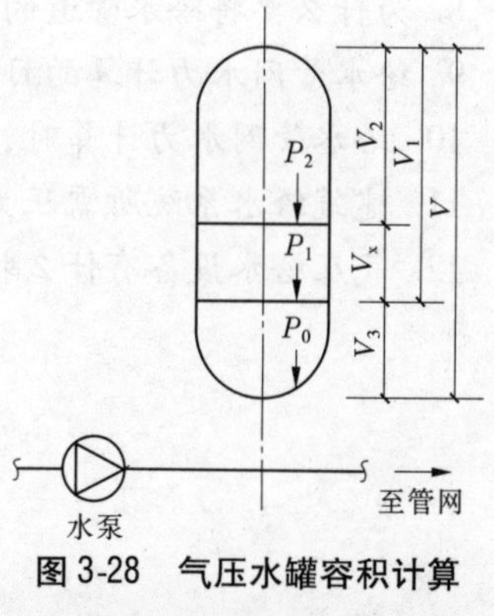

图3-28 气压水罐容积计算

对于变压式气压给水装备，应根据 P_1（给水系统所需压力）和采用的 α_b 值确定 P_2，其出水压力（扬程）在 P_1 与 P_2 之间变化。要尽量使水泵在压力为 P_1 时，其流量接近设计秒流量；在压力为 P_2 时，水泵流量接近最大小时流量；罐内为平均压力时，水泵流量应不小于最大小时流量的1.2倍。

对于定压式气压给水设备，确定的方法与变压式气压给水设备相同，但水泵的扬程应根据 P_1 选择，流量应不小于设计秒流量。

【例 3-2】 某住宅楼共 160 户，每户平均 4 人，用水量定额为 180 L/(人·d)，小时变化系数 K_h 为 2.5，拟采用隔膜式气压给水设备供水，试计算气压水罐的总容积。

解 该住宅楼最高日最大时用水量为

$$Q_h = \frac{Q_d K_h}{T} = \frac{160 \times 4 \times 180 \times 2.5}{24 \times 1\,000} = 12(\mathrm{m^3/h})$$

水泵的流量应不小于给水系统最大时用水量的 1.2 倍，则

$$q_b = 1.2Q_h = 1.2 \times 12 = 14.4(\mathrm{m^3/h})$$

取 $\alpha_a = 1.3$，$n = 6$，则气压水罐的调节容积为

$$V_x = \frac{\alpha_a q_b}{4n} = \frac{1.3 \times 14.4}{4 \times 6} = 0.78(\mathrm{m^3})$$

因选用隔膜式气压水罐，取 $\beta = 1.05$，$\alpha_b = 0.8$，则气压水罐的总容积为

$$V = \beta \frac{V_x}{1 - \alpha_b} = 1.05 \times \frac{0.78}{1 - 0.8} = 4.1(\mathrm{m^3})$$

复习思考题与习题

1. 建筑给水系统根据其用途分有哪些类别？
2. 建筑给水系统由哪几部分组成？各有哪些作用？
3. 建筑给水系统的给水方式有哪些？各有什么特点？适用于怎样的条件？
4. 有一幢 8 层住宅建筑，试估算其所需水压为多少 kPa。
5. 给水管道明装和暗装各有什么优缺点？给水管道敷设时有什么要求？
6. 某住宅楼共 200 户，每户平均 4 人，用水定额为 180 L/(人·d)，小时变化系数 K_h 为 2.5，拟采用隔膜式气压给水设备供水，试计算气压水罐的总容积。
7. 建筑给水管网为何要用设计秒流量公式计算设计流量？常用的公式有哪几种？各适用什么建筑物？
8. 为什么要将给水管道的水流速度控制在一定范围内？
9. 给水管网水力计算的目的是什么？
10. 给水管网水力计算时，为计算简便，各种给水系统的局部水头损失如何取值？
11. 建筑给水系统所需压力包括哪几部分？
12. 气压给水设备有什么特点？其工作原理是怎样的？

第四章　建筑消防给水

【学习目标】

掌握建筑室内消火栓给水系统的组成、布置和管道系统的水力计算以及室外消火栓的布置原则；理解并掌握自动喷水灭火系统的工作原理、喷头的布置形式及要求、系统的水力计算；学会读懂建筑消火栓给水系统和自动喷淋系统施工图纸。

现代建筑的室内装饰、家具等由于采用了大量的易燃与可燃材料，一旦发生火灾，不仅会造成大量财产损失，而且还会造成人员窒息或中毒死亡。因此，为了保障人民生命财产的安全，应认真贯彻“预防为主、防消结合”的方针，设置完善的消防灭火系统，将火灾的危害和损失减小到最小程度。

消防系统按灭火范围和设置的位置可分为室内消防系统与室外消防系统。

室内消防系统根据灭火方式和使用灭火剂的种类不同又可分为以下三种灭火系统：

(1)消火栓灭火系统。

(2)自动喷水灭火系统。

(3)其他使用非水灭火剂的固定灭火系统，如二氧化碳灭火系统、干粉灭火系统、泡沫灭火系统、卤代烷灭火系统等。

灭火剂的灭火原理可分为四种：冷却、隔离、窒息和化学抑制。前三种为物理灭火过程，化学抑制为化学灭火过程。

消火栓灭火系统和自动喷水灭火系统的灭火原理主要是冷却降温，可用于大多数火灾。二氧化碳灭火系统的灭火原理是窒息和冷却作用，具有不污染保护物、灭火快、空间淹没效果好等特点，适用于大型计算机房、图书馆、档案室及电信广播的重要设备机房等。干粉灭火系统的灭火原理主要是化学抑制作用，可扑救电气设备、可燃气体和液体火灾，且灭火效果良好。泡沫灭火系统的灭火原理是隔离作用，能有效地扑灭烃类液体火焰和油类火灾；蒸汽灭火系统的灭火原理是窒息作用，通常用于石油化工、火力发电厂等，也可扑灭高温设备火灾。卤代烷灭火系统的灭火原理是化学抑制作用，其绝缘性能好，灭火后对保护对象不产生二次污染，不损坏设备，是扑救电气、电子设备、贵重仪器设备火灾的良好灭火剂。在水、二氧化碳、干粉、泡沫、卤代烷等灭火剂中，水具有使用方便、灭火效果好、来源广泛、价格便宜、器材简单等优点，是目前建筑消防的主要灭火剂。

根据国家《建筑设计防火规范》(GB 50016—2006)和《高层民用建筑设计防火规范》(GB 50045—95)(2005 年版)规定：低层建筑的室内消火栓系统是指 9 层及 9 层以下的住宅建筑、高度小于 24 m 以下的其他民用建筑和高度不超过 24 m 的厂房、车库以及单层公共建筑的室内消火栓消防系统；其余为高层建筑。

对于低层的建筑物，能依靠一般消防车的供水能力直接进行灭火。对于高层建筑，因为国内目前的市政消防设施和消防车的供水能力无法满足其水量、水压要求，所以扑灭高层建筑的火灾应以室内消防给水系统为主,立足于自救,保证室内消防给水管网处于临战状态,具有满足火灾延续时间内消防要求的水量和水压。

第一节 室外消防系统

一、室外消防系统的组成与作用

室外消防系统由室外消防水源、室外消防管道系统和室外消火栓组成。

室外消防系统既可供消防车取水,又可由消防车经水泵接合器向室内消防系统供水,增加室内消防用水量,从而进行火灾的控制和扑救。

二、室外消防用水量

建筑物室外消防用水可由市政给水管网提供,有条件的可就近利用天然水源,也可利用建筑的室内、外水池中的消防储备用水作为消防水源。

(一)城镇和居住区室外消防用水量

城镇和居住区室外消防用水量可按下式计算:

$$Q = Nq \tag{4-1}$$

式中 Q——室外消防用水量,L/s;

N——同一时间火灾次数,见表4-1、表4-2;

q——一次灭火用水量,见表4-1、表4-3。

表4-1 城镇、居住区室外消防用水量

人数(万人)	同一时间内的火灾次数(次)	一次灭火用水量(L/s)	人数(万人)	同一时间内的火灾次数(次)	一次灭火用水量(L/s)
≤1.0	1	10	≤40.0	2	65
≤2.5	1	15	≤50.0	3	75
≤5.0	2	25	≤60.0	3	85
≤10.0	2	35	≤70.0	3	90
≤20.0	2	45	≤80.0	3	95
≤30.0	2	55	≤100	3	100

注:城镇、居住区室外消防用水量包括居住区、工厂、仓库(包括堆场、储罐)和民用建筑的室外消火栓用水量。当工厂、仓库和民用建筑的室外消火栓用水量按表4-2、表4-3计算,其值与按本表计算不一致时,应取其较大值。

(二)建筑物的室外消火栓用水量

单层、低层建筑和工业建筑室外消火栓的用水量不应小于表4-3的规定;当一个单位内有泡沫设备、带架水枪、自动喷水灭火设备以及其他消防用水设备时,其消防用水量应将上述设备所需的全部消防用水量加上表4-3规定的室外消火栓用水量的50%,且采用的水量不应小于表4-3的规定。

表 4-2　工厂、仓库和民用建筑同一时间内的火灾次数表

名称	基地面积（hm^2）	附近居住区人数（万人）	同一时间内的火灾次数（次）	说明
工厂	≤100	≤1.5	1	按需水量最大的一座建筑物（或堆场、储罐）计算
		>1.5	2	工厂、居住区各一次
	>100	不限	2	按需水量最大的两座建筑物（或堆场、储罐）计算
仓库、民用建筑	不限	不限	1	按需水量最大的一座建筑物（或堆场、储罐）计算

注：采矿、选矿等工业企业，如各分散基地有单独的消防给水系统，可分别计算。

表 4-3　建筑物的室外消火栓用水量

耐火等级	建筑物名称及类别		不同建筑物体积（m^3）的一次灭火用水量（L/s）					
			≤1 500	1 501～3 000	3 001～5 000	5 001～20 000	20 001～50 000	>50 000
一、二级	厂房	甲、乙	10	15	20	25	30	35
		丙	10	15	20	25	30	40
		丁、戊	10	10	10	15	15	20
	库房	甲、乙	15	15	25	25	—	—
		丙	15	15	25	25	35	45
		丁、戊	10	10	10	15	15	20
	民用建筑		10	15	15	20	25	30
三级	厂房或库房	乙、丙	15	20	30	40	45	—
		丁、戊	10	10	15	20	25	35
	民用建筑		10	15	20	25	30	—
四级	丁、戊类厂房或库房		10	15	20	25	—	—
	民用建筑		10	15	20	25	—	—

注：1. 室外消火栓用水量应按消防需水量最大的一座建筑物或一个防火分区计算，成组布置的建筑物应按消防需水量较大的相邻两座计算。
2. 火车站、码头和机场的中转库房，其室外消火栓用水量应按相应耐火等级的丙类物品库房确定。
3. 国家级文物保护单位的重点砖木结构的建筑物室外消防用水量，按三级耐火等级民用建筑物消防用水量确定。

三、室外消防水压

室外消防管网按其水压情况可分为高压消防管网、临时高压消防管网和低压消防管网。

（一）高压消防管网

管网内经常可保持充足的水压，灭火时不再需用其他加压设备，直接从消火栓接出水

龙带及水枪进行灭火。水压可按下式计算：

$$H = H_Z + h_1 + h_2 \tag{4-2}$$

式中 H——管网最不利点消火栓栓口水压,kPa;

H_Z——室外消火栓栓口至消防时最不利处水枪出水口的高程差,kPa;

h_1——6 条直径为 65 mm 的麻质水带的水头损失之和,kPa;

h_2——消防水枪喷口处所需水压(按水枪喷口直径 19 mm、充实水柱为 100 kPa 计算),kPa。

(二)临时高压消防管网

管网内平时水压不高,当发生火警时,开启泵站内的高压消防泵来满足消防水压的要求。

(三)低压消防管网

管网内平时水压较低,也不具备固定专用的高压消防泵,灭火时主要由消防车或移动式消防泵提供水压。

四、室外消防管道、室外消火栓和消防水池

(一)室外消防给水管道的布置

室外消防给水管道是指从市政给水管网接往居住小区、工厂和一些公共建筑的给水管道。按其用途分为生产用水与消防用水合并的给水管道系统,生活用水与消防用水合并的给水管道系统,生活用水、生产用水与消防用水合并的给水管道系统,独立的消防给水管道系统。

消防管网的布置形式分为枝状管网和环状管网。环状管网的输水干管不得少于两条,若一条输水干管发生故障后,另一条输水干管应可保证 100% 的消防供水。为提高供水的安全可靠性,室外消防水量较大及高层建筑的室外消防给水管道应布置为环状,环状管道应用阀门分成若干独立管段,每段内消火栓的数量不宜超过 5 个,且室外消防管道的直径不应小于 100 mm。当室外消防水量小于 15 L/s 时及管网建设初期,可采用枝状管网。

设计时应根据具体情况正确地选择室外消防管网的布置形式。

(二)室外消火栓的布置

室外消火栓有地上式与地下式两种。在我国南方气候温暖的地区可采用地上式或地下式消火栓;在北方寒冷地区宜采用地下式消火栓。室外地下式消火栓应有直径为 100 mm 和 65 mm 的栓口各一个,室外地上式消火栓应有一个直径为 150 mm 或 100 mm 和两个直径为 65 mm 的栓口。消火栓应有明显的标志。

室外消火栓应沿道路设置,道路宽度超过 60 m 时,宜在道路两边设置消火栓,并靠近十字路口;消火栓距路边不应超过 2 m,距房屋外墙不宜小于 5 m;室外消火栓应设置在便于消防车使用的地点;甲、乙、丙类液化储罐区和液化石油气储罐区的消火栓,应设在防火堤外。但距罐壁 15 m 范围内的消火栓,不应计算在该罐可使用的数量内;室外消火栓应沿高层建筑周围均匀布置,不宜集中布置在建筑物的一侧;人防工程室外消火栓距人防工程出入口不宜小于 5 m;停车场室外消火栓宜沿停车场周边设置,且距最近一排汽车不宜

小于 7 m，距加油站或油库不宜小于 15 m。

室外消火栓的保护半径不应超过 150 m，间距不应超过 120 m；在市政消火栓保护半径 150 m 以内，如消防水量不超过 15 L/s，可不设室外消火栓；室外消火栓的数量应按室外消防用水量计算确定，每个室外消火栓的用水量按 10 ~ 15 L/s 计算。

（三）消防水池

当生产、生活用水量达到最大，市政给水管道、进水管或天然水源不能满足室内外消防用水量，或市政给水管道为枝状或只有一条进水管，且消防用水量之和超过 25 L/s 时，应设消防水池。

消防水池的容量应满足在火灾延续时间内室内外消防用水总量的要求。《建筑设计防火规范》（GB 50016—2006）规定，居住区，工厂和丁、戊类仓库的火灾延续时间应按 2 h 计算；甲、乙、丙类物品仓库，可燃气体储罐和煤、焦炭露天堆场的火灾延续时间应按 3 h 计算；易燃、可燃材料露天、半露天堆场的火灾延续时间应按 6 h 计算；甲、乙、丙类液体储罐，液化石油气储罐的火灾延续时间按现行规范规定执行。《高层民用建筑设计防火规范》（GB 50045—95）（2005 年版）规定，商业楼、展览楼、综合楼、一类建筑的财贸金融楼、图书馆、书库、重要的档案楼、科研楼和高级旅馆的火灾延续时间应按 3 h 计算，其他高层建筑可按 2 h 计算。所有自动喷水灭火系统的喷水时间均按 1 h 计算。

在火灾情况下能保证连续补水时，消防水池的容量可减去火灾延续时间内补充的水量。消防水池的补水时间不宜超过 48 h，但缺水地区或独立的石油库区可延长到 96 h。《建筑设计防火规范》（GB 50016—2006）规定，室内外消防水池容量达 1 000 m^3 时，应分设为两个。《高层民用建筑设计防火规范》（GB 50045—95）（2005 年版）规定，消防水池容量达 500 m^3 时，应分设为两个。凡分设的消防水池都应达到独立使用的条件。

供消防车取水的消防水池，保护半径不应大于 150 m，并应设取水口，其取水口与建筑物（水泵房除外）的距离不宜大于 15 m；与甲、乙、丙类液体储罐的距离不宜小于 40 m；与液化石油气储罐的距离不宜小于 60 m。若有防止热辐射的保护设施，可减小为 40 m。供消防车取水的消防水池应保证消防车的吸水高度不超过 6 m；室外消防水池与被保护建筑物的外墙距离不宜小于 5 m，并不宜大于 100 m；消防用水与生产用水合并的水池，应有确保消防用水不作他用的技术设施；寒冷地区的消防水池应有防冻措施。

第二节　建筑室内消火栓消防系统

一、室内消火栓给水系统的设置范围

按照我国《建筑设计防火规范》（GB 50016—2006）的规定，下列建筑应设置消火栓给水系统：

（1）厂房、库房（单体耐火等级为一、二级且可燃物较少的丁、戊类厂房、库房，耐火等级为三、四级且建筑体积不超过 3 000 m^3 的丁类厂房和建筑体积不超过 5 000 m^3 的戊类厂房除外）与科研楼（储存有与水接触能引起燃烧、爆炸的房间除外）。

（2）座位超过 800 个的剧院、电影院、俱乐部和座位超过 1 200 个的礼堂、体育馆。

(3)车站、码头、机场建筑物以及展览馆、商店、病房楼、门诊楼、教学楼、图书馆等体积超过5 000 m^3 的公共建筑。

(4)超过6层的塔式住宅、通廊式住宅、底层设有商业网点的单元式住宅和超过7层以上的单元式住宅。

(5)超过5层或体积超过10 000 m^3 的其他民用建筑物。

(6)国家级文物保护的重点砖木或木结构的古建筑。

(7)作为下列功能的人防建筑工程：

①作为商场、医院、旅馆、展览厅、旱冰场、体育馆、舞厅、电子游艺场等使用且面积超过300 m^2 时。

②作为餐厅、丙类和丁类生产车间，丙类和丁类物品库房使用且面积超过450 m^2 时。

③作为电影院、礼堂使用时。

(8)消防电梯的前室。

(9)停车库、修车库。

二、室内消火栓给水系统的组成及给水方式

(一)室内消火栓给水系统的组成

建筑消火栓给水系统一般由消火栓箱、消火栓、水带、水枪、消防管道、水泵接合器及增压水泵、消防水池、高位水箱等组成。如图4-1所示为设有消防水泵和水箱的室内消火栓给水系统。

1. 消火栓设备

消火栓设备是由水枪、水带和消火栓组成的，均安装于消火栓箱内，常用消火栓箱的规格有800 mm×650 mm×200(320)mm，用木材、钢板或铝合金制作而成，外装玻璃门，门上应有明显的标志，如图4-2所示。

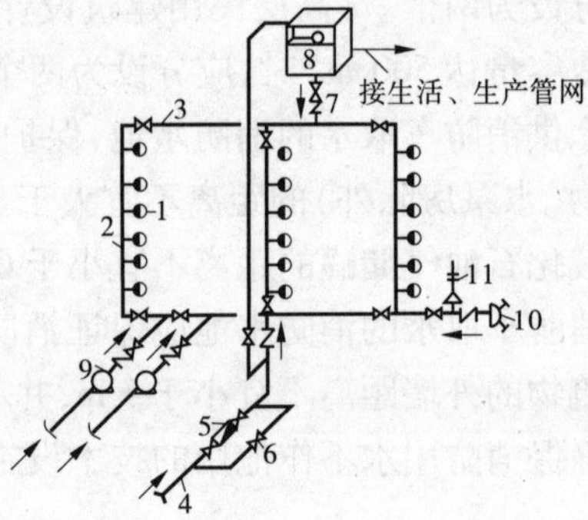

1—室内消火栓；2—消防立管；3—干管；4—进户管；5—水表；6—旁通管及阀门；7—止回阀；8—水箱；9—消防水泵；10—水泵接合器；11—安全阀

图4-1 设有消防水泵和水箱的室内消火栓给水系统

水枪一般为直流式，喷嘴口径有13 mm、16 mm、19 mm三种。水带口径有50 mm、65 mm两种。喷嘴口径13 mm水枪配置口径50 mm的水带，16 mm水枪可配置50 mm或65 mm的水带，19 mm水枪配置65 mm的水带。低层建筑室内消火栓可选用13 mm或16 mm喷嘴口径水枪，但必须根据消防流量和充实水柱长度经计算后确定。水带材质有麻织和化纤两种，水带长度一般有15 mm、20 mm、25 mm、30 mm四种，有衬橡胶与不衬橡胶之分，衬橡胶水带阻力较小。水带的长度应根据水力计算选定。

消火栓均为内扣式接口的球形阀式龙头，有单出口和双出口之分。双出口消火栓直径为65 mm，如图4-3所示。单出口消火栓直径有50 mm和65 mm两种。当每支水枪最小流量≤2.5 L/s时，选用直径50 mm的消火栓；当最小流量≥5 L/s时，选用直径65 mm

的消火栓。

室内消火栓、水带和水枪之间的连接,一般采用内扣式快速接头。在同一建筑物内应选用同一规格的水枪、水带和消火栓,以利于维护、管理和串用。

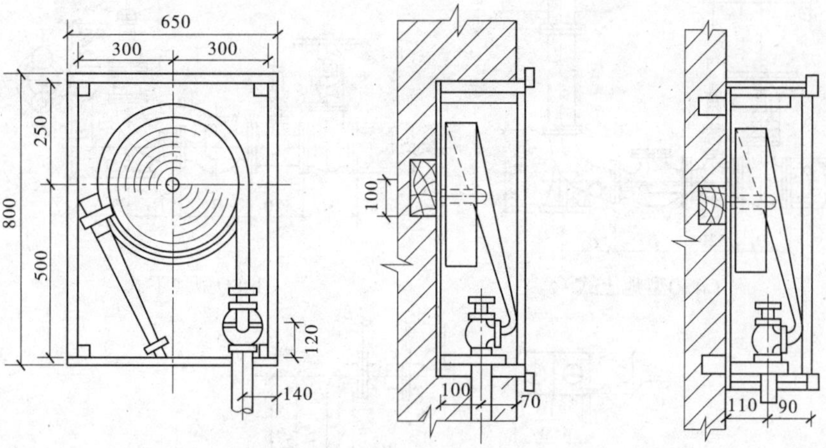

图 4-2 消火栓箱

2. 水泵接合器

在建筑消防给水系统中均应设置水泵接合器。当室内消防水泵因检修、停电、发生故障或室内消防用水量不足(如遇到大面积恶性火灾,火场用水量超过固定消防泵供水能力)时,需要利用消防车从室外消火栓、消防水池或天然水源取水,通过水泵接合器送至室内消防管网,供灭火使用。

水泵接合器是连接消防车向室内消防给水系统加压的装置,一端由消防给水管网水平干管引出,另一端设于消防车易于接近的地方,如图 4-4 所示。水泵接合器有地上式、地下式和墙壁式三种,其设计参数和尺寸见表 4-4 和表 4-5。

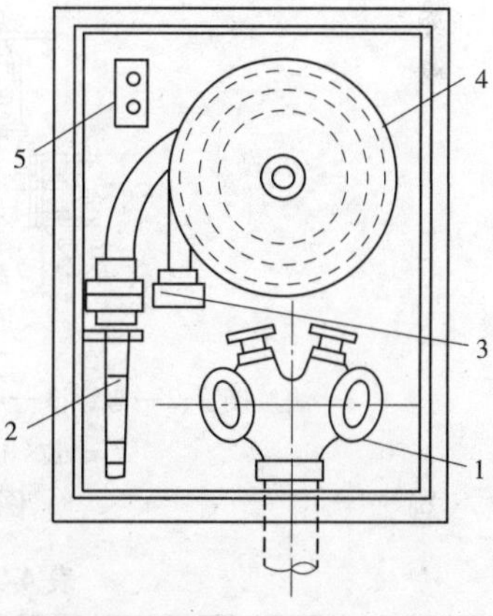

1—消火栓;2—水枪;3—水带接口;4—水带;
5—水泵启动按钮

图 4-3 双出口消火栓

表 4-4 水泵接合器型号及其基本参数

型号规格	形式	公称直径(mm)	公称压力(MPa)	进水口	
				形式	口径(mm)
SQ100 SQX100 SQB100	地上 地下 墙壁	100	1.6	内扣式	65
SQ150 SQX SQB150	地上 地下 墙壁	150			80

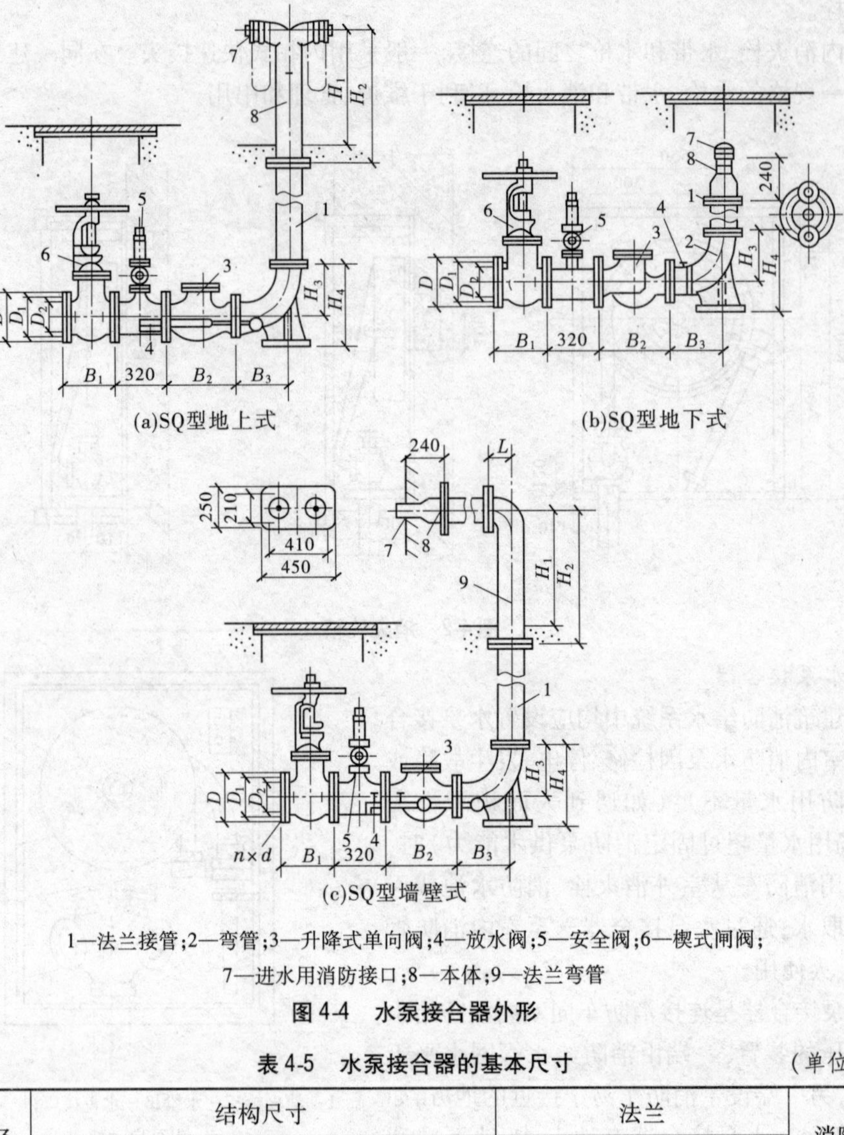

(a)SQ型地上式　(b)SQ型地下式　(c)SQ型墙壁式

1—法兰接管;2—弯管;3—升降式单向阀;4—放水阀;5—安全阀;6—楔式闸阀;
7—进水用消防接口;8—本体;9—法兰弯管

图 4-4　水泵接合器外形

表 4-5　水泵接合器的基本尺寸　　　　(单位:mm)

公称管径	结构尺寸								法兰					消防接口
	B_1	B_2	B_3	H_1	H_2	H_3	H_4	L	D	D_1	D_2	d	n	
100	300	350	220	700	800	210	318	130	220	180	158	17.5	8	KWS65
150	350	480	310	700	800	325	465	160	285	240	212	22	8	KWS80

3. 屋顶消火栓

为了检查消火栓给水系统是否能正常运行及保护本建筑物免受邻近建筑火灾的波及,在室内设有消火栓给水系统的建筑屋顶应设一个消火栓。在有可能结冻的地区,屋顶消火栓应设于水箱间内或有防冻技术措施。

4. 消防水箱

消防水箱对扑救初期火灾起着重要作用,为确保自动供水的可靠性,应采用重力自流供水方式。消防水箱常与生活(或生产)高位水箱合用,以保持箱内贮水经常流动,防止水质变坏。水箱的安装高度应满足室内最不利点消火栓所需的水压要求,且应贮存有室内 10 min 的消防水量。

(二)室内消火栓系统的给水方式

按照建筑物的高度及室外给水管网可提供室内消防所需水量和水压的情况,建筑室内消火栓给水方式主要有以下三种。

1. 无水箱、水泵室内消火栓给水方式

如图 4-5 所示,这种方式常用在建筑物高度不大,室外给水管网所提供的水量、水压在任何时候均能满足室内消火栓给水系统所需水量、水压要求的情况。当选用这种方式且与室内生活(或生产)管网合用时,进水管上如设有水表,则所选水表应考虑通过消防水量能力。

2. 仅设水箱不设水泵的消火栓给水方式

如图 4-6 所示,这种方式适用于室外给水管网一天之内压力变化较大的城市或居住区,当生活、生产用水量达到最大时,室外管网不能保证室内最不利点消火栓的水压和水量;而当生活、生产用水量较小时,室外管网压力又较大,能向高位水箱补水。这种方式的管网应独立设置,水箱可以和生产、生活水箱合用,但其生活或生产用水不能动用消防 10 min 贮备的水量。

3. 设消防水泵、消防水箱的消火栓给水方式

如图 4-7 所示,这种方式适用于室外给水管网的水压不能满足室内消火栓给水系统所需水压的情况。为保证初期使用消火栓灭火时有足够的消防水量,而设置水箱贮存 10 min 的消防水量,水箱采用生活用水泵补水,严禁采用消防水泵补水。水箱进入消火栓给水管网的管道上应设止回阀,以防消防时消防水泵出水进入水箱。

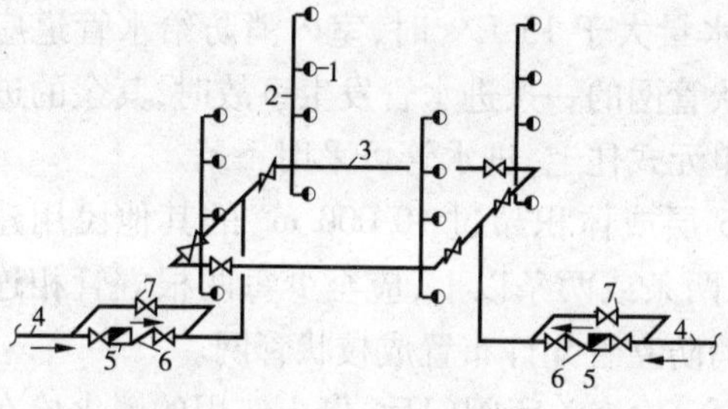

1—室内消火栓;2—消防立管;
3—干管;4—进户管;5—水表;
6—止回阀;7—阀门

图 4-5　无加压水泵和水箱的室内消火栓给水系统

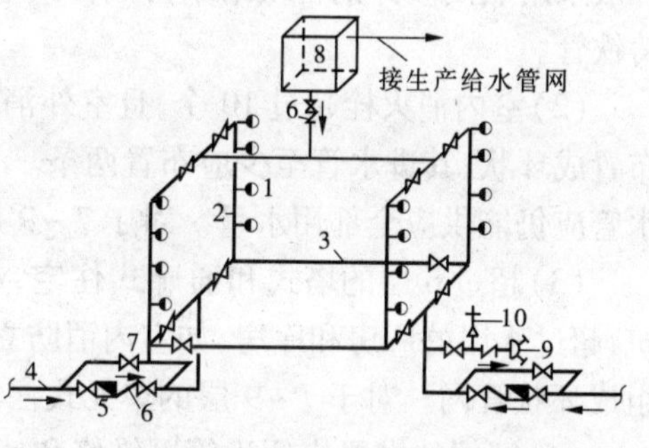

1—室内消火栓;2—消防立管;3—干管;4—进户管;
5—水表;6—止回阀;7—旁通管及阀门;
8—水箱;9—水泵接合器;10—安全阀

图 4-6　仅设有水箱的室内消火栓给水系统

三、室内消火栓给水系统的布置

(一)消火栓给水管道系统的布置

(1)建筑物内的消火栓给水系统是否与生产、生活给水系统合用或单独设置,应根据

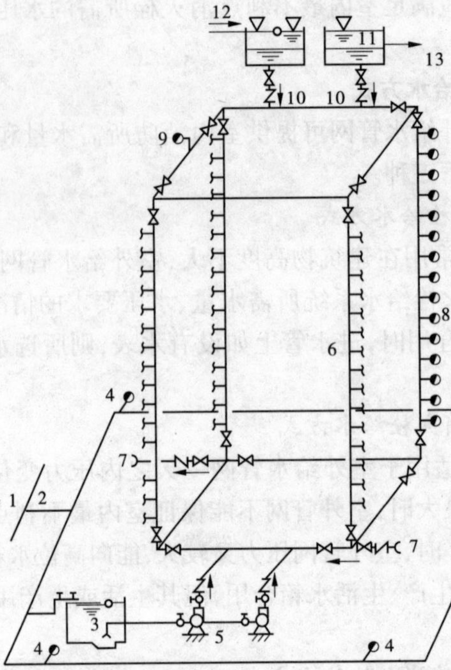

1—室外给水管网;2—进户管;3—贮水池;4—室外消火栓;5—消防泵;6—消防管网;7—水泵接合器;8—室内消火栓;9—屋顶消火栓;10—止回阀;11—高位水箱;12—给水;13—生活用水

图 4-7 设置消防水泵和消防水箱的室内消火栓给水系统

建筑物的性质和使用要求经技术经济比较后确定。与生活、生产给水系统合用时,给水管一般采用热浸镀锌钢管或给水铸铁管。单独消防系统的给水管可采用非镀锌钢管或给水铸铁管。

(2)室内消火栓超过 10 个,且室外消防用水量大于 15 L/s 时,室内消防给水管道应布置成环状,其进水管至少应布置两条。当环状管网的一条进水管发生事故时,其余的进水管应仍能供应全部用水量。对于 7 ~9 层的单元式住宅,进水管可采用一条。

(3)超过 6 层的塔式和通廊式住宅,超过 5 层或体积超过 10 000 m^3 的其他民用建筑,超过 4 层的厂房和库房,如室内消防立管为两条或两条以上,应至少每两根立管相连组成环状管网。对于 7 ~9 层的单元式住宅的消防立管允许布置成枝状管网。

(4)闸门的设置应便于管网维修和使用安全,检修关闭阀门后,停止使用的消火栓在一层中不应超过 5 个。

(5)水泵接合器应设在消防车易于到达的地点,同时还应考虑在其附近 15 ~40 m 内设室外消火栓或消防水池。水泵接合器的数量应按室内消防用水量计算确定,每个水泵接合器的流量按 10 ~15 L/s 计算。

(6)室内消火栓给水管网与自动喷水灭火设备的管网宜分开设置,如布置有困难,应在报警阀前分开设置。

(二)建筑消火栓的设置

(1)设有消防给水系统的建筑物,其各层(无可燃物的设备层除外)均应设置消火栓。

室内消火栓的布置应保证有两支水枪的充实水柱可同时到达室内任何部位（建筑高度≤24 m且体积≤5 000 m^3 的库房可采用1支）。

（2）室内消火栓应设在明显易于取用的地点。栓口离地面高度为1.1 m，其出水方向应向下或与设置消火栓的墙面呈90°角。

（3）消防电梯前室内应设室内消火栓。

（4）冷库的室内消火栓应设在常温的穿堂内或楼梯间内。

（5）设有室内消火栓的建筑物，如为平屋顶，宜在平屋顶上设置试验和检查用消火栓。

（6）同一建筑内应采用同一规格的消火栓和水带，每根水带的长度不应超过25 m。

（7）高位水箱设置高度不能保证最不利点消火栓的水压要求时，应在每个室内消火栓处设置直接启动消防水泵的按钮，并应有保护措施。

（三）消火栓的保护半径

消火栓的保护半径是指某种规格的消火栓、水枪和一定长度的水带配套后，并考虑消防人员使用该设备时有一定安全保障（为此水枪的上倾角不宜超过45°，否则着火物下落时会伤及灭火人员）的条件下，以消火栓为圆心，消火栓能充分发挥作用的半径。

消火栓的保护半径可按下式计算：

$$R = L_1 + L_2 \tag{4-3}$$

式中 R——消火栓保护半径，m；

L_1——水带的敷设长度，m，每根水带的长度不应超过25 m，并应乘以水带的弯转曲折系数0.8；

L_2——水枪的充实水柱在平面的投影长度，m，$L_2 = H_m \cos 45°$，其中 H_m 为水枪的充实水柱长度。

（四）消火栓的间距

室内消火栓间距应经过计算确定。但高层工业建筑，高架库房，甲、乙类库房，室内消火栓的间距不宜超过30 m。其他单层和多层建筑室内消火栓的间距不应超过50 m。

（1）如图4-8（a）所示，当室内宽度较小，只有1排消火栓，并且要求有1股水柱达到室内任何部位时，消火栓的间距按下式计算：

$$S_1 = 2(R^2 - b^2)^{1/2} \tag{4-4}$$

式中 S_1——消火栓间距，m；

R——消火栓保护半径，m；

b——消火栓的最大保护宽度，m，对外廊式建筑 b 为建筑宽度，对内廊式建筑 b 为走道两侧中最大一边宽度。

（2）如图4-8（b）所示，当室内只有1排消火栓，且要求有2股水柱同时达到室内任何部位时，消火栓的间距按下式计算：

$$S_2 = (R^2 - b^2)^{1/2} \tag{4-5}$$

式中 S_2——2股水柱时的消火栓间距，m。

（3）如图4-8（c）所示，当房间较宽，需要布置多排消火栓，且要求有1股水柱达到室内任何部位时，消火栓的间距按下式计算：

$$S_n \leqslant \sqrt{2}R \tag{4-6}$$

（4）如图4-8（d）所示，当房间较宽，需要布置多排消火栓，达到室内任何部位时，消火栓的间距按式（4-5）计算值缩短一半。

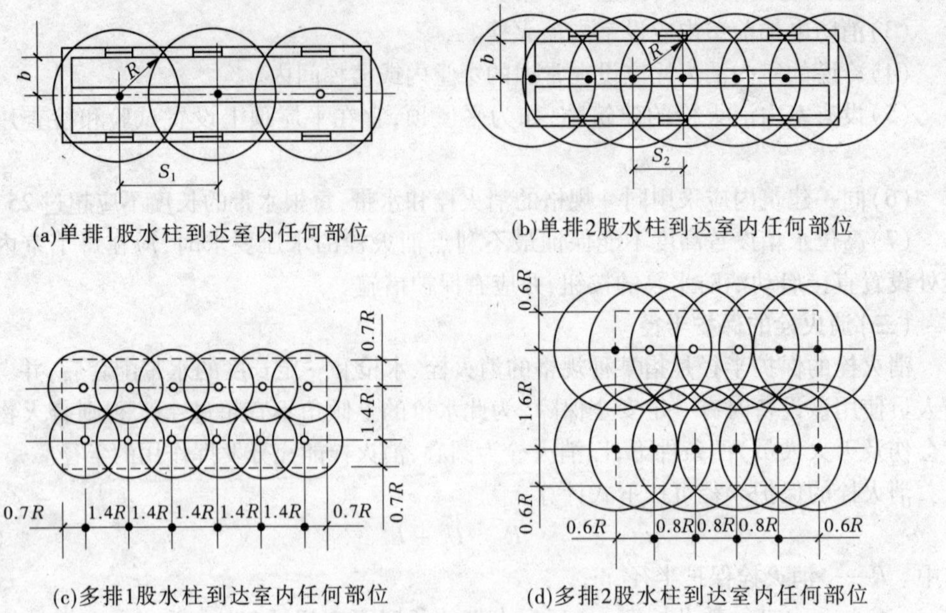

(a)单排1股水柱到达室内任何部位　(b)单排2股水柱到达室内任何部位

(c)多排1股水柱到达室内任何部位　(d)多排2股水柱到达室内任何部位

图4-8　消火栓布置间距

四、室内消防用水量与水压

（一）消防水量

建筑的室内消火栓消防水量应根据建筑物的性质、面积、体积和消火栓布置计算确定，但不得小于相关规范的规定。部分建筑室内消火栓用水量见表4-6、表4-7。

表4-6　室内消火栓用水量

建筑物名称	高度、层数、体积或座位数	消火栓用水量（L/s）	同时使用水枪数量（支）	每支水枪最小流量（L/s）	每根竖管最小流量（L/s）	
					最不利竖管	次不利竖管
厂房	高度≤24 m、体积≤10 000 m^3	5	2	2.5	5	
	高度≤24 m、体积>10 000 m^3	10	2	5	10	
科研楼、试验楼	高度≤24 m、体积≤10 000 m^3	10	2	5	10	
	高度≤24 m、体积>10 000 m^3	15	3	5	10	5
库房	高度≤24 m、体积≤5 000 m^3	5	1	5	5	
	高度≤24 m、体积>5 000 m^3	10	2	5	10	

续表 4-6

建筑物名称	高度、层数、体积或座位数	消火栓用水量（L/s）	同时使用水枪数量（支）	每支水枪最小流量（L/s）	每根竖管最小流量（L/s）	
					最不利竖管	次不利竖管
车站、码头、机场建筑物和展览馆	5 001～25 000 m^3	10	2	5	10	
	25 001～50 000 m^3	15	3	5	10	5
	＞50 000 m^3	20	4	5	15	5
商场、病房楼、教学楼	5 001～10 000 m^3	5	2	2.5	5	
	10 001～25 000 m^3	10	2	5	10	
	＞25 000 m^3	15	3	5	10	5
剧院、电影院、俱乐部、礼堂、体育馆等	801～1 200 个	10	2	5	10	
	1 201～5 000 个	15	3	5	10	5
	5 001～10 000 个	20	4	5	15	5
	＞10 000 个	30	6	5	15	15
住宅	7～9 层	5	2	2.5	5	
其他建筑	≥6 层或体积≥10 000 m^3	15	3	5	10	5
国家级文物保护单位的重点砖木结构的古建筑	体积≤10 000 m^3	20	4	5	10	10
	体积＞10 000 m^3	25	5	5	15	10

表 4-7　汽车库室内消火栓用水量

停车库、修车库的防火分类			消火栓用水量（L/s）	同时使用水枪数量（支）	每支水枪最小流量（L/s）
名称	类别	数量			
停车库	Ⅰ	＞200	10	2	5
	Ⅱ	101～200	10	2	5
	Ⅲ	26～100	10	2	5
	Ⅳ	≤25	5	1	5
修车库	Ⅰ	＞15	10	2	5
	Ⅱ	6～15	10	2	5
	Ⅲ	3～5	5	1	5
	Ⅳ	≤2	5	1	5

注：耐火等级为一、二级的Ⅱ类停车库，可不设室内消防给水系统。

建筑物内如同时设有消火栓灭火系统、自动喷水灭火系统（水幕灭火系统、泡沫灭火系统等），其室内消防水量应按需要同时开启的灭火系统用水量之和计算。

设计室内消防给水管网时应采用室内消防流量计算确定。

（二）消防水压

室内消火栓是依靠水枪喷嘴喷出的射流水股来扑灭火焰的，水枪的射流不但需要射及火焰，还应有足够的水压和射流密度，以确保灭火效果。在火场扑灭火灾时，水枪的上倾角不宜超过45°，在最不利情况下，也不能超过60°，如上倾角太大，着火物下落时会伤及灭火人员。因此，消火栓系统的水压应保证消火栓出口在接出水带经过水枪后，仍能形成一定长度且密集不分散的水柱，即充实水柱 H_m。

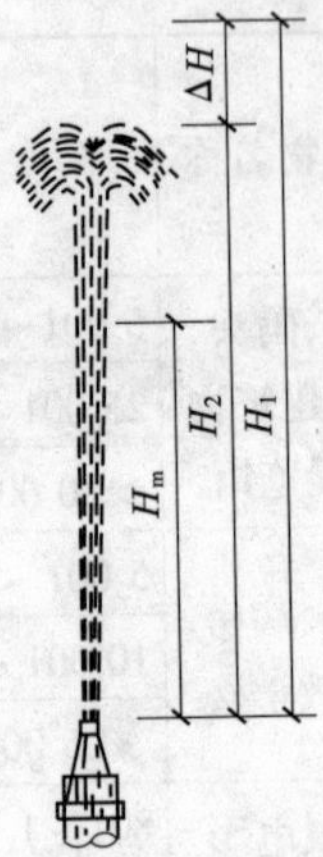

图 4-9　垂直射流组成

手提式水枪的充实水柱规定为：从喷嘴出口起至射流90%的水量穿过直径38 cm圆圈为止的一端射流长度，如图4-9所示。根据试验数据统计，当水枪充实水柱长度小于7 m时，火场的热辐射使消防人员无法接近着火点达到有效灭火的目的；当水枪的充实水柱大于15 m时，射流的反作用力使消防人员无法把握水枪灭火。部分建筑物要求水枪充实水柱长度见表4-8。

表 4-8　部分建筑物要求水枪充实水柱长度

（单位：m）

建筑物类别	充实水柱长度
一般建筑	≥7
甲、乙类厂房，大于6层的民用建筑，大于4层的厂房、库房	≥10
高架库房	≥13

1. 消火栓水枪充实水柱长度的计算

消火栓水枪充实水柱长度可按下式计算：

$$H_m = \frac{H_1 - H_2}{\sin\alpha} \tag{4-7}$$

式中　H_m——消火栓所需的充实水柱长度，m；

H_1——室内最高着火点离地面的高度，m；

H_2——水枪喷嘴离地面的高度，m，一般为1.1 m；

α——水枪的上倾角，一般为45°～60°。

2. 消火栓栓口所需水压

消火栓栓口所需的水压按下列公式计算：

$$H_{xh} = H_q + h_d + H_k \tag{4-8}$$

式中　H_{xh}——消火栓栓口的水压，kPa；

H_q——水枪喷嘴处的压力，kPa；

h_d——水带的水头损失，kPa；

H_k——消火栓栓口水头损失，按20 kPa计算。

1）水枪喷嘴处的压力

水枪喷嘴处的压力（H_q）应保证水枪在喷出流量满足计算流量的同时，还应保证喷出后的射流具有一定长度和密集度。H_q 应与喷嘴的口径 d、喷嘴的流量 q_{xh} 和要求的充实水

柱长度 H_m 有关，通过实验测定其间关系用下述公式计算。

(1)水枪喷嘴处压力 H_q 与消火栓的充实水柱长度 H_m 的关系可用下式表达：

$$H_q = 10\alpha_f H_m / (1 - \varphi \alpha_f H_m) \quad (4\text{-}9)$$

式中 φ——与水枪喷嘴口径 d 有关的实验系数，其值见表4-9；

α_f——实验系数，其值见表4-10；

H_m——消火栓需要的充实水柱长度，m。

表4-9 系数 φ 值

d(mm)	13	16	19
φ	0.016 5	0.012 4	0.009 7

表4-10 系数 α_f 值

H_m(m)	6	8	10	12	16
α_f	1.19	1.19	1.20	1.21	1.24

(2)水枪喷嘴的出流流量 q_{xh} 与 H_q 的关系可用下式表达：

$$q_{xh} = (BH_q)^{1/2} \quad (4\text{-}10)$$

式中 q_{xh}——水枪喷嘴的出流流量（其值不小于相关规范规定的每支水枪最小流量），L/s；

B——水流特性系数，与水枪喷嘴口径有关，见表4-11。

表4-11 水枪特性系数 B 值

喷嘴口径(mm)	13	16	19
B	0.034 6	0.079 3	0.157 7

为了方便使用，根据式(4-9)、式(4-10)制成表4-12，根据水枪喷嘴口径和充实水柱长度可查出水枪的出流流量和喷嘴处的压力。

表4-12 水枪的充实水柱长度、压力和流量

充实水柱长度(m)	不同水枪直径的压力和流量					
	ϕ13		ϕ16		ϕ19	
	H_q(kPa)	q_{xh}(L/s)	H_q(kPa)	q_{xh}(L/s)	H_q(kPa)	q_{xh}(L/s)
6	81	1.7	80	2.5	75	3.5
7	96	1.8	92	2.7	90	3.8
8	112	2.0	105	2.9	105	4.1
9	130	2.1	125	3.1	120	4.3
10	150	2.3	140	3.3	135	4.6

续表 4-12

充实水柱长度(m)	不同水枪直径的压力和流量					
	ϕ13		ϕ16		ϕ19	
	H_q(kPa)	q_{xh}(L/s)	H_q(kPa)	q_{xh}(L/s)	H_q(kPa)	q_{xh}(L/s)
11	170	2.4	160	3.5	150	4.9
12	190	2.6	175	3.8	170	5.2
12.5	215	2.7	195	4.0	185	5.4
13	240	2.9	220	4.2	205	5.7
13.5	265	3.0	240	4.4	225	6.0
14	296	3.2	265	4.6	245	6.2
15	330	3.4	290	4.8	270	6.5
15.5	370	3.6	320	5.1	295	6.8
16	415	3.8	355	5.3	325	7.1
17	470	4.0	395	5.6	335	7.5

2)消防水带的水头损失

消防水带的水头损失 h_d 按下式计算:

$$h_d = 10A_d L q_{xh}^2 \tag{4-11}$$

式中 A_d——水带阻力系数,见表 4-13;

L—水带长度,m。

表 4-13 水带阻力系数 A_d 值

水带口径(mm)	阻力系数 A_d 值	
	帆布、麻织水带	衬胶水带
50	0.015 01	0.006 77
65	0.004 30	0.001 72

五、室内消火栓管道系统的水力计算

建筑消火栓消防管道的水力计算的主要任务是,根据室内消火栓消防水量的要求,进行合理的流量分配后,确定消火栓给水系统管道的管径、系统所需水压、水箱和水塔的高度或选择消防水泵的扬程。

(1)管道沿程水头损失计算方法与给水管网计算相同。

(2)管道局部水头损失,消火栓系统按管道沿程损失的 10% 确定。

(3)计算最不利点的确定。当室内要求有两个或多个消火栓同时使用时,在单层建筑中以最高最远的两个或多个消火栓作为计算最不利点;在多层建筑中按表 4-14 进行流量分配。

表 4-14　消防竖管流量分配　（单位：L/s）

室内消防计算流量	最不利消防竖管分配流量	相邻消防竖管分配流量	室内消防计算流量	最不利消防竖管分配流量	相邻消防竖管分配流量
5	5		20	15	5
10	10		30	20	10
15	10	5			

(4)消防系统流量、流速和管径的确定。消防用水与其他用水合并的给水管道,可按其他用水最大秒流量和管中允许流速计算管径,并按消防时最大秒流量(此时淋浴用水量可按15%计算,洗刷用水量不计)及消防给水管道内水流速度不宜大于2.5 m/s进行校核。

(5)消防立管管径,应以水枪喷口直径和充实水柱长度计算出消防水枪射流量,与规范要求比较确定之后,按相关规范规定的流量分配要求,再依据设计流速确定管径,且同一系统消防立管管径相同,上下不变径。

(6)水箱、水塔的高度和消防水泵扬程的确定。水箱、水塔的设置高度应保证最不利点的静水压力要求;消防水泵的扬程,应按消防时最不利点的静水压力、计算管路的水头损失和该点消火栓出口水压,经计算确定。

(7)消火栓出口压力校核。若消火栓出口压力过大,水枪射流反作用力太大或实际射流量太大,应进行减压计算。

六、系统中的水箱、水泵及减压节流装置

(一)水箱装置

采用临时高压消防给水系统时,应设高位消防水箱;采用高压给水系统(即任何时候均能保证最不利点的消防水量与水压)时,可不设高位消防水箱。

消防水箱的作用在于平时满足各种消防设施的工作压力要求,在发生火灾时,提供消防泵启动前的扑救初期火灾之用的消防用水量与水压。因此,消防水箱的设计应包括水箱容积与水箱安装高度的计算。

(1)消防水箱的消防容积。

按照建筑设计防火规范的规定,消防水箱应储存10 min的室内消防用水总量,以供扑救初期火灾之用。其计算公式为

$$V_x = 0.6Q_x \tag{4-12}$$

式中 V_x——消防水箱储存消防水量,m^3;

0.6——单位换算系数;

Q_x——室内消防用水总量,L/s。

为避免水箱容积过大,当室内消防用水量不超过25 L/s,经计算水箱消防容积超过12 m^3 时,仍可用12 m^3;当室内消防用水量超过25 L/s,经计算水箱消防容积超过18 m^3

时，仍可用 18 m^3。

(2)水箱的设置高度。

高位消防水箱的设置高度应保证最不利点消火栓的静水压力。按照我国现行建筑设计防火规范的要求，建筑高度不超过 100 m 时，最不利点消火栓的静水压力不应低于 0.07 MPa(检查用消火栓除外)；当建筑高度超过 100 m 时，其最不利点消火栓的静水压力不应低于 0.15 MPa。如不能保证此要求，应设增压设施。具体要求见高层增压设施。

(3)消防用水与其他用水合并的水箱，应设有消防用水不作他用的技术措施。

(4)高位消防水箱出水管应设止回阀，以防发生火灾后由消防水泵供给的消防用水进入消防水箱。一般应以水箱在最低水位能自动开启止回阀为前提确定止回阀的安装高度(一般设在水箱最低水位 1.0 m 以下的范围)。

(二)消防水泵的设置

1. 对消防泵吸水管的要求

消防泵机组吸水管不应少于两条，当其中一条损坏时，其余吸水管仍能通过全部水量，并宜采用自灌式引水，其吸水管上应设有阀门、软接头，自动喷水消防泵还宜设有截污器。高压(或临时高压)消防给水系统的每台消防泵都应有独立的吸水管。在允许从市政管网直接吸水的情况下，应考虑市政管网的最低水压。

2. 对消防泵出水管的要求

消防泵机组应有不少于两条出水主干管直接与环状管网连接，当其中一条损坏时，其余出水管仍能通过全部消防水量。在出水管上宜设检查用的压力表和试水用的放水阀门。

3. 备用泵的设置

固定消防水泵应设备用泵，其工作能力不应小于一台主泵的能力。但是在符合下列条件之一时，可不设备用泵。

(1)室外消防用水量不超过 25 L/s 的工厂、仓库。

(2)7～9 层的单元住宅。

(3)耐火等级不低于二级的丁、戊类厂房和库房。

4. 对消防泵的动力机械要求

动力机械应保证在火警后 5 min 内消防泵能正式运转，并在火场断电时仍能正常运转。发生火灾后由消防泵供给的水不应再进入消防水箱。

5. 通信设备要求

消防泵房宜设有与本单位消防队直接联络的通信设备。

(三)减压节流装置

火灾发生后，消防泵工作时，由于同一立管上不同位置高度的消火栓栓口压力的不同，因而引起其射流流量的不同，且当栓口压力过大(超过 0.5 MPa)时栓口射流的反作用力(因水枪进口与出口的口径不同引起的)使得消防人员难以控制水枪射流方向，从而影响灭火效果。为此，当消防泵工作时，栓口压力超过 0.5 MPa 的消火栓，应采用减压措施。减压值应按栓口实际压力值减去保证该消火栓正常工作所需压力值。这样才能保证各栓口压力相同，其流量也相同。但这样设置势必使得同一建筑中减压装置的型号多样化，从而增加安装与管理的困难。在实际工程中，只有在栓口的实际压力值大于 0.5 MPa 时才减压,其减压值一般应满足栓口实际压力值减去减压值后不得小于 0.25 MPa(保证水枪正常出流要求的压力值)的要求。这样的目的使得减压装置的型号减少,减少安装与管理的困难。

常用的减压装置为减压孔板。减压孔板常用铝制或铜制的孔板,孔板的中央设一圆孔,以法兰连接方式嵌装在消火栓立管与消火栓之间的支管上,水流通过截面面积较小的孔洞,造成局部水头损失而减压。

减压孔板的型号选择可按下式计算确定:

$$h_d = SQ^2 \tag{4-13}$$

式中 h_d——通过孔板应减去的压力值,kPa;

S——孔板的阻抗系数;

Q——通过孔板的流量,L/s。

在实际运用中,接消火栓的管径和要求减低的压力是已知的,只需要确定孔板的孔径。

七、消火栓给水系统计算实例

有一栋 16 层高层塔式民用住宅楼,住宅楼层高为 2.8 m,考虑暖气走管,在 8 层和 16 层层高取 3.1 m,室内外高差取 1.2 m。每层 9 户,建筑面积为 720 m²。试设计其室内消防给水系统。

(一)消防管的设置

该建筑为建筑高度小于等于 50 m 的普通住宅,属二类民用高层建筑。由于每层住宅多于 8 户,建筑面积超过 650 m²,故楼内至少设 2 条消防立管。结合楼内平面布置,根据应保证同层相邻两个消防栓的水枪的充实水柱能同时到达被保护范围内的任何部位的规定,楼内每层平面设 2 条消防立管即可,同时在消防电梯前室另设 1 条消防立管,全楼共设 3 条消火栓消防立管。其消火栓消防给水系统见图 4-10。

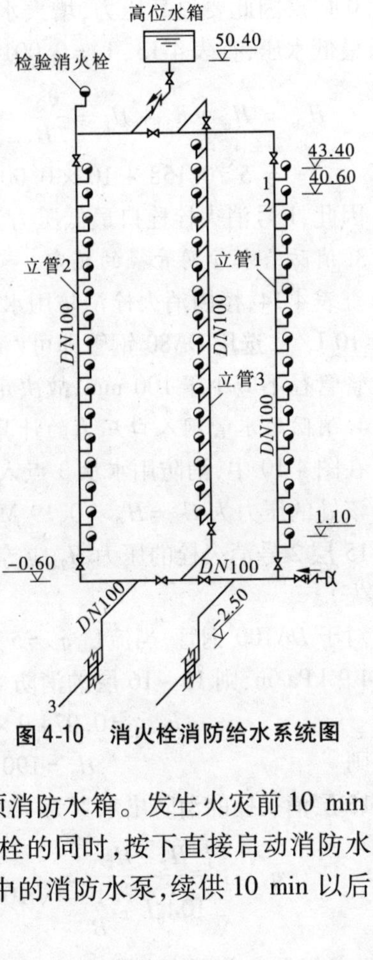

图 4-10 消火栓消防给水系统图

市政给水管网水压不能直接供至建筑物最高处,所以在楼外与其他高层住宅楼一起设立区域集中临时高压消防给水系统,并在楼内设屋顶消防水箱。发生火灾前 10 min 消防用水由屋顶消防水箱供水,火灾发生后,在使用消火栓的同时,按下直接启动消防水泵的按钮,在报警的同时启动区域高压消防给水水泵房中的消防水泵,续供 10 min 以后的消防用水。

(二)屋顶水箱的设置与计算

1. 水箱的容积

对于二类居住建筑,水箱有效容积取 6 m³。

2. 水箱的设置高度

根据当建筑高度不超过 100 m 时，高层建筑最不利点消火栓静水压力不应低于 0.07 MPa 的规定，水箱箱底的设置高度取 43.4 + 7.0 = 50.4(m)。

(三)消火栓及管网的计算

1. 底层消火栓所承受的静水压力

底层消火栓所承受的静水压力为 50.4 − 1.1 = 49.3(m) < 80 m，因此该消火栓系统可不分区。

2. 最不利点消火栓的栓口压力计算

设图 4-10 中的 3 点为消防用水入口，那么立管 1 的顶层 1 号消火栓为最不利点；室内消火栓选用栓口口径为 65 mm、水枪口径为 19 mm、衬胶水带长度为 25 m，根据相应规范规定，1 号消火栓水枪充实水柱长度不应低于 10 m，查表 4-12，此时该消火栓栓口压力为 0.135 MPa，水枪流量为 4.6 L/s，不足 5.0 L/s；根据相应规范规定，一支消火栓流量应为 5.0 L/s，因此要提高压力，增大水枪流量 q_{xh} 至 5.0 L/s，根据式(4-8)计算 1 号消火栓栓口最低水压，查表 4-13，$A_d = 0.001\ 72$，查表 4-11，$B \approx 0.158$，水带长 $L = 25$ m，则

$$H_{xh} = H_q + h_d + H_k = \frac{q_{xh}^2}{B} + 10A_d L q_{xh}^2 + H_k$$

$$= 5^2/0.158 + 10 \times 0.001\ 72 \times 25 \times 5^2 + 20 = 188.97(\text{kPa}) \approx 0.19\ \text{MPa}$$

因此，1 号消火栓栓口最低压力为 0.19 MPa。

3. 消防给水管网管径的确定

查表 4-14，楼内消火栓消防用水量为 10 L/s。立管上出水枪数为 2 支。虽然对于用水量 10 L/s，选用 *DN*80 钢管即可(流速 $v = 2.01$ m/s)，但根据规范规定高层建筑室内消防立管管径不应小于 100 mm，故决定将消防给水干管及立管都选用 *DN*100 钢管。

4. 消防给水管网入口压力的计算

在图 4-10 中，消防用水从 3 点入口时，16 层 1 号消火栓为最不利点。

该处的压力为 $H_1 = H_{xh} = 0.19$ MPa，流量为 5 L/s。

15 层 2 号消火栓的压力 H_2 应等于 H_1 +(层高 2.8 m)+(15～16 层的消防立管的水头损失)。

对于 *DN*100 钢管，当流量 $q_g = 5$ L/s 时，查钢管水力计算表得每米管长水头损失 $i = 0.074\ 9$ kPa/m，则 15～16 层的消防立管的水头损失为

$$h_{1-2} = 0.074\ 9 \times (1 + 20\%) \times 2.8 = 0.25(\text{kPa})$$

则

$$H_2 = 190 + 28 + 0.25 \approx 218(\text{kPa})$$

15 层消火栓的消防出水量为

$$q_2 = \sqrt{\frac{H_2 - H_k}{10A_d L + \frac{1}{B}}} = \sqrt{\frac{218 - 20}{10 \times 0.001\ 72 \times 25 + 1/0.158}} = 5.41(\text{L/s})$$

2 点与 3 点之间的流量：$q_{2-3} = q_1 + q_2 = 5 + 5.41 = 10.41$(L/s)，*DN*100 钢管每米管长水头损失 $i = 0.285$ kPa/m，管道长 65.5 m，则 2 点与 3 点之间的水头损失为

$$h_{2-3} = 0.285 \times (1 + 20\%) \times 65.5 = 22.4(\text{kPa})$$

消防给水管网入口 3 点所需水压为

$$[434-(-25)]+190+(0.25+22.4)\approx 672(\text{kPa})$$

从以上计算可知,16 层消火栓栓口动水压力为 0.19 MPa;15 层消火栓栓口压力为 0.218 MPa。同理,14 层消火栓处的压力应等于 H_2 +(层高 2.8 m)+(14~15 层的消防立管的水头损失),应为

$$218+28+2.8\times(1+20\%)\times 0.285\approx 247(\text{kPa})$$

同理,计算出 13~1 层的消火栓栓口动水压力。各消火栓的剩余压力即动水压力减去保证消火栓流量为 5 L/s 时栓口的水压为 190 kPa,则 1~5 层的消火栓动水压力会超过 0.5 MPa,有必要设置减压装置。

5. 水泵接合器的选定

楼内消火栓消防用水量为 10 L/s,每个水泵接合器的流量为 10~15 L/s,故选用 1 个水泵接合器即可,采用外墙墙壁式,型号为 SQB 型、*DN*100。

第三节　自动喷水灭火系统

自动喷水灭火系统是一种在发生火灾时,能自动打开喷头喷水灭火,同时发出火警信号的消防灭火设施。自动喷水灭火系统应在人员密集、不易疏散、外部增援灭火与救生较困难、性质重要或火灾危险性较大的场所中设置。据统计,自动喷水灭火系统扑救初期火灾的效率在 97% 以上,因此在国外一些国家的公共建筑都要求设置自动喷水灭火系统。

鉴于我国的经济发展状况,仅要求对发生火灾频率高、火灾危险等级高的建筑物中的一些部位设置自动喷水灭火系统,具体设置原则见表 4-15。

表 4-15　设置各类自动喷水灭火系统的原则

自动喷水灭火系统类型	设置原则
设置闭式喷水灭火系统(常用的是湿式、干式、预作用喷水灭火系统)	1. ≥50 000 纱锭的棉纺厂的开包、清花车间;≥5 000 锭的麻纺厂的分级、梳麻车间;服装、针织高层厂房;面积 >1 500 m^2 的木器厂房;火柴厂的烤梗、筛选部位;泡沫塑料厂的预发、成型、切片、压花部位
	2. 占地面积 >1 000 m^2 的棉、毛、丝、麻、化纤、毛皮及其制品库房;占地面积 >6 000 m^2 的香烟、火柴库房;建筑面积 >500 m^2 的可燃物品的地下库房;可燃、难燃物品的高架库房和高层库房(冷库除外);省级以上或藏书 >100 万册图书馆的书库
	3. >1 500 个座位的剧院观众厅、舞台上部(屋顶采用金属构件时)、化妆室、道具室、贵宾室;>2 000 个座位的会堂或礼堂的观众厅、舞台上部、贮藏室、贵宾室;>3 000 个座位的体育馆、观众厅的吊顶上部、贵宾室、器材间、运动员休息室
	4. 省级邮政楼的信函和包裹分检间、邮袋库
	5. 每层面积 >3 000 m^2 或建筑面积 >9 000 m^2 的百货楼、展览楼
	6. 设有空气调节系统的旅馆、综合办公楼内的走道、办公室、餐厅、商店、库房和无楼层服务台的客房
	7. 飞机发动机实验台的准备部位
	8. 国家级文物保护单位的重点砖木或木结构建筑

续表 4-15

自动喷水灭火系统类型	设置原则
设置闭式喷水灭火系统（常用的是湿式、干式、预作用喷水灭火系统）	9. 一类高层民用建筑（普通住宅、教学楼、普通旅馆、办公楼以及建筑中不宜用水扑救的部位除外）的主体建筑及与主体建筑相连的附属建筑的下列部位：舞台、观众厅、展览厅、多功能厅、门厅、电梯厅、舞厅、餐厅、厨房、商场营业厅和保龄球房等公共活动用房；走道（电信楼内走道除外）、办公室和每层无服务台的客房；>25 辆的汽车停车库和可燃品库房；自动扶梯底部和垃圾道顶部；避难层或避难区 10. 二类高层民用建筑中的商场营业厅、展览厅、可燃物陈列室 11. 建筑高度 >100 m 的超高层建筑（卫生间、厕所除外） 12. 高层民用建筑物顶层附设的观众厅、会议厅 13. Ⅰ、Ⅱ、Ⅲ类地下停车库、多层停车库和底层停车库 14. 人防工程的下列部位：使用面积 >1 000 m^2 的商场、医院、旅馆、餐厅、展览厅、旱冰场、体育场、舞厅、电子游艺场、丙类生产车间、丙类和丁类物品库房等；>800 个座位的电影院、礼堂的观众厅，且吊顶下表面至观众席地面高度≤8 m，舞台面积 >200 m^2 时
设置水幕系统	1. >1 500 个座位的剧院和 >2 000 个座位的会堂、礼堂的舞台口以及与舞台相连的侧台、后台的门窗侧口 2. 应设防火墙等防火分隔物而无法设置的开口部位 3. 防火卷帘或防火幕的上部 4. 高层民用建筑物内 >800 个座位的剧院、礼堂的舞台口和设有防火卷帘、防火幕的部位 5. 人防工程内代替防火墙的防火卷帘的上部
雨淋喷水系统	1. 火柴厂的氯酸钾压碾厂房 2. 建筑面积 >60 m^2 或储存量 >2 t 的硝化棉、喷漆棉、火胶棉、赛璐珞胶片、硝化纤维库房 3. 建筑面积 >100 m^2 生产、使用硝化棉、喷漆棉、火胶棉、赛璐珞胶片、硝化纤维的厂房 4. 日装瓶数 >3 000 的液化石油气储配站的灌瓶间、买瓶间 5.、>1 500 个座位的剧院和 >2 000 个座位的会堂舞台的葡萄架下部 6. 建筑面积 >400 m^2 的演播室、录音室；建筑面积 >500 m^2 的电影摄影棚 7. 火药、炸药、弹药及火工品工厂的工房或工序 8. 乒乓球厂的扎胚、切片、磨球、分球检验部位

一、闭式自动喷水灭火系统

闭式自动喷水灭火系统是指在自动喷水灭火系统中采用闭式喷头，平时系统为封闭系统，火灾发生时喷头打开，使得系统变成敞开式系统喷水。

（一）系统的组成、类型及工作原理

闭式自动喷水灭火系统一般由水源、加压贮水设备、喷头、管网、报警装置等组成。

闭式自动喷水灭火系统根据管网中充水与否分为下列各种类型，其工作原理如下。

1. 湿式自动喷水灭火系统

湿式自动喷水灭火系统由闭式洒水喷头、水流指示器、湿式报警阀组、管道和供水设施等组成，且管道内始终充满水并保持一定的压力，如图 4-11 所示。

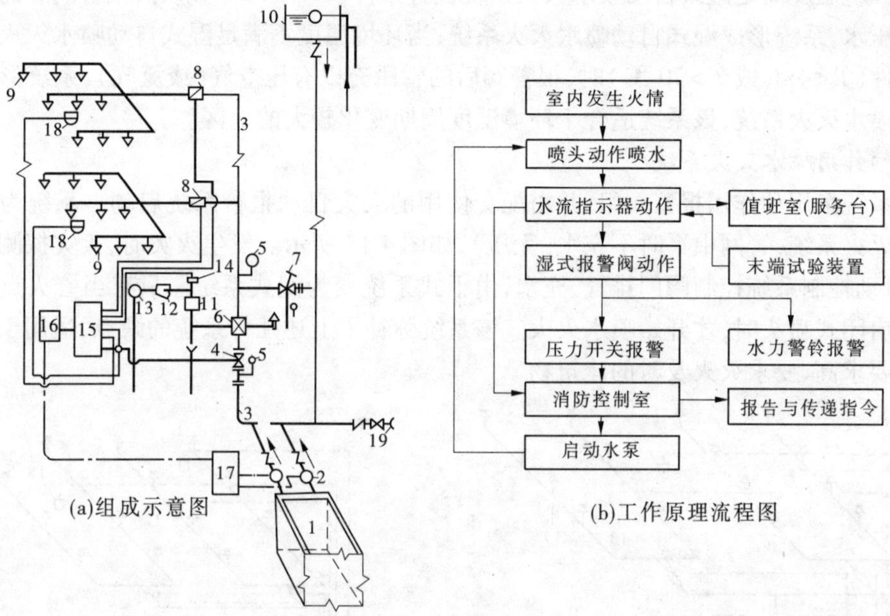

1—消防水池；2—消防泵；3—管网；4—控制蝶阀；5—压力表；6—湿式报警阀；7—泄放试验阀；8—水流指示器；9—喷头；10—高位水箱、稳压泵或气压给水设备；11—延时器；12—过滤器；13—水力警铃；14—压力开关；15—报警控制器；16—非标控制箱；17—水泵启动箱；18—探测器；19—水泵接合器

图 4-11 湿式自动喷水灭火系统

当建筑物发生火灾，火点温度达到开启闭式喷头时，喷头出水灭火。此时管网中有压水流动，水流指示器被感应送出电信号，在报警控制器上指示某一区域已在喷水。持续喷水造成报警阀的上部水压低于下部水压，其压力差值达到一定值时，原来处于关闭的报警阀就会自动开启。同时，消防水流一部分通过湿式报警阀，流向自动喷洒管网供水灭火；另一部分进入延迟器、压力开关及水力警铃等设施发出火警信号。另外，根据水流指示器和压力开关的信号或消防水箱的水位信号，控制箱内控制器能自动开启消防泵，以达到持续供水的目的。

湿式系统有灭火及时、扑救效率高的优点，但由于管网中充有有压水，当渗漏时会损坏建筑装饰和影响建筑的使用。该系统适用于环境温度 4 ~ 70 ℃的建筑物。

2. 干式自动喷水灭火系统

干式自动喷水灭火系统为喷头常闭的灭火系统，与湿式自动喷水灭火系统的区别在于采用干式报警阀组，在警戒状态下配水管网中平时不充水而充有有压空气（或氮气），如图 4-12 所示。当建筑物发生火灾，火点温度达到开启闭式喷头时，喷头开启、排气、充水、灭火。该系统灭火时，需先排除管网中的空气，故喷头出水不如湿式系统及时。但管网中平时不充水，对建筑装饰无影响，对环境温度也无要求，适用于采暖期长而建筑物内无采暖的场所。为减少排气时间，一般要求管网的容积≤3 000 L。

3. 干、湿交替自动喷水灭火系统

当环境温度满足湿式自动喷水灭火系统设置条件（$T=4\sim70$ ℃）时，报警阀后的管段充以有压水，系统形成湿式自动喷水灭火系统；当环境温度不满足湿式自动喷水灭火系统设置条件（$T<4$ ℃或 $T>70$ ℃）时，报警阀后的管段充以有压空气（或氮气），系统形成干式自动喷水灭火系统，该系统适合于环境温度周期变化较大的地区。

4. 预作用喷水灭火系统

该系统采用预作用报警阀组，并由配套使用的火灾自动报警系统启动。系统为喷头常闭的灭火系统，管网中平时不充水（无压），如图 4-13 所示。发生火灾时，火灾探测器报警后，自动控制系统控制阀门排气、充水，由干式系统变为湿式系统。只有当着火点温度达到开启闭式喷头时，才开始喷水灭火。该系统弥补了上述几种系统的缺点，适用于对建筑装饰要求高、要求灭火及时的建筑物。

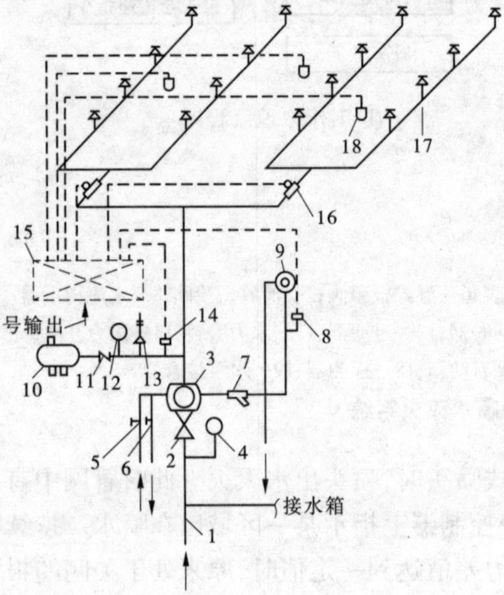

1—供水管；2—闸阀；3—干式阀；4、12—压力表；5、6—截止阀；7—过滤器；8、14—压力开关；9—水力警铃；10—空压机；11—止回阀；13—安全阀；15—火灾报警控制箱；16—水流指示器；17—闭式喷头；18—火灾探测器

图 4-12　干式自动喷水灭火系统

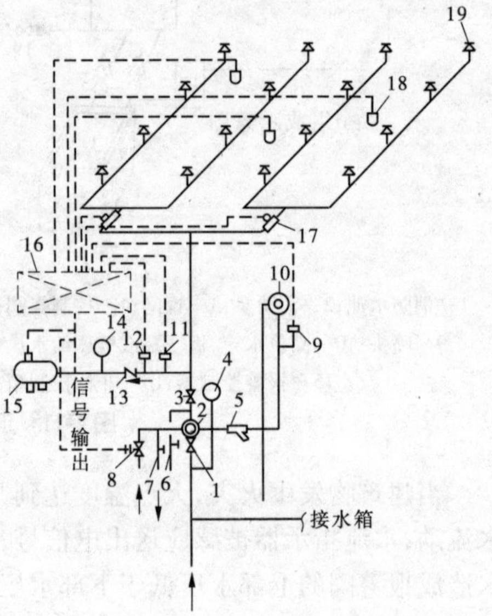

1—总控制阀；2—预作用阀；3—检修闸阀；4、14—压力表；5—过滤器；6—截止阀；7—手动开启截止阀；8—电磁阀；9—压力开关；10—水力警铃；11—压力开关（启闭空压机）；12—低气压报警压力开关；13—止回阀；15—空压机；16—火灾报警控制箱；17—水流指示器；18—火灾探测器；19—闭式喷头

图 4-13　预作用喷水灭火系统

（二）系统的主要组件

1. 喷头

闭式喷头的喷口用热敏元件组成的释放机构封闭，当达到一定温度时能自动开启，如

玻璃球爆炸、易熔合金脱离。其构造按溅水盘的形式和安装位置有直立型、下垂型、边墙型、普通型、吊顶型和干式下垂型喷头之分(见图 4-14)。各种喷头的适用场所见表 4-16。各种喷头的技术性能见表 4-17。

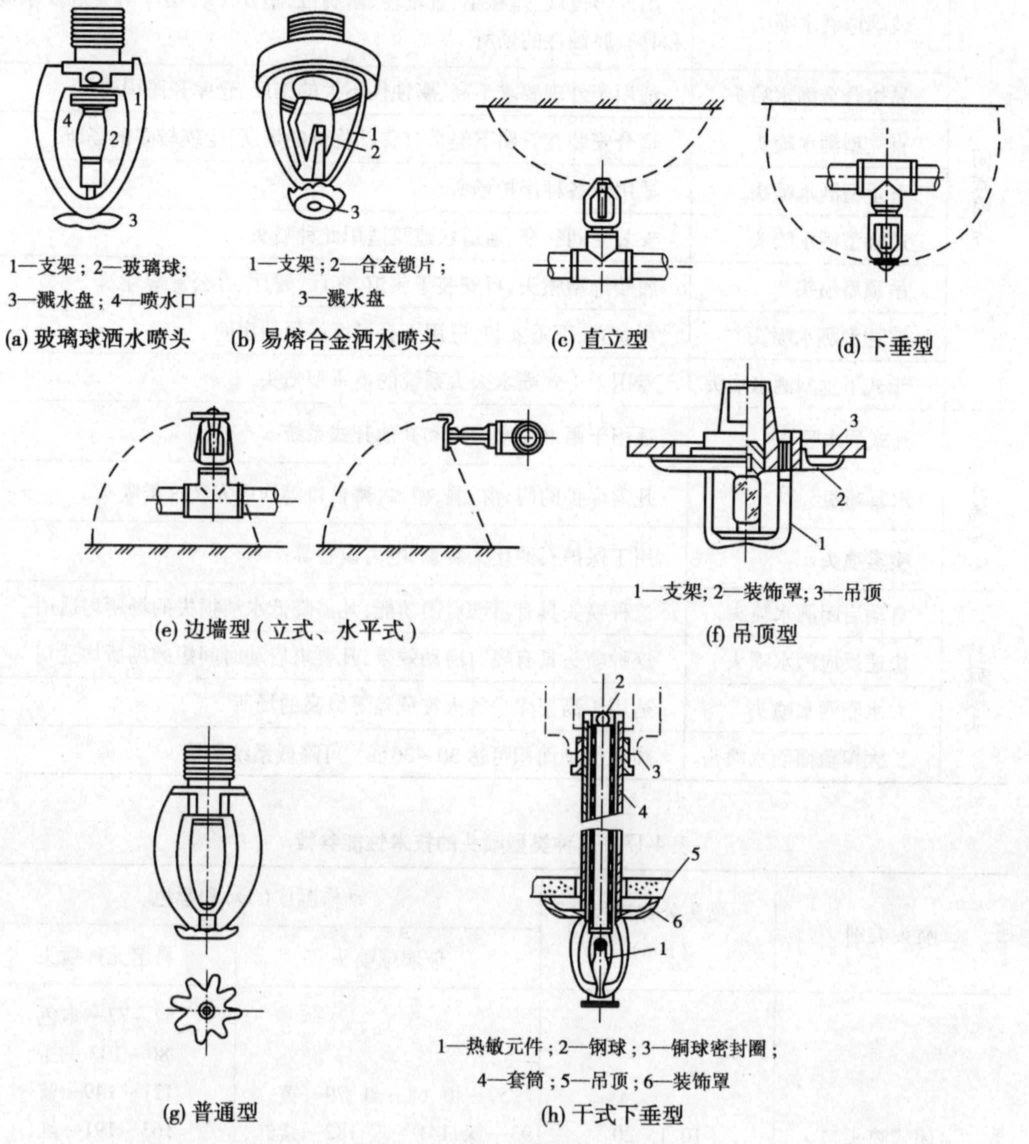

图 4-14 闭式喷头构造示意图

开式洒水喷头与闭式喷头的区别仅在于缺少由热敏感元件组成的释放机构。它由本体、支架、溅水盘等组成。按安装形式分为双臂下垂型、单臂下垂型、双臂直立型和双臂边墙型四种(见图 4-15)。

选择喷头时应严格按照环境温度来选用喷头温度。为了正确有效地使喷头发挥喷水作用,在不同环境温度场所内设置喷头时,喷头的公称动作温度要比环境温度高 30 ℃左右。

表 4-16　各种类型喷头的适用场所

喷头类型		适用场所
闭式喷头	玻璃球洒水喷头	因外形美观、体积小、重量轻、耐腐蚀，适用于宾馆等对美观要求高和具有腐蚀性的场所
	易熔合金洒水喷头	适用于外观要求不高、腐蚀性不大的工厂、仓库和民用建筑
	直立型洒水喷头	适合安装在管路下经常有移动物体的场所，尘埃较多的场所
	下垂型洒水喷头	适用于各种保护场所
	边墙型洒水喷头	安装空间狭窄、通道状建筑适用此种喷头
	吊顶型喷头	属装饰型喷头，可安装于旅馆、客厅、餐厅、办公室等建筑
	普通型洒水喷头	可直立、下垂安装，适用于有可燃吊顶的房间
	干式下垂型洒水喷头	专用于干式喷水灭火系统的下垂型喷头
开式喷头	开式洒水喷头	适用于雨淋喷水灭火和其他开式系统
	水幕喷头	凡需保护的门、窗、洞、檐口、舞台口等均应安装这类喷头
	喷雾喷头	用于保护石油化工装置、电力设备等
特殊喷头	自动启闭洒水喷头	这种喷头具有自动启闭功能，凡需降低水渍损失的场所均适用
	快速反应洒水喷头	这种喷头具有短时启动效果，凡要求启动时间短的场所均适用
	大水滴洒水喷头	适用于高架库房等火灾危险等级高的场所
	扩大覆盖面洒水喷头	喷水保护面积可达 30 ~ 36 m^2，可降低系统造价

表 4-17　几种类型喷头的技术性能参数

喷头类别	喷头公称口径（mm）	动作温度（℃）和颜色	
		玻璃球喷头	易熔元件喷头
闭式喷头	10、15、20	57—橙、68—红、79—黄、93—绿、141—蓝、182—紫红、227—黑、260—黑、343—黑	57 ~ 77—本色 80 ~ 107—白 121 ~ 149—蓝 163 ~ 191—红 204 ~ 246—绿 260 ~ 302—橙 320 ~ 343—黑
开式喷头	10、15、20	—	—
水幕喷头	6、8、10、12.7、16、19		

2. 报警阀

报警阀的作用是开启和关闭管网的水流，传递控制信号至控制系统并启动水力警铃直接报警。报警阀又分为湿式报警阀、干式报警阀、干湿式报警阀和雨淋阀四种类型，如图 4-16 所示。湿式报警阀用于湿式自动喷水灭火系统；干式报警阀用于干式自动喷水灭火系统；干湿式报警阀用于干、湿交替式喷水灭火系统，它由湿式报警阀与干式报警阀依次连接而成，在温暖季节用湿式装置，在寒冷季节则用干式装置；雨淋阀用于雨淋、预作用、水幕、水喷雾自动喷水灭火系统。

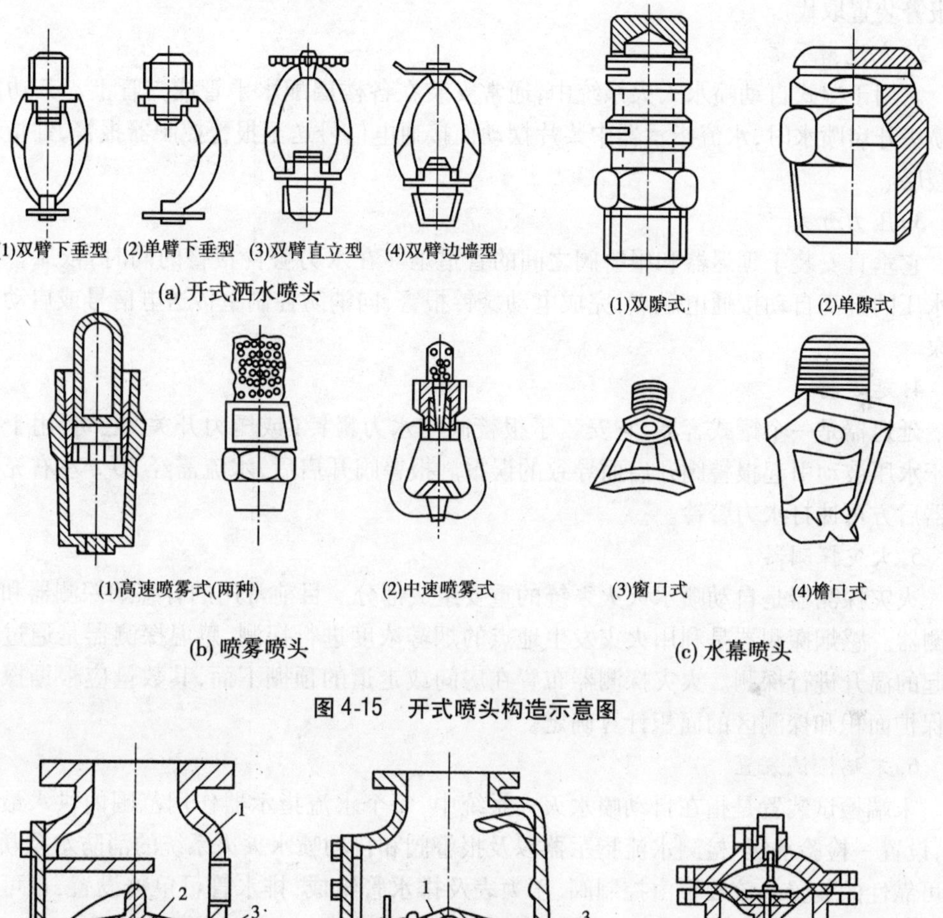

图 4-15　开式喷头构造示意图

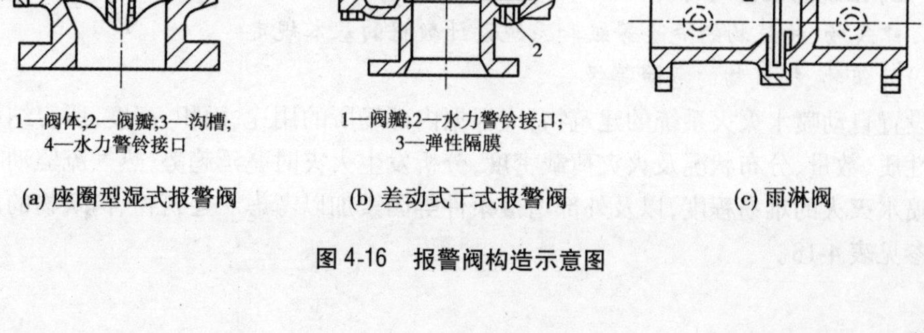

图 4-16　报警阀构造示意图

报警阀宜设在明显且便于操作的地点,距地面高度宜为1.2 m,报警阀下方地面应有排水措施。

3. 水流报警装置

水流报警装置主要有水力警铃、水流指示器和压力开关。

1)水力警铃

它主要用于湿式自动喷水灭火系统,宜装在报警阀附近(其连接管不宜超过6 m)。当报警阀打开消防水源后,具有一定压力的水流冲动叶轮打铃报警。水力警铃不得由电动报警装置取代。

2)水流指示器

它用于湿式自动喷水灭火系统中,通常安装在各楼层配水干管或支管上。其功能是当喷头开启喷水时,水流指示器中桨片摆动而接通电信号送至报警控制器报警,并指示火灾楼层。

3)压力开关

它垂直安装于延迟器和报警阀之间的管道上。在水力警铃报警的同时,依靠警铃管内水压的升高自动接通电触点,完成电动警铃报警,向消防控制室传送电信号或启动消防水泵。

4. 延迟器

延迟器是一个罐式容器,它安装于报警阀与水力警铃(或压力开关)之间,用于防止由于水压波动引起报警阀开启而导致的误报。报警阀开启后,水流需经30 s左右充满延迟器后方可冲打水力警铃。

5. 火灾探测器

火灾探测器是自动喷水灭火系统的重要组成部分。目前常用的有感烟探测器和感温探测器。感烟探测器是利用火灾发生地点的烟雾浓度进行探测,感温探测器是通过火灾引起的温升进行探测。火灾探测器布置在房间或走道的顶棚下面,其数量应根据探测器的保护面积和探测区的面积计算确定。

6. 末端检试装置

末端检试装置是指在自动喷水灭火系统中,每个水流指示器作用范围内供水最不利处,设置一检验水压、检测水流指示器以及报警阀和自动喷水灭火系统的消防水泵联动装置可靠性的装置。该装置由控制阀、压力表及排水管组成,排水管可单独设置,也可利用雨水管,但必须间接排除。

(三)系统的设计与计算

1. 建筑物、构筑物的危险等级和系统设计数据的基本规定

1)建筑物、构筑物的危险等级

设置自动喷水灭火系统的建筑物,应根据内部场所的用途、面积、高度、所容纳可燃物品的性质、数量、分布状况及火灾荷载密度,分析发生火灾时蔓延趋势,热气流驱动喷头开放和喷水灭火的难易程度,以及外部增援条件等因素加以考虑。建筑物、构筑物的危险等级可参见表4-18。

表 4-18　设置场所危险等级

危险等级		设置场所
轻危险级		旅馆、科研实验楼、办公楼、教学楼、医院、疗养院、博物馆、美术馆、健身场所、计算机房、洁净厂房、影剧院和音乐厅及礼堂(舞台除外)、住宅等
中危险级	Ⅰ级	高层民用建筑中的宾馆、办公楼、综合楼、邮政楼、金融电信楼、指挥调度楼、广播电视楼(塔),娱乐场所,木结构古建筑,国家文物保护单位,图书馆(书库除外),档案馆,展览馆(厅),建筑面积小于 10 000 m^2 的商场,小于 2 000 m^2 的地下商场和食品、家用电器、玻璃制品厂等备料与生产车间,室内净空不超过 4 m 的建筑
	Ⅱ级	舞台(葡萄架除外),书库、建筑面积 10 000 m^2 及以上的商场,2 000 m^2 及以上的地下商场,汽车库及修理厂,棉毛麻丝及化纤的纺织、织物及制品厂生产车间,谷物加工、烟草及制品、饮用酒(啤酒除外)、皮革及制品、造纸及纸制品、制药厂等的备料与生产车间,室内净空超过 4 m 的中Ⅰ级场所,钢屋架
严重危险级	Ⅰ级	棉毛麻丝及化纤厂备料车间,木材木器及胶合板厂、印刷厂、酒精制品厂等备料与生产车间,使用可燃液体的车间等
	Ⅱ级	固体易燃物品备料及生产车间,喷雾操作易燃液体的车间,可燃的气溶胶制品、溶剂、油漆、塑料及制品、橡胶及制品、沥青制品厂等的备料及生产车间,摄影棚,舞台葡萄架下部及易燃材料制作的景观展厅等
仓库(含货棚)	Ⅰ级	木箱、纸箱包装的不燃物品、一般化学物品等
	Ⅱ级	食品、烟酒、木材、纸、谷物及制品、棉毛麻丝化纤及制品、家用电器、电缆、钢塑混合材料制品、各种塑料瓶盒包装的不燃物品及各类物品混杂储存的仓库等
	Ⅲ级	塑料、橡胶及制品、沥青制品等

2)系统设计数据的基本规定

闭式自动喷水灭火系统的设计参数见表 4-19。雨淋系统的设计参数应按闭式自动喷水灭火系统中严重危险级的标准确定。水幕喷水灭火系统的设计参数与系统的作用有关,当水幕喷水灭火系统起隔断作用时,水量应不小于 0.5 L/(s·m);当水幕喷水灭火系统用于舞台或大于 3 m^2 的孔洞部位时,其水量应不小于 2 L/(s·m)。

2. 喷头布置与管网系统设计

1)喷头布置

(1)布置形式。喷头的布置形式应根据顶棚、吊顶的装饰要求布置成正方形、矩形、平行四边形三种形式,如图 4-17 所示。同一根配水支管上喷头的间距及相邻配水支管的间距应根据系统的喷水强度、喷头的流量系数、工作压力确定,并不应小于表 4-20 的规定。

(2)布置要求。

①标准喷头溅水板与顶板的距离,不应小于 75 mm 且不应大于 150 mm(吊顶型、吊顶下安装的喷头除外)。

表4-19　自动喷水灭火系统的设计基本参数

设置场所的危险等级		喷水强度（L/(min·m²)）	作用面积（m²）	持续喷水时间（min）	喷头工作压力（kPa）
轻危险等级		4	160	60	98
中危险级	Ⅰ级	6	160	60	98
	Ⅱ级	8	160	60	98
严重危险级	Ⅰ级	12	240	60	98
	Ⅱ级	16	240	60	98
仓库	Ⅰ级	10	200	60	98
	Ⅱ级	16	200	60	98
	Ⅲ级	20	240	60	98

注：最不利点喷头工作压力最小不应小于49 kPa。

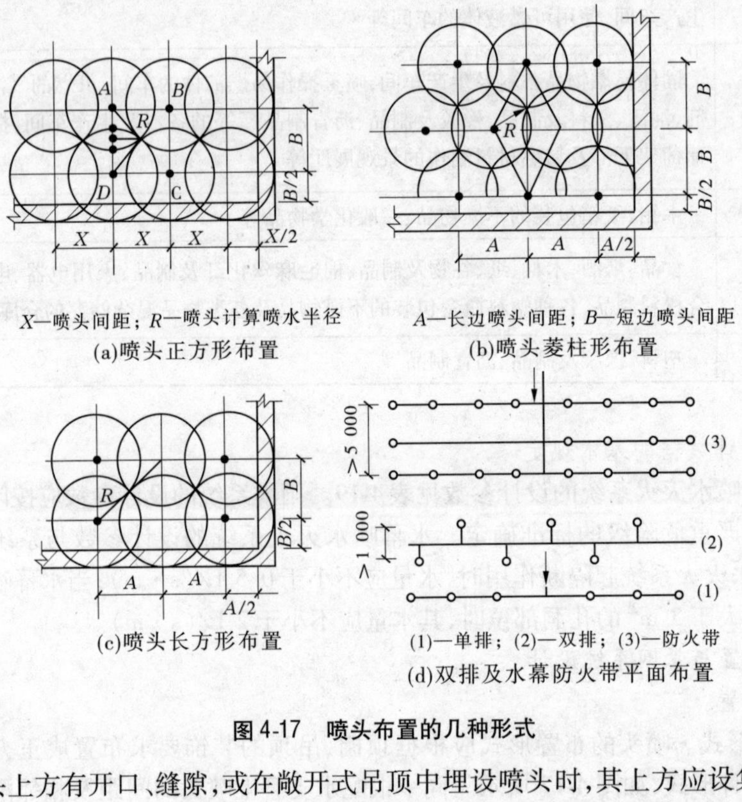

X—喷头间距；R—喷头计算喷水半径
(a)喷头正方形布置

A—长边喷头间距；B—短边喷头间距
(b)喷头菱柱形布置

(c)喷头长方形布置

(1)—单排；(2)—双排；(3)—防火带
(d)双排及水幕防火带平面布置

图4-17　喷头布置的几种形式

②喷头上方有开口、缝隙，或在敞开式吊顶中埋设喷头时，其上方应设集热板。集热板宜采用直径或边长不小于300 mm的金属板。

③设置自动喷水灭火系统的建筑，当吊顶上闷顶、技术夹层内的净空高度大于800 mm，内部有可燃物（进行防火处理并符合相关标准的除外）时，应在闷顶或技术夹层设置喷头。

④当建筑物局部设置自动喷水灭火系统时，连通不设喷头场所的门窗等开口的外侧，

应设保护连通开口的喷头。

表 4-20　同一根配水支管上喷头或相邻配水支管的最大间距

喷水强度（L/(min·m²)）	正方形布置的边长（m）	矩形或平行四边形布置的长边边长（m）	一个喷头的最大保护面积（m²）
4	4.45	4.6	20.0
6	3.65	4.0	13.3
8～12	3.4	3.6	11.5
16～20	3.2	3.4	10.0

注：保护防火卷帘、门窗等分隔物的闭式喷头，间距不得小于 2 m。

⑤当屋面板坡度大于 1∶3 且在距离屋脊处 75 cm 范围内无喷头时，应在屋脊处增设一排喷头。布置在有坡度的房顶下、吊顶下的喷头应垂直于斜面，其间距应按水平投影确定。

⑥防火分隔水幕的喷头布置，应保证水幕的宽度不小于 6 m。采用水幕喷头时，喷头不应少于 3 排；防护冷却水幕的喷头宜布置成单排。

⑦喷头溅水盘布置在梁侧附近时，喷头与梁边的距离，应按不影响喷洒面积的要求确定，如图 4-18 所示，并符合表 4-21 的规定。

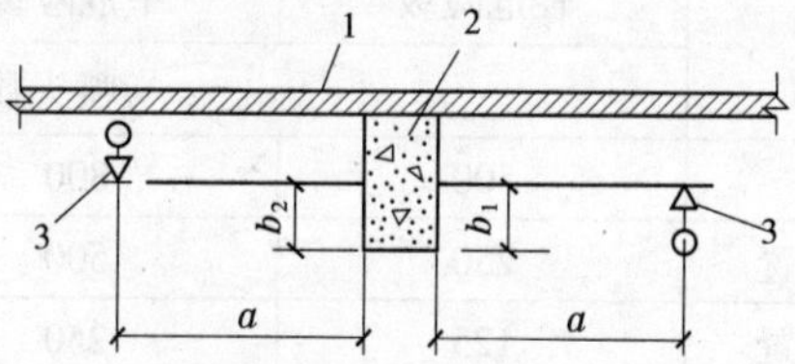

1—顶棚；2—梁；3—喷头

图 4-18　喷头与梁的距离

表 4-21　喷头与梁边的距离　（单位：cm）

喷头与梁边的距离 a	b_1（喷头向上安装）	b_2（喷头向下安装）	喷头与梁边的距离 a	b_1（喷头向上安装）	b_2（喷头向下安装）
20	1.7	4.0	120	13.5	46.0
40	3.4	10.0	140	20.0	46.0
60	5.1	20.0	160	26.5	46.0
80	6.8	30.0	180	34.0	46.0
100	9.0	41.5			

2）管网系统设计

自动喷水灭火系统的管网组成包括：管道系统、报警装置、减压节流装置和末端试验装置等。

自动喷水灭火管网的布置，应根据建筑平面的具体情况布置成侧边式和中央式两种形式，如图 4-19 所示。一般轻危险级和中危险级系统每根支管上设置的喷头不宜多于 8 个，严重危险级系统每根支管上设置的喷头不宜多于 6 个，以控制配水支管管径不要过大，支管不要过长，避免喷头出水量不均衡和系统中压力过高。由于管道锈蚀等因素引起过流面缩小，要求配水支管最小管径不小于 25 mm。一个报警阀所控制的喷头数不宜超过表 4-22 中规定的数量。

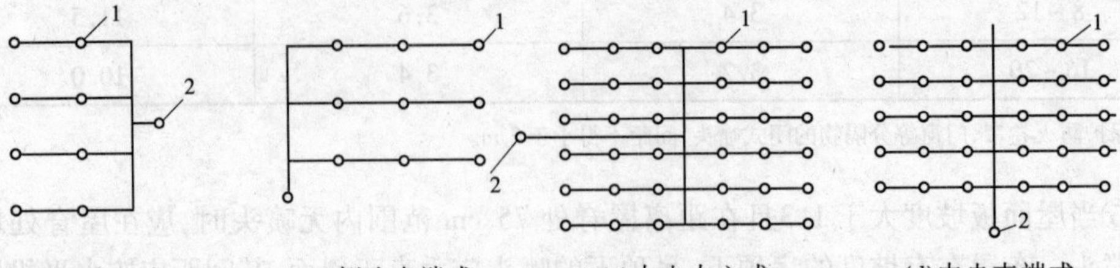

1—喷头；2—配水管

图 4-19　管网布置形式

表 4-22　一个报警阀控制的最多喷头数　（单位：个）

系统类型		危险级别		
		轻危险级	中危险级	严重危险级
		喷头数		
充水式喷水灭火系统		500	800	1 000
充气式喷水灭火系统	有排气装置	250	500	500
	无排气装置	125	250	—

系统中直径等于或大于 100 mm 的管道，应分段采用法兰或沟槽式连接件（卡箍）连接。水平管道上法兰间的管道长度不宜大于 20 m；立管上法兰间的距离，不应跨越 3 个及以上楼层。在净空高度大于 8 m 的场所内，立管上应有法兰。

配水管道的工作压力不应大于 1.20 MPa，并不应设置其他用水设施。

管道的直径应经水力计算确定。配水管道的布置，应使配水管入口的压力均衡。轻危险级、中危险级场所中各配水管入口的压力均不宜大于 0.40 MPa。

自动喷水灭火系统水压应按最不利点的工作压力确定，闭式自动喷水灭火系统最不利点喷头水压应为 0.098 MPa，最小不应小于 0.049 MPa。

干式系统的配水管道充水时间，不宜大于 1 min；预作用系统与雨淋系统的配水管道充水时间，不宜大于 2 min。

配水管两侧每根配水支管控制的标准喷头数，轻危险级、中危险级场所不应超过 8 个，同时在吊顶上下安装喷头的配水支管，上下侧均不应超过 8 个，严重危险级及仓库危险级场所均不应超过 6 个。轻危险级、中危险级场所中配水支管、配水管控制的标准喷头数，不应超过表 4-23 的规定。

配水支管相邻喷头间应设支、吊架，配水立管、配水干管与配水支管上应再附加防晃支架。

自动喷水灭火系统应设消防水泵接合器，一般不少于两个，每个按 10 ~ 15 L/s 计算。

分隔阀门应设在便于维修的地方，并应经常处于开启状态，一般用锁链锁住。分隔阀门最好采用明杆阀门。

表 4-23　轻危险级、中危险级场所中配水支管、配水管控制的标准喷头数

公称直径（mm）	控制的标准喷头数（个）		公称直径（mm）	控制的标准喷头数（个）	
	轻危险级	中危险级		轻危险级	中危险级
25	1	1	65	18	12
32	3	3	80	48	32
40	5	4	100	—	64
50	10	8			

水平安装的管道宜有坡度，并应坡向泄水阀。充水管道的坡度不宜小于 2‰，准备工作状态不充水的管道的坡度不宜小于 4‰，并在管网的末端设充水时用的排气装置。

3. 管网水力计算

自动喷水灭火系统管网水力计算的目的在于确定管网各管段管径，计算管网所需的供水压力，确定高位水箱的设置高度和选择消防泵。

系统的设计流量是管网水力计算的基本参数，是指最不利一组作用面积内的喷头的流量之和。

管段计算流量是具体确定一组作用面积内管网各管段的计算流量，进而确定管径的。

目前，我国关于自动喷水灭火系统管道水力计算的方法有作用面积法和特性系数法两种。

1）作用面积法

作用面积法是现行《自动喷水灭火系统设计规范》推荐的计算方法。具体的计算步骤如下：

（1）绘制自动喷水灭火平面布置图和系统图（首先选择管道和喷头的布置形式，其次结合表 4-20、表 4-21 在所有需要保护的面积范围内布置管网和喷头）。

（2）确定最不利作用面积（F）在管网中的位置时，应尽量设计成正方形或长方形。当采用长方形布置时，其长边应平行于配水支管，边长宜为 $1.2\sqrt{F}$。

（3）从系统设计最不利点开始，进行节点编号（节点包括作用面积内及其以后管段的喷头处、管道分支连接处及变径处）。

（4）在计算喷水量时，仅包括作用面积内的喷头。对于轻危险级和中危险级建筑物、构筑物的自动喷水灭火系统，计算时可假定作用面积内每个喷头的喷水量相等，均以最不利点喷头喷水量取值，且应保证作用面积内的平均喷水强度不小于表 4-19 中的规定。对

于严重危险级建筑物、构筑物的自动喷水灭火系统，在作用面积内每个喷头的喷水量应按喷头处的实际水压计算确定，以保证作用面积内任意 4 个喷头的实际保护面积内的平均喷水强度不小于表 4-19 中的规定。

(5) 自动喷水灭火系统设计秒流量宜按下式计算：

$$Q_s = (1.15 \sim 1.3) Q_l \tag{4-14}$$

式中 Q_s——系统设计秒流量，L/s；

Q_l——喷水强度与作用面积的乘积，即理论秒流量，L/s。

(6) 自动喷水灭火系统管道内的水流速度不宜超过 5 m/s，但配水支管内水流速度在个别情况下不应大于 10 m/s。可查水力计算表确定管径。

(7) 系统管道水头损失的计算。

(8) 建筑物内自动喷水灭火系统的减压。

(9) 供水管或消防泵所需压力的计算。

(10) 消防水池或高位水箱的设置。

对仅在过道内布置 1 排喷头的情形，其水力计算无须按作用面积法进行。无论此排管道上布置有多少个喷头，计算动作喷头数每层最多按 5 个计算。

对于雨淋喷水灭火系统和水幕系统，其喷水量应按每个设计喷水区内的全部喷头同时开启喷水计算。

2) 特性系数法

特性系数法是从系统设计最不利点喷头开始，沿程计算各喷头的压力、喷水量和管段的累计流量、水头损失，直至某管段累计流量达到设计流量。此后的管段流量不再累计，仅计算水头损失。具体的计算步骤如下：

(1) 绘制自动喷水灭火平面布置图和系统图（首先选择管道和喷头的布置形式，其次结合表 4-20、表 4-21 在所有需要保护的面积范围内布置管网和喷头）。

(2) 从系统设计最不利点开始，进行节点编号（节点是指喷头处、管道分支连接处及变径处）。

(3) 按特性系数法进行水力计算，从最不利点开始累计流量，增加到设计秒流量为止，以后管段中流量不再增加，仅计算水头损失。

喷头的出流量和管段的水头损失应按下式计算：

$$q = K\sqrt{H} \tag{4-15}$$

$$h = 10ALQ^2 \tag{4-16}$$

式中 q——喷头处节点流量，L/s；

K——喷头流量系数，玻璃球喷头 $K = 0.133$ 或水压 H 用 mH_2O 时 $K = 0.42$；

H——喷头处水压，kPa；

h——计算管段沿程水头损失，kPa；

A——比阻值，s^2/m^2；

L——计算管段长度，m；

Q——管段中流量，L/s。

选定管网中最不利计算管路后，管段的流量可按下列方法计算：

图 4-20 为某系统计算管路中最不利喷水工作区的管段，设喷头 1、2、3、4 为Ⅰ管段，喷头 a、b、c、d 为Ⅱ管段，管段Ⅰ的水力计算结果列于表 4-24 中。

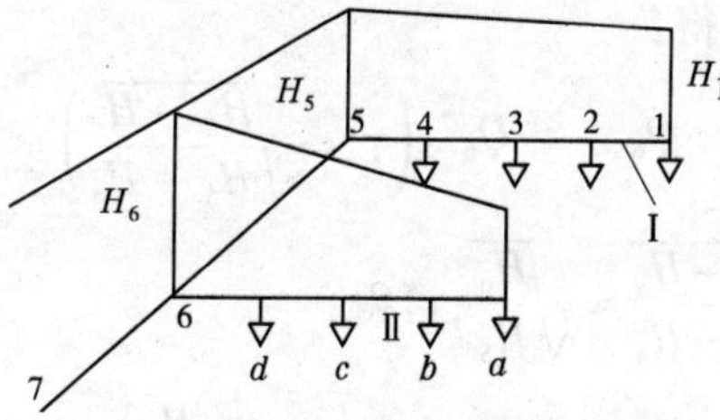

图 4-20　喷水灭火管网计算用图

表 4-24　管段Ⅰ的水力计算结果

节点编号	管段编号	喷头流量系数	喷头处水压(kPa)	喷头出流量(L/s)	管段流量(L/s)
1		K	H_1	$q_1 = K\sqrt{H_1}$	
	1—2				q_1
2		K	$H_2 = H_1 + h_{1-2}$	$q_2 = K\sqrt{H_2}$	
	2—3				$q_1 + q_2$
3		K	$H_3 = H_2 + h_{2-3}$	$q_3 = K\sqrt{H_3}$	
	3—4				$q_1 + q_2 + q_3$
4		K	$H_4 = H_3 + h_{3-4}$	$q_4 = K\sqrt{H_4}$	
	4—5				$q_1 + q_2 + q_3 + q_4$

Ⅰ管段在节点 5 只有转输流量，无支出流量，则

$$Q_{6-5} = Q_{5-4} \tag{1}$$

$$\Delta H_{5-4} = H_5 - H_4 = A_{5-4}L_{5-4}Q_{5-4}^2 \tag{2}$$

与Ⅰ管段计算方法相同，Ⅱ管段可得：

$$\Delta H_{6-d} = H_6 - H_d = A_{6-d}L_{6-d}Q_{6-d}^2 \tag{3}$$

式(2)与式(3)相除(设Ⅰ、Ⅱ管段布置条件相同)，可得：

$$Q_{6-d} = Q_{5-4}\sqrt{\frac{\Delta H_{6-d}}{\Delta H_{5-4}}} \tag{4}$$

管段 6—7 的转输流量为

$$Q_{6-7} = Q_{6-d} + Q_{5-4} \tag{5}$$

将式(4)代入式(5)得：

$$Q_{6-7} = Q_{5-4}\left(1 + \sqrt{\frac{\Delta H_{6-d}}{\Delta H_{5-4}}}\right) \tag{6}$$

将式(1)代入式(6)得：

$$Q_{6-7}=Q_{6-5}\left(1+\sqrt{\frac{\Delta H_{6-d}}{\Delta H_{5-4}}}\right) \tag{7}$$

将式(2)和式(3)代入,得:

$$Q_{6-7}=Q_{6-5}\left(1+\sqrt{\frac{H_6-H_d}{H_5-H_4}}\right) \tag{8}$$

为简化计算,认为$\sqrt{\frac{H_6-H_d}{H_5-H_4}}\approx\sqrt{\frac{H_6}{H_5}}$,可得:

$$Q_{6-7}=Q_{6-5}\left(1+\sqrt{\frac{H_6}{H_5}}\right) \tag{9}$$

式中 Q_{6-7}——管段6—7中转输流量,L/s;

Q_{6-5}——管段6—5中转输流量,L/s;

H_6——节点6的水压,kPa;

H_5——节点5的水压,kPa;

$\sqrt{\frac{H_6}{H_5}}$——调整系数。

按上述方法简化计算各管段流量值,直至系统所要求的消防水量。

这种计算方法偏于安全,在系统中除最不利点喷头外的任何喷头的喷水量和任意4个相邻喷头的平均喷水量均高于设计要求。该方法适用于严重危险级建筑物、构筑物的自动喷水灭火系统以及雨淋、水幕系统。

自动喷水灭火系统管道的沿程水头损失可按式(4-16)计算,也可由钢管水力计算表直接查出 i 值计算。管道的局部水头损失可按其沿程水头损失的20%采用。

自动喷水灭火系统分支管路多,同时作用的喷头数也较多且喷头出流量各不相同,因而管道水力计算烦琐。在进行初步设计时可参考表4-25估算。

表4-25 配水管允许安装的喷头数

管径(mm)	危险等级		
	轻危险级	中危险级	严重危险级
	允许安装喷头数(个)		
*DN*25	2	1	1
*DN*32	3	3	3
*DN*40	5	4	4
*DN*50	10	10	8
*DN*70	18	16	12
*DN*80	48	32	20
*DN*100	按水力计算	60	40
*DN*150	按水力计算	按水力计算	>40

自动喷水灭火系统所需的水压按下式计算：

$$H = Z + h_0 + \sum h + h_r \tag{4-17}$$

式中 H——系统所需的水压（或消防水泵的扬程），kPa；

Z——最不利点处喷头与给水管或消防水泵的中心之间的静水压力，kPa；

$\sum h$——计算管路沿程水头损失与局部水头损失之和，kPa；

h_0——最不利喷头的工作压力，kPa；

h_r——报警阀的局部水头损失，kPa。

（四）自动喷水灭火系统的减压

该种系统中，存在着高低层管道中水压不平衡的现象。同一层中，当保护面积较大时，由于是按最不利工作面积计算的，则系统中大量的有利工作面积内喷头的需求水压比管网实际水压小，所以对通向有利工作面积的配水管或配水干管应予以减压。常用的减压措施有设置减压阀、减压孔板、节流管等。

1. 减压孔板减压

选用减压孔板减压应符合下列规定：

（1）应设置在直径不小于 50 mm 的水平管段上，前后管段的长度均不宜小于该管段直径的 5 倍。

（2）孔口直径不应小于设置管段直径的 30%，且不应小于 20 mm。

（3）应采用不锈钢板制作（见图 4-21）。

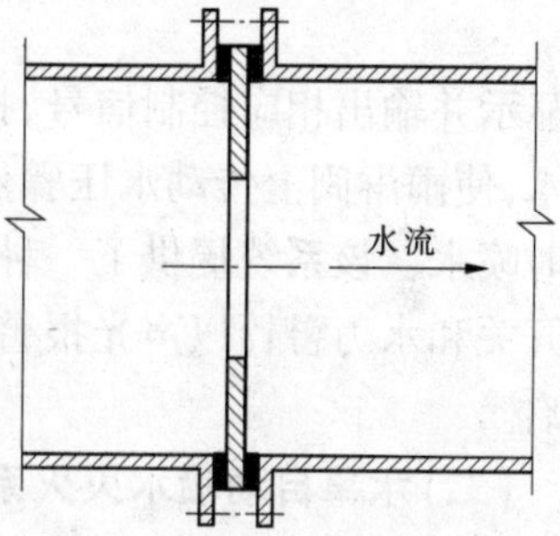

图 4-21 减压孔板结构示意图

2. 节流管减压

选用节流管减压时，节流管直径宜按上游管段直径的 1/2 确定，长度不宜小于 3 m，节流管内的平均流速不应大于 20 m/s。

二、开式自动喷水灭火系统

开式自动喷水灭火系统是指在自动喷水灭火系统中采用开式喷头，平时系统为敞开状态，报警阀处于关闭状态，管网中无水，火灾发生时报警阀开启，管网充水，喷头喷水灭火。

开式自动喷水灭火系统分为三种形式，即雨淋自动喷水灭火系统、水幕自动喷水灭火系统、水喷雾自动喷水灭火系统。

开式自动喷水灭火系统由开式喷头、管道系统、雨淋阀、火灾探测器、报警控制装置、控制组件和供水设备等组成。

（一）雨淋自动喷水灭火系统

雨淋自动喷水灭火系统为喷头常开的灭火系统，当建筑物发生火灾时，由自动控制装置打开集中控制阀门，使整个保护区域内的所有喷头喷水灭火，如图 4-22 所示。该系统具有出水量大、灭火及时的优点，适用于火灾蔓延快、危险性大的建筑或部位。

平时雨淋阀后的管网无水，雨淋阀由于传动系统中的水压作用而紧紧关闭着。火灾发生时，火灾探测器感受到火灾因素，便立即向控制器送出火灾信号，控制器将信号作声

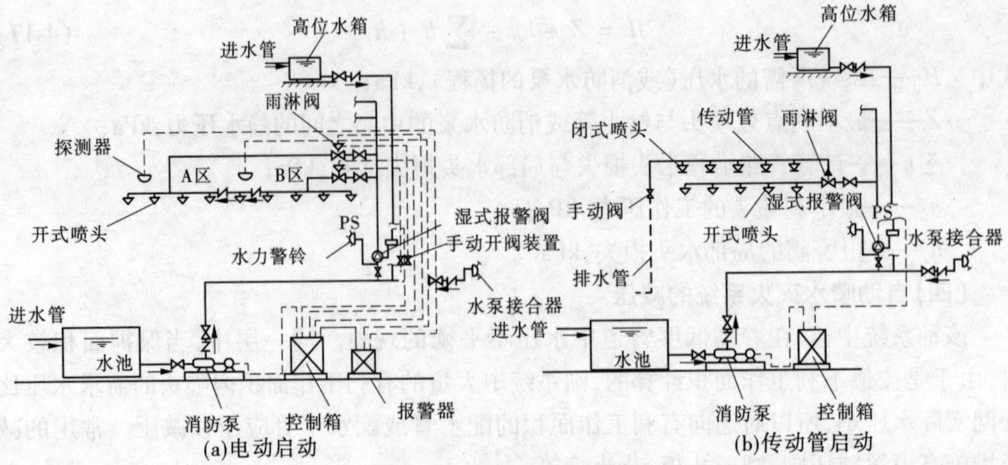

图 4-22　雨淋自动喷水灭火系统

光显示并输出相应控制信号,打开传动管网上的传动阀门,自动地释放掉传动管网中的有压水,使雨淋阀上传动水压骤然降低,雨淋阀启动,消防水便立即充满管网经过开式喷头同时喷水。该系统提供了一种整体保护作用,实现对保护区的整体灭火或控火。同时,压力开关和水力警铃以声光报警,作反馈指示,消防人员在控制中心便可确认系统是否及时开启。

(二)水幕自动喷水灭火系统

该系统的工作原理与雨淋系统不同的是:雨淋系统中使用开式喷头,将水喷洒成锥体状扩散射流,而水幕系统中使用开式水幕喷头,将水喷洒成水帘幕状,如图 4-23 所示。因此,它不能直接用来扑灭火灾,而是与防火卷帘、防火幕配合使用,对它们进行冷却和提高它们的耐火性能,阻止火势扩大和蔓延。它也可单独使用,用来保护建筑物的门、窗、洞口或在大空间造成防火水帘起防火分隔作用。

(三)水喷雾自动喷水灭火系统

水喷雾自动喷水灭火系统用喷雾喷头把水粉碎成细小的水雾滴之后喷射到正在燃烧的物质表面,通过表面冷却、窒息以及乳化的同时作用实现灭火。由于水喷雾灭火系统具有多种灭火机制,其具有适用范围广的优点,不仅可以提高扑灭固体火灾的灭火效率,同时由于水雾具有不会造成液体火飞溅、电气绝缘性好的特点,在扑灭可燃液体火灾、电气火灾中均得到了广泛的应用,如飞机发动机实验台、各类电气设备、石油加工场所等。如图 4-24 所示为变压器水喷雾灭火系统布置示意图。

三、其他固定灭火设施

因建筑使用功能不同,其内的可燃物性质各异,仅使用水作为消防手段不能达到扑救火灾的目的,甚至还会带来更大的损失。因此,应根据可燃物的物理性质和化学性质,采用不同的灭火方法和手段,才能达到预期的目的。下面将对几种固定灭火系统作简单介绍。

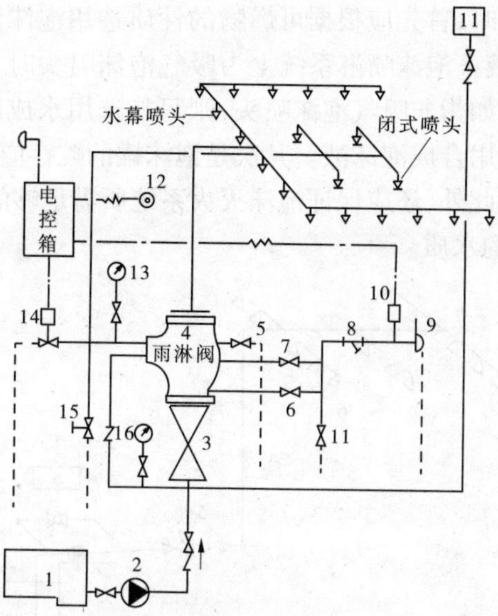

1—水池;2—水泵;3—供水闸阀;4—雨淋阀;5—放水阀;6—警铃阀;
7—警铃管阀;8—滤网;9—警铃;10—压力开关;11—水箱;12—按钮;
13—压力计;14—电磁阀;15—手动快开阀;16—止回阀

图 4-23　水幕系统示意图

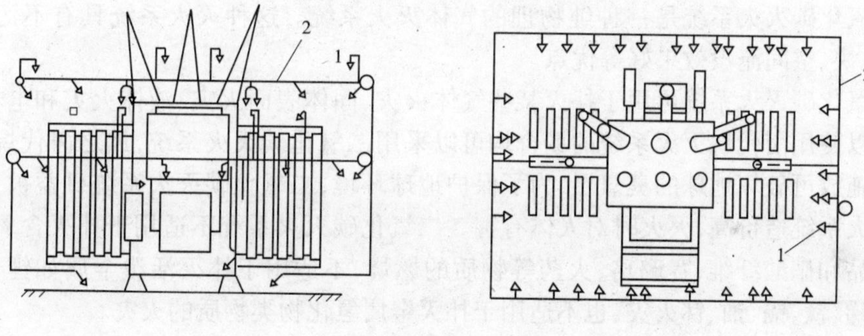

1—水喷雾喷头;2—管路

图 4-24　变压器水喷雾灭火系统布置示意图

(一)泡沫灭火系统

泡沫灭火系统的工作原理是应用泡沫灭火剂,使其与水混溶后产生一种漂浮物,黏附在可燃、易燃液体或固体表面,或者充满某一着火场所的空间,起到隔绝、冷却作用,使火焰熄灭。泡沫灭火剂按其成分可分为化学泡沫灭火剂、蛋白质泡沫灭火剂、合成型泡沫灭火剂三种类型。

泡沫灭火系统广泛应用于油田、炼油厂、油库、发电厂、汽车库、飞机库、矿井坑道等场所。泡沫灭火系统按其使用方式可分为固定式(见图 4-25)、半固定式和移动式三种,按泡沫喷射方式又可分为液上喷射、液下喷射和喷淋三种,按泡沫发泡倍数还可分为低倍、中倍和高倍三种。

选用泡沫灭火系统时，首先应根据可燃物的性质选用泡沫液。对某些水溶性液体贮罐，应选用抗溶性泡沫液。泡沫喷淋系统上为吸气泡沫喷头时，应用蛋白泡沫或氟蛋白、水成膜、抗溶性泡沫液，如为非吸气泡沫喷头，则只能选用水成膜泡沫液。对于中倍及高倍泡沫灭火系统则应选用合成泡沫液。其次是泡沫罐的贮存应置于通风、干燥场所，温度应在 0 ~ 40 ℃范围内。此外，还应保证泡沫灭火系统所需足够的消防用水量、一定的水温（T = 4 ~ 35 ℃）和必需的水质。

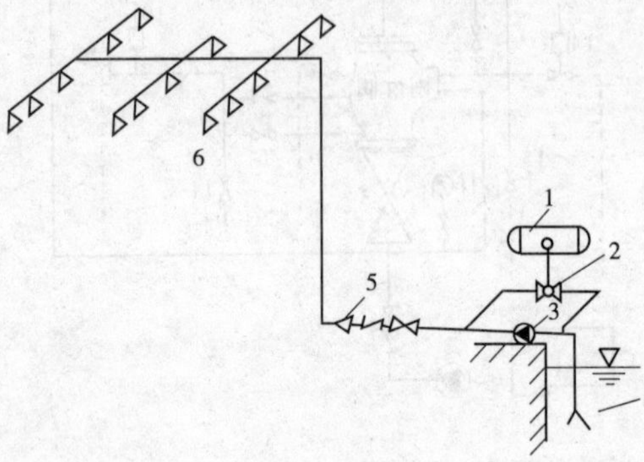

1—泡沫液贮罐；2—比例混合器；3—消防泵；4—水池；5—泡沫产生器；6—喷头

图 4-25　固定式泡沫喷淋灭火系统

（二）二氧化碳灭火系统

二氧化碳灭火系统是一种纯物理的气体灭火系统。这种灭火系统具有不污损保护物、灭火快、空间淹没效果好等优点。

二氧化碳灭火系统可用于扑灭某些气体火灾、固体表面火灾、液体火灾和电器火灾。一般可以使用卤代烷灭火系统的场合均可以采用二氧化碳灭火系统，加之卤代烷灭火剂因氟氯施放可破坏地球的臭氧层，为了保护地球环境，二氧化碳灭火系统日益被重视，但这种灭火系统造价高，灭火时对人体有害。二氧化碳灭火系统不适用于扑灭含氧化剂的化学制品和硝酸纤维、赛璐珞、火药等物质的燃烧，不适用于扑灭活泼金属如锂、钠、钾、镁、铝、锑、钛、镉、铀、钚火灾，也不适用于扑灭金属氢化物类物质的火灾。

二氧化碳灭火剂是液化气体型，以液相二氧化碳贮存于高压（$P \geqslant 6$ MPa）容器内。当二氧化碳以气体喷向某些燃烧物时，可产生使燃烧物窒息和冷却的作用。

图 4-26 为二氧化碳灭火系统组成部件图。二氧化碳灭火系统一般由以下几部分组成：贮存装置（一般由贮存容器、容器阀、单向阀和集流管以及称重检漏装置等组成）、管道及其附件、二氧化碳喷头及选择阀。

二氧化碳灭火系统按灭火方式有全淹没系统、局部应用系统、半固定系统和移动系统。全淹没系统应用于扑救封闭空间内的火灾；局部应用系统适用于经常有人的较大防护区内，扑救个别易燃设备或室外设备火灾；半固定系统常用于增援固定二氧化碳灭火系统。

（三）干粉灭火系统

以干粉作为灭火剂的灭火系统称为干粉灭火系统。如图 4-27 所示，干粉灭火剂是一种干燥的、易于流动的细微粉末，平时贮存于干粉灭火器或干粉灭火设备中，灭火时靠加压气体(二氧化碳或氮气)的压力将干粉从喷嘴射出,形成一股夹带着加压气体的雾状粉流射向燃烧物。

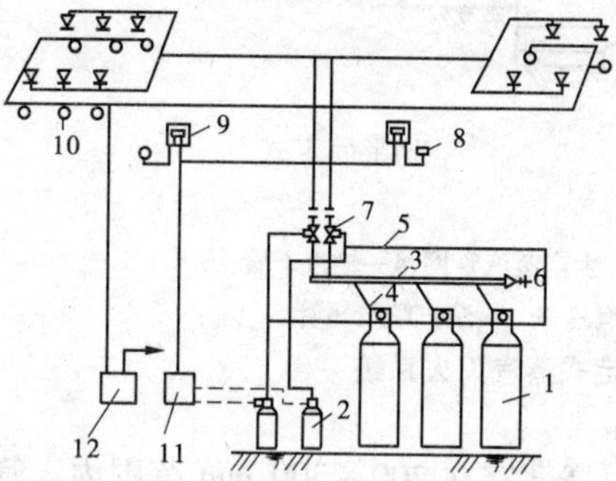

1—二氧化碳贮存容器;2—启动用气容器;
3—总管;4—连接管;5—操作管;6—安全阀;
7—选择阀;8—报警器;9—手动启动装置;
10—探测器;11—控制盘;12—检测盘

图 4-26　二氧化碳灭火系统的组成

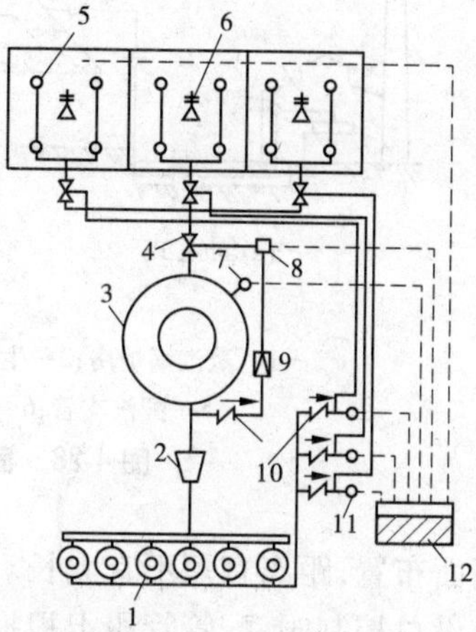

1—氮气瓶和集气管;2—压力控制器;3—干粉贮罐;
4—球阀;5—喷嘴;6—火灾探测器;7—压力传感器;
8—电磁阀;9—减压阀;10—单向阀;
11—启动电瓶;12—消防控制中心

图 4-27　干粉灭火系统的组成

干粉灭火剂主要是对燃烧物质起到化学抑制和烧爆作用,使燃烧物熄灭。干粉灭火剂又分普通型干粉(BC 型)、多用途干粉(ABC 类)和金属专用灭火剂(D 类火灾专用干粉)。灭火剂的选择应根据燃烧物的性质确定。干粉灭火具有历时短、效率高、绝缘好、灭火后损失小、不怕冻、不用水、可长期贮存等优点。

干粉灭火系统按其安装方式可分为固定式、半固定式,按其控制启动方法又可分为自动控制、手动控制,按其喷射干粉方式还可分为全淹没和局部应用系统。

设置干粉灭火系统,其干粉灭火剂的贮存装置应靠近其保护区,但不能对干粉贮存器有形成着火的危险,干粉还应避免潮湿和高温。

(四)蒸汽灭火系统

蒸汽灭火系统的工作原理是在火场燃烧区内,向其施放一定量的蒸汽时,可产生阻止空气进入燃烧区效应而使燃烧窒息。这种灭火系统只有在经常具备充足蒸汽源的条件下才能设置。蒸汽灭火系统适用于石油化工、炼油、火力发电等厂房,也适用于燃油锅炉房、重油油品等库房或扑灭高温设备。蒸汽灭火系统具有设备简单、造价低、淹没性好等优点,但不适用于体积大、面积大的火灾区,不适用于扑灭电器设备、贵重仪表、文物档案等火灾。蒸汽灭火系统的组成如图 4-28 所示。

蒸汽灭火系统也有固定式和半固定式两种类型。固定式蒸汽灭火系统为全淹没式灭火系统,保护空间的容积≤500 m^3。半固定式蒸汽灭火系统多用于扑救局部火灾。

蒸汽灭火系统宜采用高压饱和蒸汽($P \leq 0.49 \times 10^6$ Pa),不宜采用过热蒸汽。汽源与被保护区距离一般以不大于 60 m 为宜,蒸汽喷射时间≤3 min。配气管可沿保护区一侧

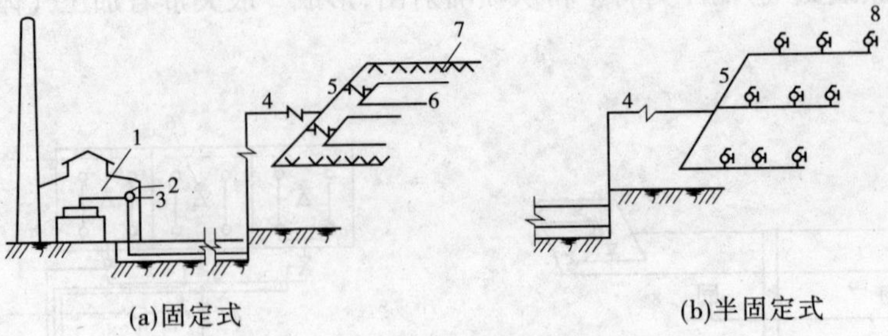

1—蒸汽锅炉房;2—生活蒸汽管网;3—生产蒸汽管网;4—输汽干管;
5—配汽支管;6—配汽管;7—蒸汽幕;8—接蒸汽喷枪短管

图 4-28　固定式和半固定式蒸汽灭火系统

四周墙面布置,距离宜短不宜太长。管线距地面高度宜在 200 ~ 300 mm 范围内。管线干管上应设总控制阀,配管管段上根据情况可设置选择阀,接口短管上应设短管手阀。

除以上介绍的消防系统外,还有卤代烷灭火系统、烟雾灭火系统和氮气灭火系统等。

复习思考题与习题

1. 简述各种灭火剂的灭火原理。
2. 室内消火栓给水系统的主要给水方式有哪些？各种给水方式适用什么条件？
3. 如何设置室内消火栓？消火栓的布置间距如何确定？
4. 何谓消火栓水枪的充实水柱？如何确定充实水柱的长度？
5. 简述室内消火栓给水管网水力计算的方法和步骤。
6. 各种自动喷水灭火系统的适用环境是什么？
7. 自动喷水灭火系统的主要组件有哪些？各自的作用是什么？
8. 简述各种喷头的布置场所、形式及要求。
9. 自动喷水灭火系统的管道布置有何要求？
10. 简述自动喷水灭火系统水力计算的方法和步骤。
11. 室外消防给水系统有何作用？
12. 室外消防给水系统按水压可分为哪几类？
13. 闭式喷头的公称动作温度如何确定？
14. 如何用作用面积法计算消防系统的流量？

第五章　建筑排水

【学习目标】

掌握常用的排水管材与附件、卫生器具的作用和布置要求、排水管道的敷设以及排水管道系统的水力计算的方法和步骤；理解排水系统的分类和作用、排水管道的布置原则、排水通气管系统的形式和作用；了解特殊单立管排水系统的作用和应用，降温池、隔油池等局部处理构筑物的功能与应用。

第一节　建筑排水系统的分类与组成

建筑排水系统是建筑给水排水工程的主要组成部分之一。建筑排水系统的任务是将建筑内的卫生器具或生产设备收集的生活污水、工业废水和屋面的雨雪水，有组织地、及时地、迅速地排至室外排水管网、室外污水处理构筑物或水体。

一、建筑排水系统的分类

根据所排除污水的性质，建筑内部排水系统可分为三类。

（一）生活污水排水系统

生活污水排水系统是指排除人们日常生活过程中产生的污废水的管道系统，包括粪便污水排水管道及生活废水排水管道。

（1）粪便污水排水管道：排除从大小便器（槽）及用途与此相似的卫生设备排出的污水，其中含有粪便、便纸等较多的固体物质，污染严重。

（2）生活废水排水管道：排除从洗脸盆、浴盆、洗涤盆、淋浴器、洗衣机等卫生设施排出的废水，其中含有一些洗涤下来的细小悬浮杂质，比粪便污水干净一些。

（二）工业废水排水系统

该系统是排除生产过程中产生的污废水的管道系统，包括生产废水排水管道及生产污水排水管道。

（1）生产废水排水管道：排除使用后未受污染或轻微污染以及水温稍有升高，经过简单处理即可循环或重复使用的工业废水，如冷却废水、洗涤废水等。

（2）生产污水排水管道：排除在生产过程中受到各种较严重污染的工业废水，如酸、碱废水，含酚、含氰废水等，也包括水温过高，排放后造成热污染的工业废水。

（三）屋面雨水排水系统

该系统是排除降落在屋面的雨水、冰雪融化水的管道系统。

二、建筑排水体制的选择

与城市排水管网相同，建筑物内部的各种污水、废水如果分别设置管道排出建筑物外，称为建筑分流制排水；如果将其中两类或者三类污水、废水用同一条管道排出，则称建筑合流制排水。建筑内部排水分流或合流体制的选择，应根据污水性质、污染程度，结合建筑物外部的排水体制，综合考虑经济技术情况、中水系统的开发、污水的处理要求、有利于综合利用等方面的因素确定。

(一)采用分流制排水的原则

在下列情况下，建筑内应采用分流制排水，在建筑物内设置单独管道将污废水排出。

(1)生活污水需经化粪池处理后才能排入市政排水管道。

(2)生活废水需回收利用。

(3)建筑物的使用性质对室内卫生标准要求较高。

下列情况下，建筑排水应单独排至水处理构筑物或回收构筑物。

(1)含有大量油脂的餐饮业和厨房洗涤水。

(2)含有大量致病菌或含有放射性元素超过排放标准规定浓度的医院污水。

(3)含有大量机油类的汽车修理间排出废水。

(4)水温度超过 40 ℃的锅炉、水加热器等设备排水。

(5)用作中水水源的生活排水。

(二)采用合流制排水的原则

(1)城镇有污水处理厂时，生活废水不考虑回用，生活污水和生活废水宜采用统一管道排出。

(2)工业建筑中生产废水与生活污水性质相似时。

建筑雨水管道一般单独设置，在水源紧缺地区，可设置雨水贮存池。

三、建筑排水系统的组成

建筑排水系统的任务是安全、迅速地将污废水排除到室外，并能维持系统气压稳定，同时将管道系统内有毒有害气体排到一定空间以防止对室内环境产生一定的污染。

建筑内部排水系统一般由卫生器具或生产设备受水器、排水管系、通气管系、清通设备、污水抽升设备、室外排水管道及污水局部处理设备等部分组成(如图 5-1 所示)。

(一)卫生器具或生产设备受水器

卫生器具是建筑内部排水系统的起点，接纳各种污废水后经过存水弯和器具排出管流进排水横支管。建筑内的卫生器具应具备内表面光滑、不渗水、耐腐蚀、耐冷热、耐磨损、便于清洁、有一定强度等特性。

(二)排水管系

排水管系由器具排水管(连接卫生器具和横支管之间的一段短管，除坐式大便器外，其间包括存水弯)及有一定坡度的横支管、立管、敷设在地下的总干管和排出到室外的排出管等组成。其作用是将污废水迅速安全地排出到室外。

(三)通气管系

建筑内的污水、废水一般是以重力流的方式排至室外的。为了保证排水管系有良好的工作状态，排水管系应和大气相通，以维持管系内气压恒定，实现重力流状态。通气管

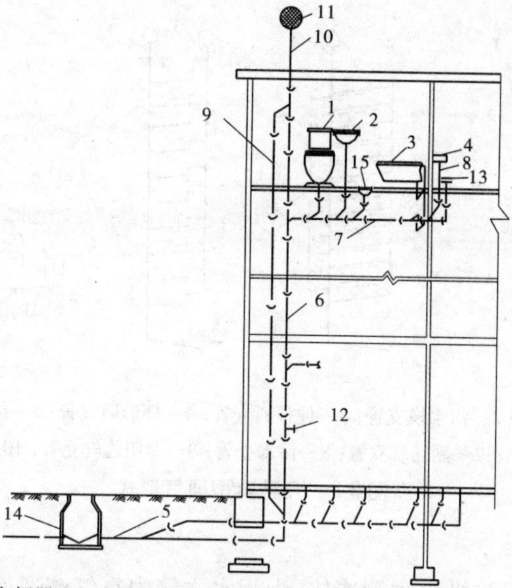

1—大便器;2—洗脸盆;3—浴盆;4—洗涤盆;5—排出管;6—立管;
7—横支管;8—支管;9—通气立管;10—伸顶通气管;11—网罩;
12—检查口;13—清扫口;14—检查井;15—地漏

图 5-1 建筑内部排水系统的组成

系是与排水管系相连通的一个系统,但是其内只通气、不通水,主要功能为加强排水管系内部气流循环流动,控制排水管系内压力的变化。

1. 通气管系的作用

(1)向排水补充空气,减少气压波动,保护水封。

(2)排出有毒有害气体,满足室内卫生条件。

(3)管道内经常有新鲜空气流通,可减轻管道内废气对管道的腐蚀,延长管道使用寿命。

2. 通气管系的类型

根据建筑物层数、卫生器具数量、卫生标准等情况的不同,通气管系可分为如下几种类型(如图 5-2 所示)。

1)伸顶通气管

对于建筑层数不高、卫生器具不多的建筑物,一般将排水立管上端延伸出屋面,用来通气及排除排水管系内的臭气。污水立管顶端延伸出屋面的管段(自立管最高层检查口向上算起)称为伸顶通气管,为排水管系最简单、最基本的通气方式。

伸顶通气管应高出屋面 0.30 m 以上,并应大于当地最大积雪厚度。对于平屋顶,若经常有人逗留活动,则通气管应高出屋面 2 m。在通气管出口 4 m 以内有门、窗时,通气管应高出门、窗顶 0.60 m 或引向无门、窗的一侧。通气管出口不宜设在建筑物的屋檐檐口、阳台、雨篷等部位的下面,以免影响周围空气的卫生条件。为防止雨雪或脏物落入排水立管,通气管顶端应装网形或伞形通气帽(寒冷地区应采用伞形通气帽),通气管穿越屋顶处应有防漏措施。

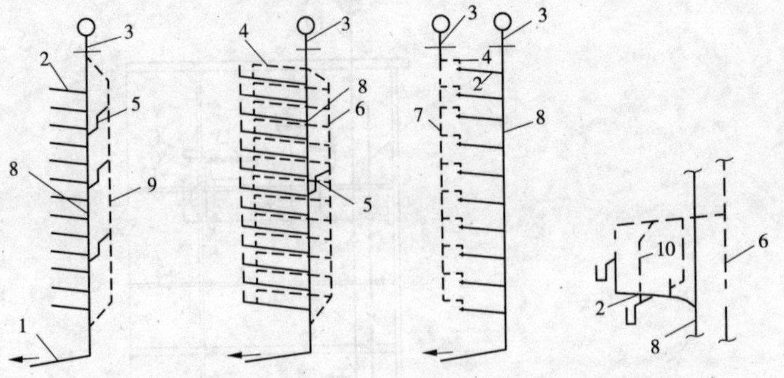

1—排出管；2—污水横支管；3—伸顶通气管；4—环形通气管；5—结合通气管；
6—主通气立管；7—副通气立管；8—污水立管；9—专用通气立管；10—器具通气管

图5-2　几种典型通气形式

2）专用通气立管

专用通气立管指仅与排水主管连接，为污水主管内空气流通而设置的垂直通气管道。它适用于立管总负荷超过允许排水负荷时，起平衡立管内正负压的作用。实践证明，这种做法对于高层民用建筑的排水支管承接少量卫生器具时，能起保护水封的作用，采用专用通气立管后，污水立管排水能力可增加一倍。专用通气立管应每隔二层设结合通气管与排水立管连接，其上端可在最高层卫生器具上边缘或检查口以上与污水立管通气部分以斜三通连接，下端应在最低污水横支管以下与污水立管以斜三通连接。

3）主通气立管

主通气立管指为连接环形通气管和排水立管，并为排水支管和排水主管内空气流通而设置的垂直管道。当主通气管通过环形通气管，每层都已和污水横管相连时，就不必按专用通气立管和污水立管的连接要求，而可以每隔8~10层设结合通气管与污水立管相连。

4）副通气立管

副通气立管指仅与环形通气管连接，为使排水横支管内空气流通而设置的通气管道。其作用同专用通气立管，设在污水立管对侧。

5）器具通气管

器具通气管是指一端与卫生器具存水弯出口相连，另一端在卫生器具顶缘以上至通气立管的那一段通气管，可以防止卫生器具产生自虹吸现象和噪声。器具通气管适用于对卫生标准和控制噪声要求较高的排水系统，如高级宾馆等建筑。具体做法是，在卫生器具存水弯出口端，按不小于0.01的坡度向上与通气立管相连，器具通气管应在卫生器具上边缘以上不小于0.15 m处和主通气立管连接。

6）环形通气管

环形通气管是指在多个卫生器具的排水横支管上，从最始端卫生器具的下游端接至通气立管的那一段通气管段。它适用于横支管上所负担的卫生器具数量超过允许负荷的情况。公共建筑中的集中卫生间或盥洗间，其污水支管上的卫生器具往往在4个或4个以上，且污水管长度与主管的距离大于12 m，或同一污水支管所连接的大便器在6个或6

个以上。

该管应在卫生器具上边缘以上不小于0.15 m处，按不小于0.01的上升坡度与主通气立管相连。

7）结合通气管

结合通气管是指排水立管与通气立管的连接管段，又称共轭管。其作用是当上部横支管排水，水流沿立管向下流动时，水流前方空气被压缩，通过它释放被压缩的空气至通气立管。结合通气管下端宜在排水横支管以下与排水立管以斜三通连接，上端可在卫生器具上边缘以上不小于0.15 m处与主通气立管以斜三通连接。10层以上的建筑，应在自顶层以下每隔6～8层处设置结合通气管，连接排水立管与通气立管，加强通气能力。

通气立管不能接纳雨水和生产废水，所用管材和本系统的排水管材相同。

3. 通气管的管径

通气管的管径应根据排水管的排水能力、管道长度确定，一般不小于排水管管径的1/2，其最小管径可按表5-1确定。

表5-1 通气管最小管径 （单位：mm）

污水管管径	32	40	50	75	100	150
通气立管管径			40	50	75	100
环形通气管管径			32	40	50	
器具通气管管径	32	32	32		50	

伸顶通气管的管径一般与排水立管的管径相同或比排水管管径小一级。但是在最冷月平均气温低于－13 ℃的地区，应从室内平顶或吊顶下0.30 m处开始安装，通气管管径应较排水立管管径大一级，以免管中结霜而缩小或阻塞管道断面。

专用通气立管管径应比最底层污水立管管径小一级。结合通气管管径不得小于所连接的较小一根立管的管径。

污水立管与通气立管之间的连接管管径不宜小于通气立管管径。

2根及2根以上污水立管同时与一根通气立管相连时，应以最大一根污水立管确定通气立管管径，且其管径不宜小于其余任何一根污水立管的管径。

当2根或2根以上污水立管的通气管汇合连接时，汇合通气管的断面面积应为最大一根通气管的断面面积加其余通气管断面面积之和的0.25倍，即

$$A = A_{max} + 0.25 \sum A_n \tag{5-1}$$

总管管径为

$$d = \sqrt{d_{max}^2 + 0.25 \sum d_n^2} \tag{5-2}$$

式中 A、d——通气管面积及计算管径，mm^2、mm；

A_{max}、d_{max}——汇合管中最大一根通气管断面面积及计算管径，mm^2、mm；

$\sum A_n$、$\sum d_n$——其余各汇合管断面面积及计算管径之和，mm^2、mm。

（四）清通设备

为了保持室内排水管道排水畅通，必须加强经常性的维护管理，为了检查和疏通管道，在排水管道系统上需设清通设备。一般有检查口、清扫口、检查井及带有清通门（盖板）的90°弯头或三通接头等清通设备。

1. 检查口

检查口一般设在立管及较长的水平管段上，如图5-3（a）所示，供立管或立管与横支管连接处有异物堵塞时清掏用。多层或高层建筑的排水立管上，每隔两层设一个，检查口间距不大于10 m。但在立管的最底层和设有卫生器具的两层以上，坡顶建筑物的最高层必须设置检查口，平顶建筑可用通气口代替检查口。检查口设置高度一般距地面1 m，并应高于卫生器具上边缘0.15 m。

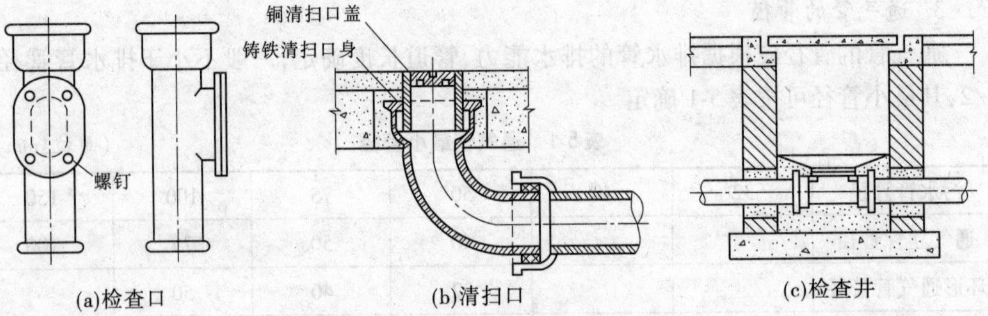

图5-3　清通设备

2. 清扫口

清扫口一般设于横支管上，如图5-3（b）所示。当污水横管连接2个及2个以上的大便器或3个及3个以上的其他卫生器具时，应在横管的起端设置清扫口，也可采用带螺栓盖板的弯头、带堵头的三通配件作清扫口。清扫口安装不应高出地面，必须与地面平齐，为了便于清掏，与墙面应保持一定距离，一般不宜小于0.15 m。

3. 检查井

对于不散发有害气体或大量蒸汽的工业排水管道，在管道转弯、变径处和坡度改变及连接支管处，可在建筑物内设检查井，如图5-3（c）所示。在直线管段上，排除生产废水时，检查井的距离不宜大于30 m；排除生产污水时，检查井的距离不宜大于20 m。对生活污水管道，在建筑物内不宜设检查井。

（五）污水抽升设备

当建筑物内的污废水不能自流排至室外时，要设置污水抽升设备。

（六）室外排水管道

自排出管接出的第一个检查井后至城市排水管网或工业企业排水主干管间的排水管段为室外排水管道，其任务是将室内的污废水排至市政或工厂的排水管道中去。

（七）污水局部处理设备

当室内污水未经处理不允许直接排入城市排水系统或水体时，应设置局部水处理构筑物。另外，当室外没有排水管网或有排水管网而无污水处理厂时，室内污水也要经过局部处理后才能就近排入水体、渗入地下或排至室外排水管网。

第二节 建筑排水系统的布置与敷设

一、排水管道的布置

建筑内部排水系统的布置与敷设是影响人们日常生活和生产环境的因素之一，为创造一个良好的生活、生产环境，建筑内排水管道布置和敷设应遵循以下原则：

(1)排水及时、通畅，满足最佳水力条件的要求。

(2)总管线短，占地面积小，工程造价低。

(3)使用安全可靠，同时满足室内环境卫生及美观的要求。

(4)施工安装及维护管理方便。

(一)满足良好的水力条件与美观条件

(1)排水横支管是接纳各卫生器具的排水支管来水的，所以一般在楼板下或本层地面上布置。若考虑其对建筑美观的影响，可暗设于吊顶内。

(2)排水立管应设置在靠近杂质最多及排水量最大的排水点处，以便尽快地接纳横支管的污水而减少管道堵塞的机会，排水立管常设在大便器附近。排水立管不得穿过卧室、病房，并避免靠近与卧室相邻的内墙。对高层建筑和要求较高的宾馆等，排水立管一般暗设在专门的管道井内。

(3)污水管的布置应尽量减少不必要的转角及曲折，尽量作直线连接，以减少堵塞的机会。一根横支管连接的卫生器具不宜太多，排出管应以最短距离通至室外。

(二)避免对生活、生产的不良影响以及便于管道维护

(1)排水架空管道不得布置在对生产工艺或卫生有特殊要求的生产厂房内，以及食品和贵重商品仓库与配电室内。

(2)排水管道不得布置在遇水易引起燃烧、爆炸或损坏的原料、产品和设备上方。

(3)管道应尽量避免穿过伸缩缝、沉降缝、风道、烟道等，当受限制必须穿越时应采取相应的技术措施，以防止管道因建筑物的沉降或伸缩而受到破坏。

(4)埋地排水管道应避免布置在有可能受设备振动影响或重物压坏处，因此管道不得穿越生产设备基础；若必须穿越，应作技术上的特殊处理。

(5)排水管道不得布置在食堂、饮食业的主副食操作烹调的上方。如果受到条件限制难以避免，需采取防护措施。

(6)为了避免排水管冷壁面的结露，应采取相应的防结露措施，另外还应注意防腐、防冻。

(7)在层数较多的建筑物内，为防止底层卫生器具因受立管底部出现过大的正压等而造成污水外溢现象，底层的生活污水管道可考虑采取单独排出方式。

(三)保护环境和防止污染

下列设备与容器不得与污废水管道直接相连，应采取间接排水的方式。

(1)厨房内食品制备及洗涤设备的排水。

(2)生活饮用水贮水箱(池)的泄水管和溢流管。

(3)蒸发式冷凝器、冷却塔等空调设备的排水。

(4)医疗灭菌消毒设备的排水。

(5)贮存食品或饮料的冷藏间、冷藏库房的地面排水和冷水机溶霜水盘的排水等。

设备间接排水宜排入邻近的洗涤盆,如不可能,可设置排水明沟、排水漏斗或容器。间接排水口最小空气间隙(如图5-4所示)宜按表5-2确定。

饮料用贮水箱的间接排水口最小空气间隙,不得小于250 mm。间接排水的漏斗或容器不得溅水、溢流,并应布置在容易检查、清洁的位置。

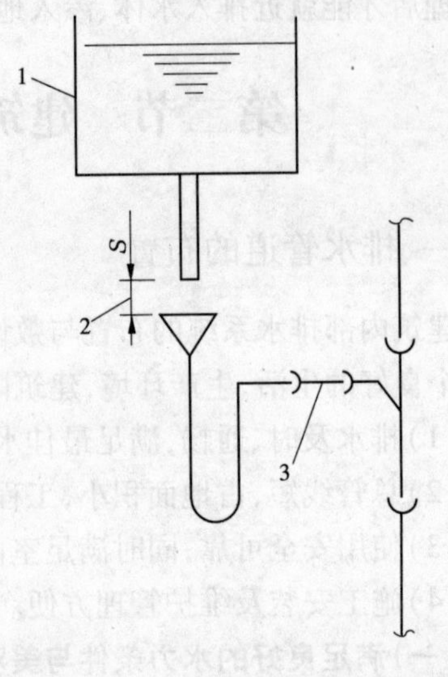

1—卫生设备;2—最小空气间隙;3—排水支管

图5-4 间接排水口最小空气间隙

表5-2 间接排水口最小空气间隙 (单位:mm)

间接排水管管径	排水口最小空气间隙
≤25	50
32~50	100
>50	150

二、排水管道的敷设

建筑内排水管道的敷设有明装和暗装两种方式。对室内美观程度要求较高的建筑物或管道种类较多时,可采用暗装方式。明装方式的优点是造价低,缺点是不美观、积灰、结露、不卫生。明装的排水管道应尽量沿墙、梁、柱平行设置,保持室内的美观,如建筑或工艺有特殊要求,可在管槽、管道井、管沟或吊顶内暗设,但应便于安装和检修。排水管的敷设应处理好与建筑结构的关系。

(1)排水立管管壁与墙壁、柱等表面的净距为25~35 mm。排水管与其他管道共同敷设时的最小距离,水平净距为1.0~1.3 m,垂直净距为0.15~0.20 m。若排水管平行设在给水管之上并高出净距0.5 m以上,其水平净距不得小于5 m。交叉埋设时,垂直净距不得小于0.4 m,且给水管应有套管。

(2)为防止埋设在地下的排水管道受机械破坏,规定各种材料管道的最小埋深为0.40~1.0 m。

(3)排水立管需要穿楼层时,预留孔洞尺寸应大于通过管径50~100 mm,并且应在通过的立管外加套一段套管,现浇楼板孔预先镶入套管。

(4)埋地管穿越承重墙或基础处,应预留孔洞,且管顶上部净空不得小于建筑物的沉降量,一般不宜小于0.15 m。排出管与室外排水管连接处应设检查井,检查井中心到建筑物外墙的距离不宜小于3 m。

(5)排水管道的固定措施比较简单,排水立管用管卡固定,其间距最大不得超过3 m。在承插管接头处必须设管卡。横管一般用吊箍设在楼板下,间距视具体情况确定并不得大于1 m。

三、排水管道的维护

建筑内排水管道不仅要有完善的设计和优质的施工,而且必须辅以全面的日常维护管理才能保证系统的良好运行。日常维护工作的主要内容是检查、清通和维修,并适时进行防冻、防露、防腐等。

排水管道在日常使用过程中,生活污水中的粪便、尿垢、油脂、菜叶、泥沙以及各种工业废水中相应的固体杂质的存在,加上用户使用不当等原因,常常会造成管道堵塞。此外,管道的连接配件使用不当也是管道堵塞的原因之一。

管道的检查、清通主要借助于设置在管道系统上的清通设备(检查口、清扫口、检查井)来完成。

第三节　污水的局部处理

当建筑内排出的污水不允许直接排入室外排水管道或水体时(水中某些污染物指标不符合排入城市排水管道或水体的水质标准),需在建筑物内或附近设置局部处理设施对所排污水进行必要的处理。根据污水的性质,可以采用不同的污水局部处理设备,如沉淀池、隔油池(井)、化粪池、降温池、中和池等都是常用的污水局部处理设备。本节主要介绍化粪池、隔油池(井)、降温池。

一、化粪池

化粪池是最初级的污水处理构筑物,具有结构简单、便于管理、不消耗动力和造价低等优点。当建筑物所在的城镇或小区内没有集中的污水处理厂或虽然有污水处理厂但已超负荷运行时,建筑物排放的污水在进入水体或城市管网前,应进行预处理,目前一般采用化粪池。

(一)化粪池的作用

污水进入化粪池时,流速较低,水中所含的大量粪便、纸屑、病原虫(如蛔虫)等杂质逐渐沉入池内成为污泥。污水在池中经过12～24 h的沉淀后,水中悬浮物去除50%～60%。沉淀下来的污泥经3个月以上时间的厌氧消化,将污泥中的有机物进行氧化降解,转化为稳定的无机物,易腐败的生污泥转化为熟污泥,改变了污泥结构,便于清掏外运并可用作肥料。为了保证沉淀的效率,污水在池中停留12～24 h,经处理后的污水,出水较清,水质得到了一定改善。但是化粪池去除有机物的能力较差,一般污水中的BOD仅降低20%左右,且由于污水与污泥接触,出水有臭味,呈酸性,尚不符合卫生要求。

化粪池多设于建筑物背向大街一侧靠近卫生间的地方,应尽量隐蔽,不宜设在人们经常活动之处。化粪池距建筑物的净距不小于5 m，因化粪池出水处理不彻底，含有大量细菌，为防止污染水源，化粪池距地下取水构筑物不得小于30 m。池壁、池底应采取妥善的防渗措施。

(二)化粪池的构造及特点

化粪池有矩形和圆形两种。化粪池的形状一般多采用矩形，在污水量较少或地盘较小时，也可采用圆形化粪池。对于矩形化粪池，根据日处理污水量的大小，有的采用两格，有的采用三格，各化粪池隔间顶上都设有活动盖板，作为检查和清掏污泥之用，在水面以上的间壁部分设有通气孔，以便流通空气，其构造见图5-5。

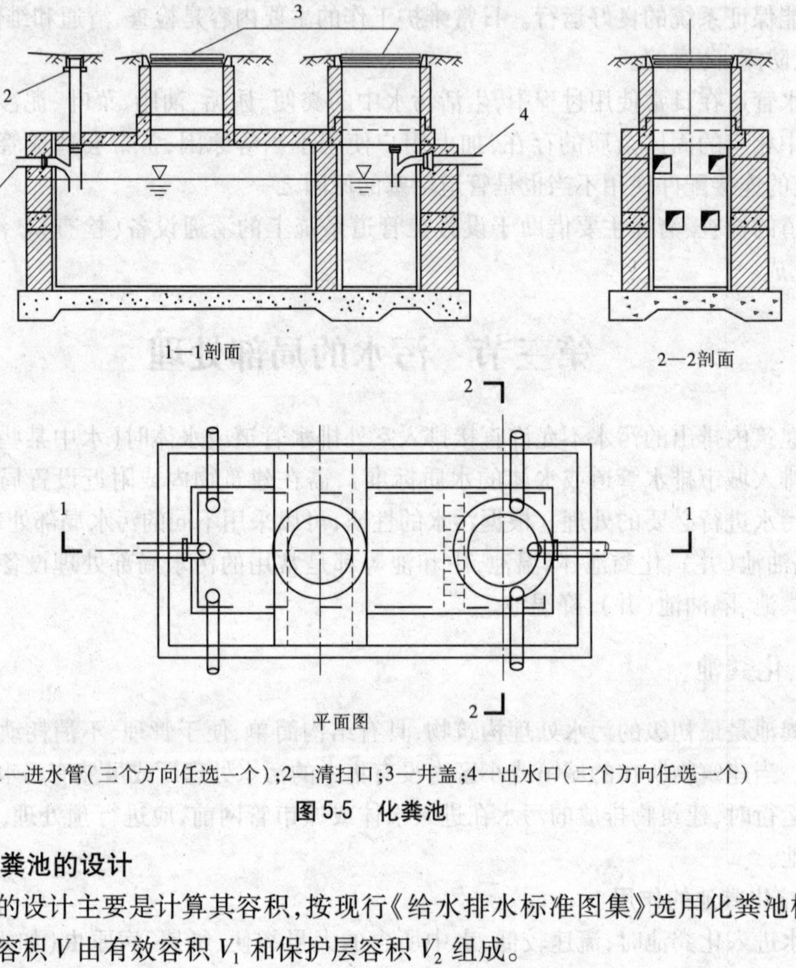

1—进水管(三个方向任选一个)；2—清扫口；3—井盖；4—出水口(三个方向任选一个)

图5-5　化粪池

(三)化粪池的设计

化粪池的设计主要是计算其容积，按现行《给水排水标准图集》选用化粪池标准图。化粪池的总容积V由有效容积V_1和保护层容积V_2组成。

1. 化粪池的有效容积V_1

化粪池的有效容积为污水和污泥所占容积之和，可按式(5-3)计算确定：

$$V_1 = \frac{\alpha Nqt}{24 \times 1\,000} + \frac{\alpha NnT(1-b)km}{(1-c) \times 1\,000} \tag{5-3}$$

式中　V_1——化粪池的有效容积，m^3；

α——使用卫生器具数占总人数的百分比，与人们在建筑内的停留时间有关，医院、疗养院、有住宿的幼儿园取100%，住宅、集体宿舍、旅馆取70%，工业企业生活间、办公楼、教学楼取40%，公共食堂、影剧院、体育场和其他类似公共场所（按座位数计）取10%；

N——设计人数（或床位数、座位数）；

q——每人每天排水量，L/（人·d），当生活污水与生活废水的排放采用合流制时，同生活用水量标准，分开排放时，一般可采用20～30 L/（人·d）；

t——污水在化粪池中的停留时间，一般采用12～24 h；

n——每人每天污泥量，L/（人·d），生活污水与生活废水合流排放时取0.7 L/（人·d），分流排放时取0.4 L/（人·d）；

T——污泥清掏周期，d，指污泥在化粪池中的平均停留时间，一般不少于90 d，可取3个月至1年，与新鲜污泥的发酵时间有关，而新鲜污泥的发酵时间受污水温度的影响大；

b、c——新鲜和发酵浓缩后污泥的含水率，分别取95%和90%；

k——污泥发酵后体积缩减系数，取0.8；

m——清掏污泥后遗留的熟污泥量容积系数，取1.2。

2. 保护层容积 V_2

化粪池保护层容积 V_2 根据化粪池大小确定，保护层高度一般采用0.25～0.45 m。

二、隔油池（井）

食堂、餐饮业的厨房排放的污水中，均含有较多的植物油和动物油脂，随着水温的下降，污水中挟带的油脂颗粒便开始凝固并黏附于管壁上，缩小了管道的断面面积，最终堵塞管道。汽车库排出的汽车冲洗污水和其他一些生产污水中，含有的汽油等轻油类进入排水管道后，挥发并聚集于检查井处，达到一定浓度时，易发生爆炸或引起火灾，以致破坏管道和影响维修人员健康。因此，上述两类污水需进行除油处理后才可排入排水系统。目前，一般采用隔油池（井）进行处理。

其工作原理是当含油污水进入隔油井后，过水断面增大，水平流速减小，污水中密度小的可浮油自然上浮至水面，由隔板阻拦在池内并收集后去除，经分离处理后的水从下方流出。

砖砌隔油井构造可参阅现行《给水排水标准图集》。

三、降温池

对温度高于40 ℃的污、废水，排入城镇排水管道前应采取降温措施，否则会影响维护管理人员身体健康和管材的使用寿命。一般可采用降温池进行处理。降温池降温的方法主要有二次蒸发、水面散热和加冷水降温，如图5-6所示。

一般可在室外设降温池，用冷水（尽可能利用废水）加以混合冷却。对温度较高的污废水，应尽可能将其所含热量回收利用。

对于设在室内的降温池，应密封，并应设有人孔和通向室外的排气管。间断排水的降温池，其容积应按最大排水量与所需冷却水量的总和计算。连续排水的降温池，其容积应保证冷热水充分混合。

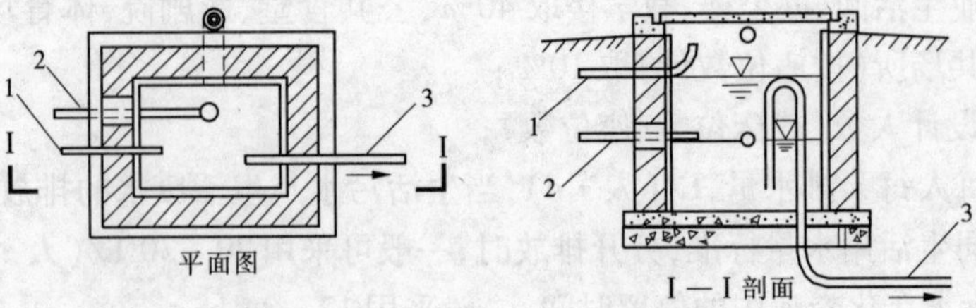

1—锅炉排污管;2—冷却水管;3—排水管

图 5-6　虹吸式降温池

第四节　建筑排水管道系统的水力计算

一、建筑排水定额

建筑排水定额是指每人每日排出的生活污水量。建筑物的生活污水量和气候、地区及卫生器具的完善程度、人们的生活习惯等因素有关。建筑内部给水量散失较少,所以生活污水排水定额及小时变化系数与生活用水定额相同,生活污水的平均时和最大时流量与生活用水的平均时和最大时流量计算方法相同。工业废水的最大时流量和设计秒流量应按工艺要求计算确定。

为了确定排水管的管径,必须算出管道中通过的流量,即按排水瞬时高峰值确定的设计秒流量。设计秒流量与卫生器具的类型、数量和使用情况有关。为计算方便,与室内给水一样,卫生器具的排水量也折成排水当量。由于卫生器具排放污水时具有突然、迅猛和流率大的特点,因此一个排水当量相当的排水流量为 0.33 L/s,为给水当量的 1.65 倍。

卫生器具排水的流量、当量和排水管的管径见表 5-3。

表 5-3　卫生器具排水的流量、当量和排水管的管径

序号	卫生器具名称	排水流量(L/s)	当量	排水管管径(mm)
1	洗涤盆、污水盆(池)	0.33	1.00	50
2	餐厅、厨房洗菜盆(池)			
	单格洗涤盆(池)	0.67	2.00	50
	双格洗涤盆(池)	1.00	3.00	50
3	盥洗槽(每个水嘴)	0.33	1.00	50~75
4	洗手盆	0.10	0.30	32~50
5	洗脸盆	0.25	0.75	32~50
6	浴盆	1.00	3.00	50
7	淋浴器	0.15	0.45	50

续表 5-3

序号	卫生器具名称	排水流量（L/s）	当量	排水管管径(mm)
8	大便器 冲洗水箱 自闭式冲洗阀	 1.50 1.20	 4.50 3.60	 100 100
9	医用倒便器	1.50	4.50	100
10	小便器 自闭式冲洗阀 感应式冲洗阀	 0.10 0.10	 0.30 0.30	 40~50 40~50
11	大便槽 ≤4 个蹲位 >4 个蹲位	 2.50 3.00	 7.50 9.00	 100 150
12	小便槽(每米长) 自动冲洗水箱	 0.17	 0.50	 —
13	化验盆(无塞)	0.20	0.60	40~50
14	净身器	0.10	0.30	40~50
15	饮水器	0.05	0.15	25~50
16	家用洗衣机	0.50	1.50	50

注：家用洗衣机下排水软管直径为 30 mm，上排水软管内径为 19 mm。

二、建筑排水设计流量

在确定建筑内排水管的管径及坡度之前，首先必须确定各管段中的排水设计流量。建筑内部排水流量与卫生器具的排水特点和同时排水的卫生器具数量有关，具有历时短、瞬时流量大、两次排水时间间隔长的特点。建筑内部每昼夜、每小时的排水量都是不均匀的。与给水相同，为保证最不利时刻的最大排水量能迅速、安全地排放，排水设计流量应为建筑内部最大排水瞬时流量，又称设计秒流量。

建筑内部排水系统的设计秒流量是按瞬时高峰排水量制定的。目前，我国生活排水设计秒流量计算公式与给水相对应，有如下两种形式。

(1)适用于住宅、宿舍、旅馆、医院、办公楼、学校、幼儿园等建筑的计算公式：

$$q_u = 0.12\alpha\sqrt{N_p} + q_{max} \tag{5-4}$$

式中 q_u——计算管段设计秒流量，L/s；

α——根据建筑物用途而定的系数，按表 5-4 确定；

N_p——计算管段卫生器具排水当量数；

q_{max}——计算管段上排水量最大的一个卫生器具的排水流量，L/s。

上式计算所得排水流量值若大于该管段上各卫生器具排水流量累加值，应按其累加值作为设计秒流量。

表 5-4　根据建筑物用途而定的系数 α 值

建筑物名称	宿舍（Ⅰ、Ⅱ类）、住宅、宾馆、酒店式公寓、医院、疗养院、幼儿园、养老院的卫生间	旅馆和其他公共建筑的盥洗间和厕所间
α 值	1.5	2.0～2.5

（2）适用于工业企业生活间、公共浴室、洗衣房、公共食堂、实验室、影剧院、体育场等建筑的生活污水设计秒流量计算公式：

$$q_u = \sum q_p n_0 b \tag{5-5}$$

式中　q_u——计算管段污水设计秒流量，L/s；

q_p——同类型的一个卫生器具排水流量，L/s；

n_0——同类型卫生器具数；

b——卫生器具的同时排水百分数，冲洗水箱大便器的同时排水百分数按 12% 计，其他卫生器具同给水。

当计算的 q_u 小于一个大便器的排水流量时，按一个大便器的排水流量计算。

三、建筑排水系统水力计算

（一）按经验确定排水管的最小管径

在一般情况下，建筑内排水管道的管径可根据使用卫生器具的类型和数量凭经验来确定。

（1）排泄单个饮水器的排水管，其管径可采用 25～40 mm。

（2）排泄单个洗脸盆、浴盆、妇女净身盆等卫生器具的排水管，最小管径可采用 40 mm。

（3）为防止管道淤塞，建筑内排出管管径不小于 50 mm；多层住宅厨房间的立管管径不宜小于 75 mm。

（4）公共食堂、厨房排泄的含大量油脂和泥沙等杂物的排水管管径不宜过小，其管径应比计算管径大一级。干管管径不得小于 100 mm，支管管径不得小于 75 mm。

（5）医院洗涤盆或污水池的排水管管径不得小于 75 mm。

（6）小便槽或连接 3 个及 3 个以上的小便器，管径不得小于 75 mm。

（7）大便器排水管的管径不得小于 100 mm。

（8）对于连接大便槽的排水管，当蹲位为 1～4 个时，管径不得小于 100 mm；当蹲位为 5～12 个时，管径不得小于 150 mm。

（9）排泄生活污水的立管管径不得小于 50 mm，且不得小于所连接的横支管管径。

（10）有立管接入的横干管，管径不得小于立管的管径。

（二）按最大排水流量和允许负荷当量值确定排水管管径

在工程设计中，根据建筑物的性质、设置通气管道的情况，求出计算管段上的卫生器具排水当量总数后，查表 5-5 即可估算设计管段管径。

表 5-5　排水管道允许负荷卫生器具当量数

建筑物性质	排水管道名称		允许负荷当量总数 50 mm	75 mm	100 mm	150 mm
住宅、公共居住建筑的小卫生间	横支管	无器具通气管	4	8	25	
	横支管	有器具通气管	8	14	100	
	横支管	底层单独排出	3	6	12	
	横干管			14	100	1 200
	立管	仅有伸顶通气管	5	25	70	
	立管	有通气立管			900	1 000
集体宿舍、旅馆、医院、办公楼、学校等公共建筑的盥洗间、厕所	横支管	无环形通气管	4.5	12	36	
	横支管	有环形通气管			120	
	横支管	底层单独排出	4	8	36	
	横干管			18	120	2 000
	立管	仅有伸顶通气管	6	70	100	2 500
	立管	有通气立管			1 300	
工业企业生活间、公共浴室、洗衣房、公共食堂、实验楼、影剧院、体育场	横支管	无环形通气管	2	6	27	
	横支管	有环形通气管			100	
	横支管	底层单独排出	2	4	27	
	横干管			12	80	1 000
	立管	仅有伸顶通气管	3	35	60	800

(三)通过水力计算确定排水管管径

1. 排水横管的水力计算

1)横管的水力计算公式

建筑内部排水横管按明渠均匀流公式计算。对于横干管和连接多个卫生器具的横支管,应逐段计算各管段的排水设计秒流量,通过水力计算来确定各管段的管径和坡度。

$$q_u = \omega v \tag{5-6}$$

$$v = \frac{1}{n} R^{\frac{2}{3}} i^{\frac{1}{2}} \tag{5-7}$$

式中　q_u——排水设计秒流量,m^3/s;

ω——水流断面面积,m^2;

v——流速,m/s;

n——管道粗糙系数,塑料管取 0.009,陶土管和铸铁管取 0.013,钢管取 0.012,素混凝土管和钢筋混凝土管取 0.013~0.014;

R——水力半径,m;

i——水力坡度，即管道坡度，塑料管排水因三通和弯头夹角为 88.5°，所以 i 取 0.026。

为了便于设计计算，根据式(5-6)、式(5-7)及各项设计规定，编制了建筑内部铸铁排水管水力计算表和塑料排水管水力计算表，见相关设计手册。

2) 计算规定

在排水管道的设计计算中，为保证良好的水力条件和室内环境卫生，应满足如下规定：

(1) 管道充满度。

建筑内排水横管按非满流计算，管道上部未充满水的空间能使污水中有害气体自由排出，同时这部分空间可调节管系中的压力波动从而保护水封不致破坏。当管道出现未预见的超设计高峰流量时，可使高峰流量通过而不会出现溢水现象。排水管道的最大设计充满度见表 5-6。

表 5-6 排水管道的最大设计充满度

排水管道名称	排水管道管径(mm)	最大设计充满度
生活污水排水管	150 以下	0.5
	150 ~ 200	0.6
工业废水排水管	50 ~ 75	0.6
	100 ~ 150	0.7
生产废水排水管	200 及 200 以上	1.0
生产污水排水管	200 及 200 以上	0.8

注：排水沟最大设计充满度为计算断面深度的 0.8。

(2) 管道坡度。

管道设计坡度与污水性质、管径和管材有关。建筑内部生活污水管道的坡度有标准坡度和最小坡度两种。标准坡度为正常条件下应保证的坡度，最小坡度为必须保证的坡度。一般情况下应采用标准坡度，当横管过长或建筑空间受限制时，可采用最小坡度。工业废水排水管道根据水质规定了最小坡度。不同管径下生活排水及工业废水排水管道的标准坡度及最小坡度见表 5-7。

(3) 设计流速。

污废水在排水管道内的流速对管道的正常工作有很大的影响。为使污水中的悬浮杂质不致沉淀并能及时冲刷管壁上的污物，排水管道中必须保证一个最小流速，即自净流速。自净流速依污水性质和杂质成分按有关规定确定。同时，如果管道水流流速过大，则污水中的杂质长期高速流动会产生过大的摩擦而破坏管道，流速过大也会产生大的水流冲击和噪声。一般最大允许流速为 4 ~ 7 m/s。表 5-8 为设计充满度下的自净流速。

2. 立管的水力计算

先计算排水立管的设计秒流量，在控制立管管径不小于横支管的前提下，查表 5-9 ~ 表 5-12 确定立管的管径，排水管道的设计流量应小于排水立管的最大排水能力。

表 5-7　排水管道的标准坡度和最小坡度

管径(mm)	工业废水排水管道最小坡度		生活排水管道	
	生产废水	生产污水	标准坡度	最小坡度
50	0.020	0.030	0.035	0.025
75	0.015	0.020	0.025	0.015
100	0.008	0.012	0.020	0.012
125	0.006	0.010	0.015	0.010
150	0.005	0.006	0.010	0.007
200	0.004		0.008	0.005
250	0.003 5		—	—
300	0.003		—	—

注:1. 排水管道的最大坡度不大于 0.15(长度小于 1.5 m 的管段不限制)。

2. 生产污水中含有铁屑或其他污物时,管道的最小坡度应按自净流速计算确定。

表 5-8　各种排水管道的自净流速值

排水管道类别	生活污水管道			明渠(沟)	雨水管道及合流制排水管
	$d<150$ mm	$d=150$ mm	$d=200$ mm		
自净流速(m/s)	0.6	0.65	0.70	0.40	0.75

表 5-9　设有通气管系的铸铁排水立管的最大排水能力

排水立管管径(mm)	排水能力(L/s)	
	仅设伸顶通气管	有专用通气立管或主通气立管
50	1.0	—
75	2.5	5
100	4.5	9
125	7.0	14
150	10.0	25

表 5-10　设有通气管系的塑料排水立管的最大排水能力

排水立管管径(mm)	排水能力(L/s)	
	仅设伸顶通气管	有专用通气立管或主通气立管
50	1.2	—
75	3.0	—
90	3.8	
110	5.4	10.0
125	7.5	16.0
160	12.0	28.0

表 5-11　不设通气管的生活排水立管的最大排水能力

立管工作高度(m)	不同立管管径(mm)的排水能力(L/s)				
	50	75	100	125	150
≤2	1.00	1.70	3.80	5.00	7.00
3	0.64	1.35	2.40	3.40	5.00
4	0.50	0.92	1.76	2.70	3.50
5	0.40	0.70	1.36	1.90	2.80
6	0.40	0.50	1.00	1.50	2.20
7	0.40	0.50	0.76	1.20	2.00
≥8	0.40	0.50	0.64	1.00	1.40

注:1. 排水立管工作高度,按最高排水横支管和立管连接处距排出管中心线间的距离计算。

2. 如排水立管工作高度在表中列出的两个高度值之间,可用内插法求得排水立管的最大排水能力数值。

3. 排水管管径为 100 mm 的塑料管外径为 110 mm,排水管管径为 150 mm 的塑料管外径为 160 mm。

表 5-12　单立管排水系统的立管最大排水能力

排水立管管径(mm)	排水能力(L/s)		
	混合器	塑料螺旋管	旋流器
75	—	3.0	—
100	6.0	6.0	7.0
125	9.0	—	10.0
150	13.0	13.0	15.0

四、建筑排水系统计算实例

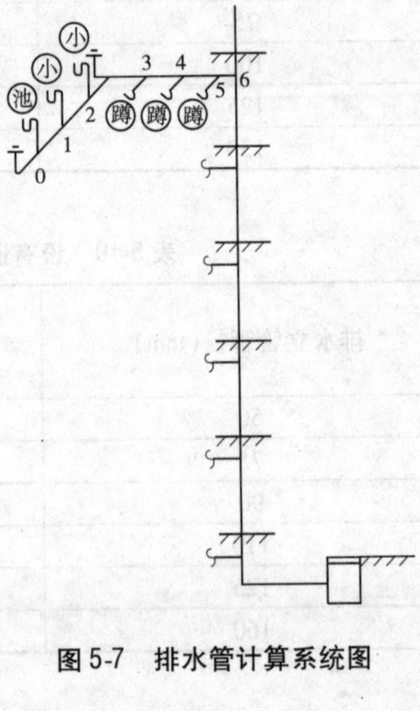

图 5-7　排水管计算系统图

某 6 层集体宿舍男厕排水系统轴测图见图 5-7,管材为 UPVC 排水管。每层横支管设污水盆 1 个,自闭式冲洗阀小便器 2 个,冲洗水箱大便器 3 个,试计算确定管径。

(一)横支管计算

按式(5-4)计算排水设计秒流量,其 α 取 1.5,卫生器具排水当量和排水流量按表 5-3 选取,计算结果见表 5-13。

求出排水设计秒流量后,查表 5-14 确定排水横支管管径。3 号节点后,由于有大便器排水,所以取管径为 110 mm。

(二)立管计算

立管接纳的排水当量总数为

$$N_p = 15.10 \times 6 = 90.6$$

最下部管段排水设计秒流量为

$$q_u = 0.12 \times 1.5 \times \sqrt{90.6} + 1.5 = 3.2(\text{L/s})$$

查表5-10,选用立管管径为110 mm,因设计秒流量3.2 L/s小于最大允许排水流量5.4 L/s,故不用设专用通气立管。立管选用管径为110 mm是由于排水横支管的管径为110 mm,立管管径不能小于排水横支管的管径。

表5-13 排水横支管计算表

管段编号	卫生器具名称数量			排水当量总量 N_p	设计秒流量 q_u(L/s)	管径(mm)	坡度	说明
	污水盆 $N_p=1.0$	小便器 $N_p=0.3$	大便器 $N_p=4.5$					
0—1	1			1.0	0.33	50	0.026	(1)0—1管段按表5-1确定; (2)1—2、2—3管段按式(5-4)计算,若结果大于卫生器具流量累加值,设计秒流量按累加值计算
1—2	1	1		1.30	0.43	50	0.026	
2—3	1	2		1.60	0.53	50	0.026	
3—4	1	2	1	6.10	1.94	110	0.004	
4—5	1	2	2	10.60	2.09	110	0.004	
5—6	1	2	3	15.10	2.20	110	0.004	

(三)伸顶通气管管径的确定

伸顶通气管取与立管管径相同,即伸顶通气管管径为110 mm。

(四)排出管计算

排出管选用埋地UPVC排水管,根据设计秒流量3.2 L/s,查表5-14得:*De*=110 mm,管道坡度取0.007,充满度为0.5,允许最大流量为3.43 L/s,流速为0.81 m/s,符合要求。

表5-14 塑料排水管横管水力计算表($n=0.009$)

坡度	$h/D=0.5$											
	*De*50		*De*75		*De*90		*De*110		*De*125		*De*160	
	Q(L/s)	*v*(m/s)	*Q*(L/s)	*v*(m/s)	*Q*(L/s)	*v*(m/s)	*Q*(L/s)	*v*(m/s)	*Q*(L/s)	*v*(m/s)	*Q*(L/s)	*v*(m/s)
0.001											4.84	0.43
0.001 5											5.93	0.52
0.002									2.63	0.48	6.85	0.60
0.002 5							2.05	0.49	2.94	0.53	7.65	0.67
0.003					1.27	0.46	2.25	0.53	3.22	0.58	8.39	0.74
0.003 5					1.37	0.50	2.43	0.58	3.48	0.63	9.06	0.80
0.004					1.46	0.53	2.59	0.61	3.72	0.67	9.68	0.85
0.004 5					1.55	0.56	2.75	0.65	3.94	0.71	10.27	0.90

续表 5-14

坡度	h/D=0.5											
	De50		De75		De90		De110		De125		De160	
	Q(L/s)	v(m/s)	Q(L/s)	v(m/s)	Q(L/s)	v(m/s)	Q(L/s)	v(m/s)	Q(L/s)	v(m/s)	Q(L/s)	v(m/s)
0.005			1.03	0.53	1.64	0.60	2.90	0.69	4.16	0.75	10.82	0.95
0.006			1.13	0.58	1.79	0.65	3.18	0.75	4.55	0.82	11.86	1.04
0.007	0.039	0.47	1.22	0.63	1.94	0.71	3.43	0.81	4.92	0.89	12.81	1.13
0.008	0.42	0.51	1.31	0.67	2.07	0.75	3.67	0.87	5.26	0.95	13.69	1.20
0.009	0.45	0.54	1.39	0.71	2.19	0.80	3.89	0.92	5.58	1.01	14.52	1.28
0.010	0.47	0.57	1.46	0.75	2.31	0.84	4.10	0.97	5.88	1.06	15.31	1.35
0.012	0.52	0.63	1.60	0.82	2.53	0.92	4.49	1.07	6.44	1.17	16.77	1.48
0.015	0.58	0.70	1.79	0.92	2.83	1.03	5.02	1.19	7.20	1.30	18.75	1.65
0.020	0.67	0.81	2.07	1.06	3.27	1.19	5.80	1.38	8.31	1.50	21.65	1.90
0.025	0.74	0.89	2.31	1.19	3.66	1.33	6.48	1.54	9.30	1.68	24.21	2.13
0.026	0.76	0.91	2.35	1.21	3.74	1.36	6.56	1.56	9.47	1.71	24.66	2.17
0.030	0.81	0.97	2.53	1.30	4.01	1.46	7.10	1.68	10.18	1.84	26.52	2.33
0.035	0.88	1.06	2.74	1.41	4.33	1.59	7.67	1.82	11.00	1.99	28.64	2.52
0.040	0.94	1.13	2.93	1.51	4.63	1.69	8.20	1.95	11.76	2.13	30.62	2.69
0.045	1.00	1.20	3.10	1.59	4.91	1.79	8.70	2.06	12.47	2.26	32.47	2.86
0.050	1.05	1.26	3.27	1.68	5.17	1.88	9.17	2.18	13.15	2.38	34.23	3.01
0.060	1.15	1.38	3.58	1.84	5.67	2.07	10.04	2.38	14.40	2.61	37.50	3.30

第五节　屋面雨水排水系统

降落在屋面上的雨水和融化的雪水，如果不能及时排除，会对房屋的完好性和结构稳定性造成不同程度的损坏，并影响人们的生活和生产活动。因此，需设置专门的雨水排水系统，系统地、有组织地将屋面雨雪水及时排除。

一、屋面雨水排水系统的方式与敷设

屋面雨水排水系统的设置，应根据建筑结构形式、生产使用要求及气候条件来确定。按雨水管道布置的位置分为外排水系统、内排水系统和混合排水系统。

(一)外排水系统

在技术经济合理的情况下，屋面雨水排水系统应尽量采用外排水。根据设置的形式不同外排水系统又可分为檐沟外排水和天沟外排水。

1. 檐沟外排水

檐沟外排水也称水落管外排水，由檐沟和水落管组成，如图 5-8(a)所示。它适用于一般性的居住建筑、屋面面积较小的公共建筑和单跨工业建筑。雨水常采用屋面檐沟汇

集，然后流入隔一定间距沿外墙设置的水落管，排泄至地下管沟或地面。

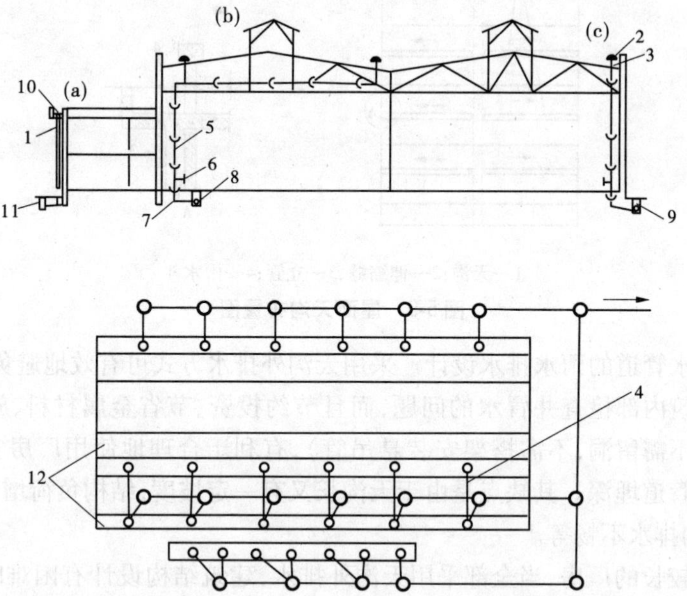

1—水落管；2—雨水斗；3—连接管；4—悬吊管；5—立管；6—检查口；
7—埋地管；8—排出管；9—检查井；10—檐沟；11—雨水沟；12—天沟

图 5-8 屋面排水系统示意图

水落管多由铸铁、白铁皮、玻璃钢或 UPVC 材料制作，现在多采用 UPVC 管，管径多为 75～100 mm。根据设计地区的降雨量以及管道的通水能力确定一根水落管服务的屋面面积，再根据屋面面积和形状确定水落管设置间距。一般民用建筑水落管的间距为 8～16 m，工业建筑水落管的间距为 18～24 m。阳台上一般要求设置直径为 50 mm 的排水管。

该系统敷设于室外，室内不会因雨水系统的设置而产生屋面渗漏、地面冒水。其缺点是排水较分散，不便于有组织地排水。

2. 天沟外排水

该系统利用屋面天沟汇水，使雨雪水向建筑物两端（山墙、女儿墙方向）汇集，进入雨水斗，并经墙外立管排至地面或室外雨水管渠，进行有组织的排水。

天沟外排水系统由天沟、雨水斗和排水立管组成，如图 5-9 所示。

天沟的断面形式根据屋面结构情况确定，一般为矩形和梯形。为了在保证排水顺畅的同时又不过度增加屋面结构的负荷，天沟坡度一般为 0.003～0.006。天沟应以建筑物伸缩缝或沉降缝为分水线，防止天沟通过伸缩缝或沉降缝漏水，由于一般屋面的伸缩缝宽度为 40～60 mm，故天沟的长度一般不宜大于 50 m。

雨水立管应设检查口，其中心距地面一般为 1.0 m；立管直接排水到地面时，需采取防冲措施；为了防止天沟内过量积水，应在女儿墙、山墙上或天沟末端设置溢流口。

天沟外排水一般用于大面积多跨度工业厂房。厂房内不允许进雨水，而且不允许在

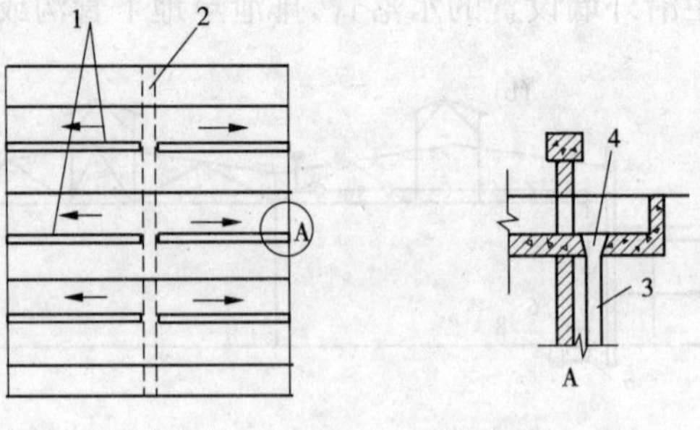

1—天沟;2—伸缩缝;3—立管;4—雨水斗

图 5-9　屋面天沟布置图

厂房内进行雨水管道的雨水排水设计。采用天沟外排水方式可有效地避免内排水系统在使用过程中建筑内部检查井冒水的问题,而且节约投资、节省金属材料、施工简便(相对于内排水而言不需留洞,不需搭架安装悬吊管),有利于合理地使用厂房空间和地面,可减小厂区雨水管道埋深。其缺点是由于天沟长又有一定坡度,结构负荷增大;晴天屋面积灰多,雨天天沟排水不畅等。

对于某些较长的厂房,当全部采用天沟外排水,建筑结构设计有困难时,也可采用内外排水相结合的排水方式,两端为外排水,厂房中间部分为内排水。

(二)内排水系统

对于屋面有天窗、多跨度、锯齿形屋面或壳形屋面等工业厂房,其屋面面积大或曲折,采用檐沟外排水或天沟外排水的方式排除屋面雨雪水有困难,因此必须在建筑内部设置内排水系统。高层大面积平屋面民用建筑,特别是处于寒冷地区的建筑物,均应采取建筑内排水系统。

1. 内排水系统的分类

建筑内排水系统由雨水斗、连接管、悬吊管、立管及排出管、埋地横管和附属构筑物等部分组成。根据悬吊管所连接的雨水斗的数量不同,建筑内排水系统可分为单斗系统和多斗系统两种。为了安全起见,在进行建筑内排水系统的设计时应采用单斗系统,如图 5-9所示。根据建筑物内部是否设置雨水检查井,又可分为敞开系统和密闭系统。敞开系统的建筑物内部设置检查井,该系统可接纳生产废水,方便清通和维修,但有可能出现检查井冒水的现象,使室内地面雨水漫流,造成危害。密闭系统是压力排水,埋地管在检查井内用密闭的三通连接,有检查和清通措施,不会出现建筑物内部冒水情况,但不能接纳生产废水。为了安全可靠,一般应采用密闭式内排水系统。

2. 内排水系统的布置和敷设

1)雨水斗

雨水斗设在雨水由天沟进入雨水管道的入口处。它具有泄水,稳定天沟水位,减少掺气量及拦阻杂物的作用,是管系的重要组成部分。常用的雨水斗有 65 型、79 型和 87 型等(见图 5-10)。在阳台、花台、供人们活动的屋面及窗井处可采用平箅式雨水斗(见图 5-11)。

雨水斗应满足最大限度地迅速排除屋面雨雪水的要求。布置雨水斗时,应以伸缩缝、

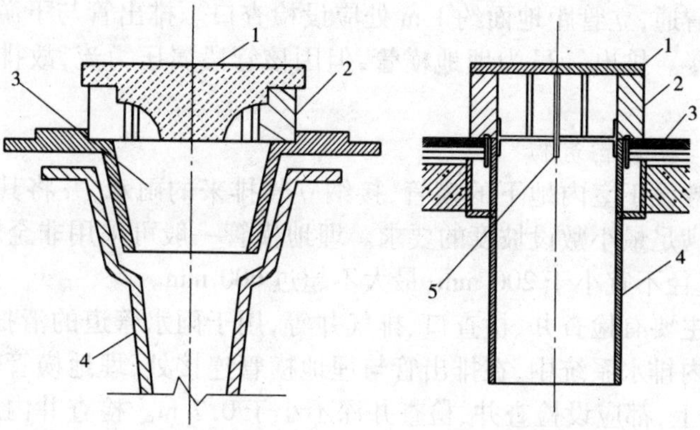

(a)65型雨水斗　　(b)79型雨水斗

1—顶盖;2—导流罩;3—压板;4—短管;5—定位销子

图 5-10　雨水斗

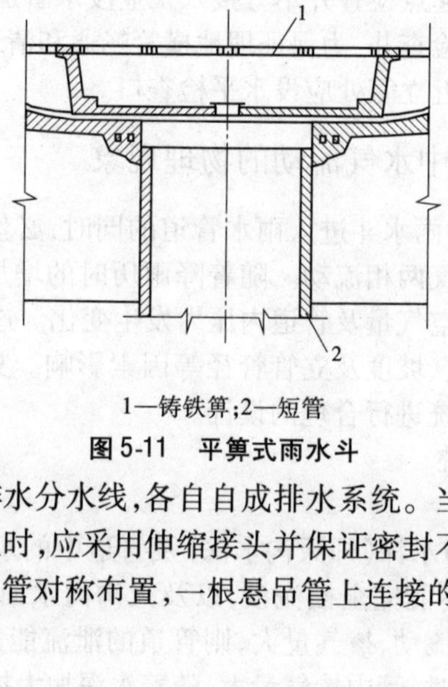

1—铸铁箅;2—短管

图 5-11　平箅式雨水斗

防火墙或沉降缝作为天沟排水分水线,各自自成排水系统。当分水线两侧两个雨水斗连接在同一根立管或悬吊管上时,应采用伸缩接头并保证密封不漏水。采用多斗排水系统时,为使泄流量均匀,宜将立管对称布置,一根悬吊管上连接的雨水斗不得多于4个,雨水斗不能设在立管顶端。

2)连接管

连接管是接纳雨水斗流来的雨水,并将其引入悬吊管中的一段短竖管。连接管管径不得小于雨水斗短管的直径,且不小于100 mm,并应牢固地固定在建筑物的承重结构上,下端用斜三通与悬吊管连接。

3)悬吊管

悬吊管是架空布置连接雨水斗和排水立管的横敷管段,悬吊管可承纳一个或几个雨水斗,也可直接将雨水排放至室外而不设立管。为满足水力条件和便于清通,悬吊管应设不小于0.005的坡度。悬吊管宜布置在靠近柱、墙处,其间距不得大于20 m。悬吊管一般采用钢管或铸铁管。

4)立管及排出管

立管的作用是接纳雨水斗或悬吊管中的水流。排出管则是与立管相连将雨水引到埋地横管中去的一段埋地横管。一根立管连接的悬吊管不多于2根,立管管径不小于悬吊管管径。为便于清通,立管距地面约 1 m 处应设检查口。排出管与下游埋地管在检查井中宜采用管顶平接。排出管虽为埋地横管,但因该管段属压力流,故排出管应采用铸铁管。

5)埋地横管与附属构筑物

埋地横管是敷设于室内地下的横管,接纳立管排来的雨水,并将其送至室外雨水管道。埋地横管应满足最小敷设坡度的要求。埋地横管一般可采用非金属管材,为便于清通,埋地横管的直径不宜小于 200 mm,最大不超过 600 mm。

附属构筑物主要有检查井、检查口、排气井等,用于雨水管道的清扫、检修、排气。检查井设于敞开式内排水系统中,在排出管与埋地横管连接处,埋地横管转弯、变径及超过 30 m 的直线管段上,都应设检查井,检查井深不小于 0.7 m。检查井内应做高流槽导流,流槽高于管顶 200 mm,从而改善立管出流后的水流状态。为了将进入雨水排水系统的气体释放,在埋地横管起端几个检查井与排出管间应设排气井。设置室内埋地横管(敞开系统)时,由于多种因素的影响,起点检查井冒水的机会比下游检查井多,故为避免检查井冒水或造成倒灌,一般在起点检查井不宜接入工业废水管道。

对密闭系统,由于不设检查井,为保证埋地横管畅通和清通立管及埋地横管转角处的堵塞,密闭系统埋地横管靠近立管处应设水平检查口。

二、雨水内排水系统中水气流动的物理现象

雨水从暴露在大气中的雨水斗进入雨水管道的同时,必然会挟带一部分空气进入管道中,因此雨水管道中是水气两相流动。随着降雨历时的增加,汇水面积、天沟水深也不断增加,进入雨水管道内的空气量及管道内压力发生变化。这些变化受天沟位置高度,天沟水位,悬吊管的管径、长度、坡度及立管管径等因素影响。只有了解雨水管道中水流运动变化情况,才能对管道系统进行合理的设计。

(一)单斗雨水排水系统

1. 雨水斗泄流状态

雨水斗的泄流量与斗前水深(即天沟水深)及管道中的水流情况有很大关系。同时,在雨水斗排水时天沟雨水不能完全被淹没,以及天沟内水面的波动,致使空气进入管道中,形成管道内的水气两相流动,掺气量大,则管道的泄流能力低。管道中的空气只有从雨水斗进入,当天沟水深浅时,管中掺气量大,随着水深加大掺气量为零,管系便处于压力流状态,此时雨水斗的泄流量最大,如图 5-12 所示。

按降雨历时,雨水斗泄流量状态可分为初始阶段、过渡阶段和饱和阶段三个阶段。在初始阶段,降雨刚刚开始,只有少部分汇水面积上的雨水汇集到雨水口,天沟水深较浅,雨水斗大部分暴露在大气中,进气面积大,而泄水量小,所以掺气比急剧上升,雨水在连接管内呈附壁流或膜流,管中心空气畅通,管内压力约等于大气压力。随着水深和泄流量增加,掺气比增加,管内压力增加,但变化缓慢。雨水主要靠重力流动,这个阶段是水气两相重力流。

随着汇水面积的增加,进入过渡阶段。此时天沟中水位不断上升,雨水斗泄流量也持续增大。由于天沟内水深增加,雨水斗进气面积减小,而泄流量增加,所以掺气比急剧下降,管内频繁形成水塞,出现抽力,管内的压力增加较快,这个阶段属于水气两相重力压力流。

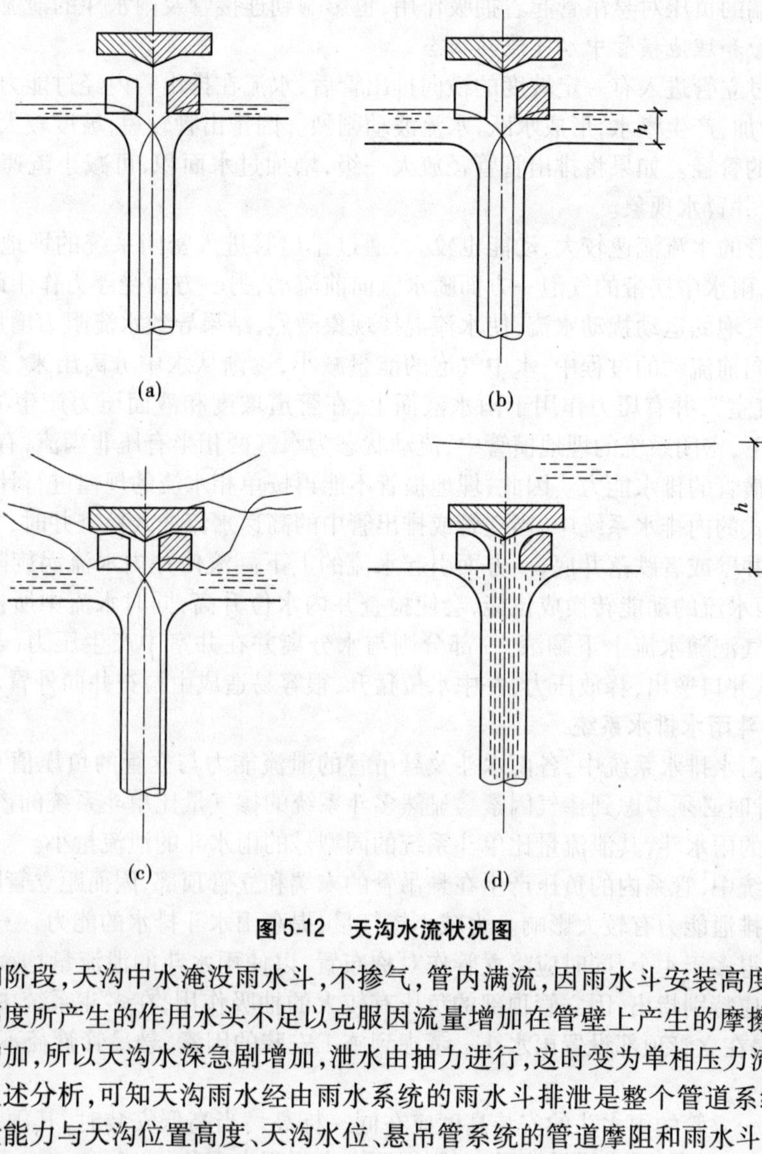

图 5-12　天沟水流状况图

至饱和阶段，天沟中水淹没雨水斗，不掺气，管内满流，因雨水斗安装高度不变，天沟水深增加高度所产生的作用水头不足以克服因流量增加在管壁上产生的摩擦阻力，泄流量基本不增加，所以天沟水深急剧增加，泄水由抽力进行，这时变为单相压力流。

通过上述分析，可知天沟雨水经由雨水系统的雨水斗排泄是整个管道系统作用的结果。其排泄能力与天沟位置高度、天沟水位、悬吊管系统的管道摩阻和雨水斗局部阻力有关，其中主要取决于天沟位置高度。

总之，雨水斗排泄雨水是在压力流状态下工作的。雨水斗离出流口越高，管道系统的排泄能力就越大。

2. 悬吊管和立管内压力变化规律

立管的泄水能力远大于横向的悬吊管和排出管的泄水能力。当天沟水深较浅时，管道系统泄水能力小，悬吊管内是非满流的重力流，立管内是附壁水膜重力流。这时，立管泄水能力大于悬吊管泄水能力的部分由空气流动来补偿，整个管道系统内无压力变化。

随着天沟水深及管道泄水能力的增加，悬吊管和立管内压力发生变化。立管上部为负压区，下部为正压区，正负压值随着流量的增加而增大。在正负压之间有一零压力点，其位置随流量增大而上升，满流时零压力点在最高位置，立管沿程压力分布曲线呈线性关系，其阻力损失随流量增大而增大。

立管顶端的负压对悬吊管起着抽吸作用,也影响到连接管及雨水斗的泄流能力。

3. 排出管和埋地横管中水气流动状态

雨水通过立管进入有一定坡度的横向排出管后,水流在排出管内经过能力交换,流速降低、水深增加,产生壅水,形成水跃,水流波动剧烈。因排出管较短,坡度较大,一般采用与立管相同的管径。如果将排出管管径放大一级,增加过水面积,可减小流速,使水流平稳,减少检查井冒水现象。

来自立管的水流流速较大,动能也较大,通过排出管进入密闭系统的埋地横管后,流速急剧减小,雨水中挟带的气泡一方面随水流向前流动,另一方面受浮力作用而产生垂直运动。这种气泡的运动扰动水流,使水流混掺现象激烈,结果导致水流阻力增加。水流在埋地横管内向前流动的过程中,水中气泡的能量减小,逐渐从水中分离出来,聚集在管道上部形成"气室",并有压力作用于雨水液面上,在管道坡度和液面压力产生的水力坡度的共同作用下,密闭系统的埋地横管中,流动状态为水气两相半有压非满流,有壅水存在,增大了埋地横管的排水能力。因此,埋地横管不能再按单相水流的规律进行计算。

在敞开式的内排水系统中,当立管或排出管中的高速水流冲入检查井时,立管中的高速水流直冲井壁或者跌落井底,一方面引起水流的上下翻滚使井内水流涡旋阻挠水流下泄;另一方面水流的动能转换成位能,会使检查井内水位升高,同时水流中所挟气体在井内形成较大气泡随水流上下翻滚,一部分则与水分离并在井室中产生压力,若井盖未封闭,气体将从井口逸出,释放压力,井中水位猛升,很容易造成由检查井向外冒水的现象。

(二)多斗雨水排水系统

在多斗雨水排水系统中,各雨水斗及悬吊管的泄流能力与立管的负压值有极密切的关系,故设计时必须考虑到掺气因素。显然多斗系统的掺气量比单斗系统的掺气量大,因此多斗系统的雨水斗,其泄流量比单斗系统的同型号的雨水斗的泄流量小。

多斗系统中,管系内的负压产生在悬吊管的末端和立管顶部,因而距立管距离的大小对雨水斗的排泄能力有较大影响。为减小掺气量,提高雨水斗排水的能力,一般多斗系统的雨水斗不得多于4个;同时应将立管作对称布置,以使雨水斗的泄流量均衡,避免屋顶局部积水。应特别指出,因立管顶部的负压有较大的抽吸作用,在多斗系统中,为使掺气量减小,不得在立管顶部设置雨水斗。考虑到施工安装的因素,悬吊管管径不得大于300 mm。

接入同一立管的雨水斗的安装高度应在同一标高。当高低安装时,其雨水斗的总泄流量须不超过立管的最大设计流量,否则屋面会出现积水现象。

三、屋面雨水排水系统的设计计算

(一)雨水设计流量计算

屋面雨水排水系统中,雨水量的大小是系统设计的基本参数,雨水量的大小与当地暴雨强度、汇水面积及受屋面坡度影响的屋面宣泄能力系数有关,应以当地暴雨强度公式按降雨历时5 min计算。

1. 雨水设计流量计算公式

$$Q = k_1 \frac{F q_5}{10\,000} \tag{5-8}$$

$$Q = k_1 \frac{Fh_5}{3\ 600} \tag{5-9}$$

式中　Q——屋面雨水设计流量,L/s;

F——屋面设计汇水面积,m^2;

h_5——当地降雨历时为 5 min 时的小时降雨厚度,mm/h;

q_5——当地降雨历时为 5 min 时的暴雨强度,L/(s · 万 m^2);

k_1——设计暴雨强度重现期为 1 年时的屋面宣泄能力系数,对坡度小于 2.5% 的平屋面,k_1 取 1.0,对坡度为 2.5% 的斜屋面,k_1 取 1.5 ~2.0。

其中

$$q_5 = \frac{1.67A_1(1 + C\lg P)}{(t + b)^n} \tag{5-10}$$

式中　t——降雨历时,建筑物屋面雨水排水系统常取 5 min;

P——设计暴雨强度重现期,建筑物屋面雨水管道应按 2 ~5 年选用,对重要的公共建筑、工业厂区设计暴雨强度重现期可酌情提高;

A_1、C、b、n——当地降雨参数,根据统计法确定,一般可通过查用相关手册获得。

2. 汇水面积 F

屋面的汇水面积应按屋面的水平投影面积计算。当有高出屋面的侧墙时,由于风力吹动的原因,其上也布洒有相当部分的雨水,应将其垂直墙面积的一半计入雨水汇水面积。若高出屋面两侧为侧墙,以两侧墙头连线面积的一半计入雨水汇水面积,三侧或三侧以上有侧墙时,也只按两侧计算。

(二)外排水系统设计计算

1. 普通外排水系统设计计算

按有关设计规定和经验布置立管,划分并计算各立管汇水面积,计算每根立管需排泄的雨水量,确定雨水立管管径。雨水立管中设计流量不大于表 5-15 中所列最大设计泄流量。

表 5-15　雨水立管最大设计泄流量

管径(mm)	75	100	125	150	200
最大设计泄流量(L/s)	9	19	29	42	75

2. 天沟外排水系统设计计算

天沟外排水系统设计计算的主要内容是配合土建的要求,设计天沟的形式和断面及确定天沟汇水长度。

1)天沟外排水系统的水力计算公式

(1)雨水流量计算:雨水流量计算公式见式(5-8)。

(2)天沟内水流速度采用曼宁公式计算,即

$$v = \frac{1}{n} R^{\frac{2}{3}} i^{\frac{1}{2}} \tag{5-11}$$

式中　v——天沟中水流的速度,m/s;

n——天沟的粗糙系数;

R——水力半径,m;

i——天沟坡度，一般不小于0.003。

(3)过水断面面积计算，其计算公式如下：

$$A_1 = \frac{q}{v} \tag{5-12}$$

式中 A_1——天沟的过水断面面积，m^2；

q——流量，L/s。

(4)汇水面积计算，其计算公式如下：

$$A = LB \tag{5-13}$$

式中 A——屋面天沟的汇水面积，m^2；

L——天沟长度，m；

B——厂房跨度，m。

2)粗糙系数 n 值的确定

n 值的选用应根据天沟的材料及施工情况确定，一般天沟的 n 值见表5-16。

3)天沟断面及尺寸的确定

天沟的有效断面应满足湿周最小和泄流量最大的水力条件，一般采用宽而浅的矩形和梯形，具体尺寸由计算确定。为了排水安全，天沟应另增加20～50 mm的保护高度，天沟起端的水深不应小于80 mm。

表5-16 各种材料的 n 值

壁面材料的种类	n 值
钢管、石棉水泥管、水泥砂浆抹面的光滑水槽	0.012
铸铁管、陶土管、水泥砂浆抹面的混凝土槽	0.012～0.013
混凝土槽及钢筋混凝土槽	0.013～0.014
无抹面的混凝土槽	0.014～0.017
喷浆护面的混凝土槽	0.016～0.021
表面不整齐的混凝土槽	0.020
豆砂沥青玛瑞脂护面的混凝土槽	0.025

4)天沟排水立管管径的确定

天沟排水立管的管径可按表5-15确定。

5)溢流口排水量的确定

天沟末端山墙、女儿墙上设置溢流口，用以排泄立管来不及排除的雨水量，其排水能力可按宽顶堰计算。

$$q = mb(2g)^{1/2}H^{3/2} \tag{5-14}$$

式中 q——溢流水量，m^3/s；

m——流量系数，可采用0.320；

b——堰口高度，m；

g——重力加速度，通常取9.8 m/s^2；

H——堰上水头，m。

天沟设计计算有两种情况:一种是已确定天沟长度及暴雨强度重现期,设计天沟形式和断面尺寸;另一种是已知天沟形式和断面尺寸,进行天沟允许排泄雨量的计算,用计算求得泄流量校验设计暴雨强度重现期。

3. 雨水内排水系统设计计算

雨水内排水系统的设计计算包括雨水斗、连接管、悬吊管、立管、排出管和埋地横管等的选择和计算。

1)雨水斗

雨水斗的泄流量按式(5-8)或式(5-9)确定。雨水斗最大允许泄流量见表5-17。

雨水斗应根据屋面坡度和建筑物结构合理布置,计算每个雨水斗的汇水面积(雨水斗最大汇水面积可查有关手册),根据当地5 min降雨厚度 h_5,查有关手册确定雨水斗直径。

表5-17　雨水斗最大允许泄流量　　(单位:L/s)

雨水斗直径(mm)	75	100	125	150	200
单斗系统	9.5	15.5	22.5	31.5	51.5
多斗系统	7	12	18	26	39

2)连接管

连接管一般采用与雨水斗出水口相同的管径,不必计算。

3)悬吊管

悬吊管的排水量与连接雨水斗的数目和雨水斗到立管的距离有关,连接雨水斗数量多,则雨水斗掺气量大,水流阻力大;雨水斗离立管远,则水流阻力大,所以悬吊管的排水流量小。一般单斗系统的泄水能力,可比同样情况下的多斗系统增大20%左右。

在设计中先计算出悬吊管汇水面积,查有关手册中悬吊管最大允许汇水面积表确定管径和坡度。表中数值是按照小时降雨厚度100 mm/h,管道充满度0.8,敷设坡度不得小于0.005和管内壁粗糙系数 $n=0.013$ 计算的。如果设计小时降雨厚度为 H,则应将屋面汇水面积换算成相当于100 mm/h的汇水面积 F_H,换算公式如下:

$$F_H = \frac{H}{100}F_{100} \tag{5-15}$$

式中　F_H——小时降雨厚度 H 换算为小时降雨厚度为100 mm/h时的汇水面积,m^2;

F_{100}——小时降雨厚度为100 mm/h时的汇水面积,m^2。

4)立管

立管连接一根悬吊管时,采用与悬吊管相同的管径。如果一根立管连接两根悬吊管,应先计算立管的汇水面积,再根据5 min小时降雨厚度 h_5,查表5-18确定管径。

在计算过程中,如出现悬吊管管径大于立管管径,可放大立管管径使其与悬吊管管径相同。

5)排出管

排出管一般采用与立管相同的管径,不必另行计算。如果加大一级管径,可以改善管道排水的水力条件,减小水头损失,增加立管的泄水能力,对整个架空管系排水有利。

表5-18 立管最大允许汇水面积和排水流量

管径(mm)	75	100	150	200	250	300
汇水面积(m^2)	360	680	1 510	2 700	4 300	6 100
排水流量(L/s)	10	19	42	75	120	170

注:本表是根据降雨厚度 100 mm/h 计算的,如为其他降雨厚度,应换算为相当于 100 mm/h 的汇水面积和排水流量后,再查用本表。

6)埋地横管

为了排水畅通,埋地横管坡度应不小于 0.003。敞开式内排水系统按非满流设计,最大允许充满度在管径小于或等于 300 mm 时为 0.50;管径 350 ~ 450 mm 时为 0.65;管径大于或等于 500 mm 时为 0.80。密闭式内排水系统按满流设计。埋地横管计算方法与悬吊管相同。

为了改善埋地横管中的水力条件,减小水流掺气量,可在埋地横管起端几个检查井的排出管上设排气井,排放水中分离的空气,稳定水流,对防止冒水有一定作用。

复习思考题与习题

1. 建筑内排水系统由哪几部分组成? 各有什么作用?

2. 什么是排水体制? 建筑内排水特征如何确定?

3. 建筑内排水系统常用的管材有哪些? 各有什么特点?

4. 清通设备是什么? 有何设置原则?

5. 试述建筑内排水管道布置和敷设的原则及要求。

6. 水封的作用是什么? 如何保护其不受破坏?

7. 如何选择排水设计秒流量公式?

8. 建筑内排水系统中通气管道的作用是什么? 常用的通气方式有哪几种? 各适用于什么条件?

9. 什么是污水局部处理? 为什么要进行污水局部处理? 常用的污水局部处理工艺有哪些?

10. 屋面雨水排水系统的主要方式有哪些? 如何选择?

11. 某 4 层学生宿舍楼,每层两端设有盥洗间、厕所各 1 个。每个盥洗间设有 12 个 *DN*15 配水龙头,1 个污水池水龙头。每个厕所设有延时自闭式冲洗阀蹲式大便器 6 个,小便器 3 个,洗手盆 1 个。试计算总排出管的管径。

12. 某 3 层疗养院,每层卫生间设有手动冲洗阀小便器 3 个,污水池 1 个,高位水箱大便器 2 个。请按自己的设计画出排水轴测图,确定排水系统各管段管径与排水横管坡度与充满度。

第六章 建筑中水

【学习目标】

掌握建筑中水处理工艺流程的选择和中水处理技术的选择;理解建筑中水的水质、水量与水压要求;了解建筑中水的意义,中水系统的安全防护。

第一节 建筑中水系统的分类与组成

随着国民经济的发展,城市用水量大幅度上升,给水量和排水量日益增大,使给水系统、排水系统的扩建费用、动力费用和管理费用不断增加,同时给水资源的保护工作也带来了一定的困难。因此,中水技术得到了越来越多的应用。

一、建筑中水系统的意义

所谓"中水",是相对于"上水"(给水)和"下水"(排水)而言的。建筑中水系统是将建筑或建筑小区使用后的生活污废水经适当处理后再用于建筑或建筑小区作为杂用水的供水系统。中水水质的主要指标低于生活饮用水水质标准,但高于污水允许排入地面水体的排放标准。

建筑中水技术开发利用的意义有如下几点:

(1)可以为缺水地区就近开辟新水源,使本地区的污废水资源化。

(2)有效地利用和节约有限的淡水资源。

(3)可以缓解城市下水道的超负荷运行现象,减轻对水体的污染。

近年来,我国各地纷纷开展了污废水回用的实验、研究,中水工程的应用日益增多。根据不同民用建筑物用水量统计,一般杂用水量为生活总用水量的30%~40%,如果我国缺水地区广泛开展中水利用,则大量的淡水资源将被节约下来。中水作为可靠的第二水源,通过对其水质的抽测,保证其出水水质符合现行生活杂用水水质标准,则可用于冲厕、绿化、洗车等。已运行的中水工程为中水技术的开发提供了宝贵的经验,为中水技术的推广提供了可靠的依据。

二、建筑中水系统的分类

中水系统是一个系统工程,是给水工程技术、排水工程技术、水处理工程技术和建筑环境工程技术的有机结合,以求实现各部分的使用功能、节水功能及建筑环境功能的统一。按中水系统服务的范围,一般分为以下三类。

(一)建筑中水系统

建筑中水系统是指单幢或几幢相邻建筑所形成的中水系统,按其实际情况的不同又可再分为以下两种形式。

1. 具有完善排水设施的建筑中水系统

该形式的中水系统(见图 6-1)是指建筑物排水管系为分流制,且具有城市二级水处理设施的系统。中水的水源为本系统内的优质杂排水和杂排水(不含粪便的污水),这种杂排水经集流处理后,仍供应本建筑内冲洗厕所、绿化、扫除、洗车、水景、空调冷却等用水。其水处理设施可设于建筑地下室或邻近建筑的室外。这种系统的给水和排水都应该是双管系统,即室内饮用给水和中水供水采用不同的管网分质供水,室内杂排水和污水采用不同的管网分别排除。

2. 排水设施不完善的建筑中水系统

该形式的中水系统(见图 6-2)是指建筑物排水管系为合流制,且没有二级水处理设施或距二级水处理设施较远的系统。中水水源取自该建筑的排水净化池(如沉砂池、沉淀池、隔油池或化粪池等)。其中水处理构筑物根据建筑物有无地下室和气温冷暖期长短等条件设于室内或室外。这种系统的室内饮用给水和中水供水也必须采用两种管系分质供水,而室内排水则不一定分流排放,应根据当地室外排水设施的现状和规划确定。

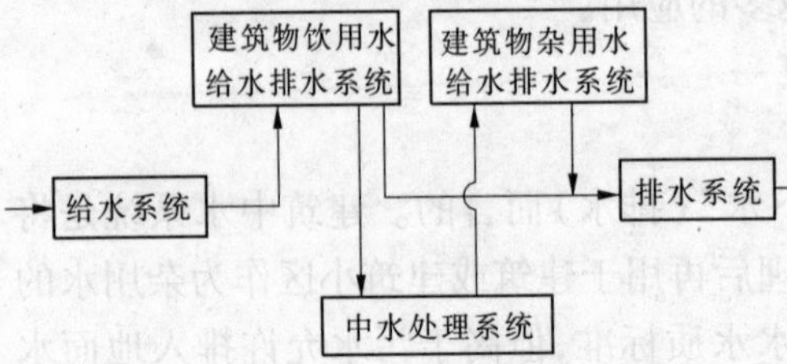

图 6-1　排水设施完善地区的单幢建筑中水系统

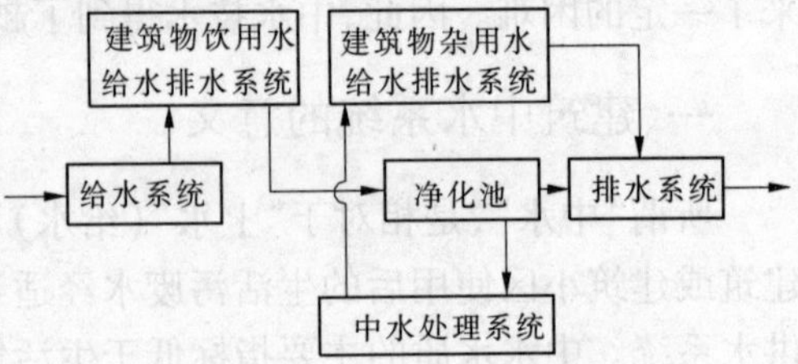

图 6-2　排水设施不完善地区的单幢建筑中水系统

(二)小区中水系统

小区中水系统(见图 6-3)适用于城镇小区、机关大院、企业学校等建筑群。中水水源取自建筑小区内各建筑物排放的污废水。室内饮用给水和中水供水应采用双管系统分质供水。室内排水应与小区室外排水体制相对应,污水应按生活废水和生活污水分质、分流进行排放。

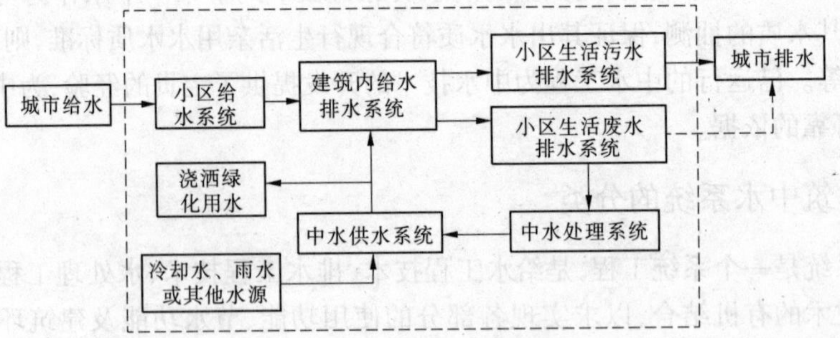

图 6-3　小区中水系统框图

(三)城镇中水系统

城镇中水系统(见图 6-4)以城镇二级污水处理厂的出水和部分雨水作为中水水源,

经提升后送到中水处理站，处理达到生活杂用水水质标准后，供城镇杂用水使用。该系统不要求室内外排水系统必须采用分流制，但城镇应设有污水处理厂，城镇和室内供水管网应为双管系统。

在上述几种类型的中水系统中，据有关资料统计，单幢建筑中水系统远多于建筑小区中水系统，市中心的中水系统多于市郊，中水处理站设于室内地下室多于设在室外。

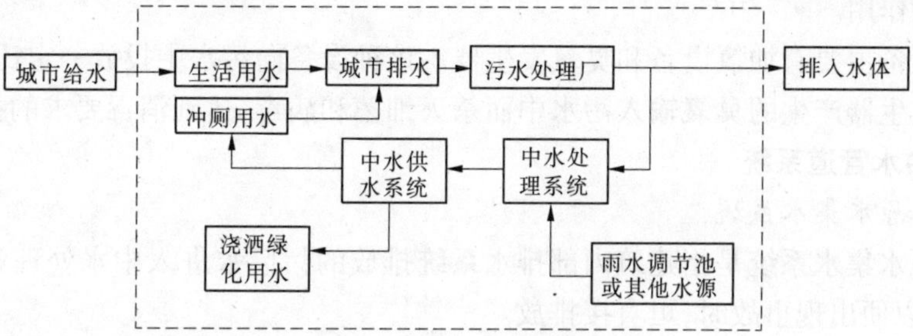

图 6-4　城镇中水系统框图

三、建筑中水系统的组成

(一) 中水原水系统

该系统是指收集、输送中水原水至中水处理设施的管道系统和一些附属构筑物。它有污废水合流系统和污废水分流系统之分。一般情况下为简化处理，推荐采用污废水分流系统。

(二) 中水处理设施

1. 预处理设施

预处理设施主要包括化粪池、格栅和调节池等。以生活污水为原水的中水系统，必须在建筑物的粪便排水系统中设置化粪池，使污水得到初级处理。格栅的作用是截流中水原水中漂浮和悬浮的杂质，如毛发、布头和纸屑等。调节池的作用是对原水流量和水质起调节均衡作用，保证后续处理设备的稳定和高效运行。

2. 中水主要处理设施

中水主要处理设施包括沉淀池、气浮池、生物接触氧化池、生物转盘等。

1) 沉淀池

沉淀池通过自然沉淀或投加混凝剂，使污水中悬浮物借重力沉降作用从水中分离。

2) 气浮池

气浮池通过进入污水后的压缩空气在水中析出的微小气泡，将水中容重接近于水的微小颗粒黏附，并随气泡上升至水面，形成泡沫浮渣而去除。

3) 生物接触氧化池

在生物接触氧化池内设置填料，填料上长满生物膜，污水与生物膜相接触，在生物膜上微生物的作用下，分解流经其表面的污水中的有机物，使污水得到净化。

4) 生物转盘

生物转盘的作用机制与生物接触氧化池基本相同，生物转盘每转动一周，即进行一次吸附—吸氧—氧化—分解过程，衰老的生物膜在沉淀池中被截留。

3. 后处理设施

当中水水质要求高于杂用水时，应根据需要增加深度处理，即中水再经过后处理设施处理，如过滤、消毒等。

滤池的作用是去除二级处理水中残留的悬浮物和胶体物质，对 BOD、COD、铁等也有一定的去除作用。

消毒设备主要有加氯设备和臭氧发生器。该种设备向污水中投放一定比例的液氯或通过臭氧发生器产生的臭氧输入污水中而杀灭细菌和病毒，达到消毒要求的指标。

（三）中水管道系统

1. 中水原水集水系统

中水原水集水系统是指建筑内部排水系统排放的污废水进入中水处理站，同时设有超越管线，以便出现事故时，可直接排放。

2. 中水供水系统

原水经中水处理设施处理后成为中水，首先流入中水贮水池，再经水泵提升后与建筑内部的中水供水系统连接，建筑物内部的中水供水管网与给水系统相似，如图 6-5 所示。

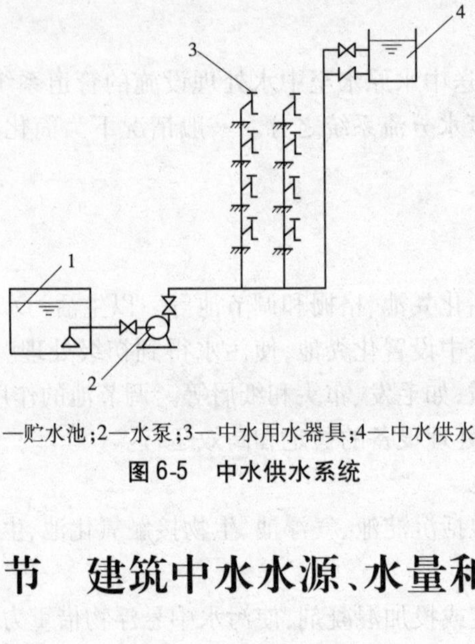

1—贮水池；2—水泵；3—中水用水器具；4—中水供水箱

图 6-5　中水供水系统

第二节　建筑中水水源、水量和水质

一、中水水源

中水水源的选用应根据原排水的水质、水量，排水状况和中水所需的水质、水量来确定。一般主要取自生活污水与冷却水，并应首先选用优质杂排水，从而简化中水处理流程，节约工程造价，减少运转费用。选用的顺序通常为冷却水、沐浴排水、盥洗排水、洗衣排水、厨房排水、厕所排水。

医院污水不宜做中水水源，尤其是传染病医院、结核病医院的污水中有多种病菌病毒，虽然医院中有消毒设备，当前对放射性污水的处理也采用了一定的方法，但不可能保证任何时候都安全可靠。因此,严禁将传染病医院、结核病医院的污水和放射性污水作为中水水源。

二、中水水量

(一)中水原水水量

中水原水是指来源于中水水源、未经处理的建筑的各种排水的组合。中水原水水量指建筑组合排水(如优质杂排水、杂排水、粪便污水等)水量。我国幅员辽阔,各地区用水量差异较大,各类建筑物的生活排水量,除可按给水量估算(经验上建筑的生活污水排放量可按该建筑给水量的80% ~90%确定)外,还应依据本地区多年调查积累的资料确定。在缺少详尽资料时,可参考表6-1确定。

表6-1 各类建筑物生活给水量及百分率

类别	住宅		宾馆、饭店		办公楼		说明
	水量(L/(人·d))	百分率(%)	水量(L/(人·d))	百分率(%)	水量(L/(人·d))	百分率(%)	
厕所	40~60	31~32	50~80	13~19	15~20	60~66	
厨房	30~40	21~23					
沐浴	40~60	31~32	300	71~79			盆浴及淋浴
盥洗	20~30	15	30~40	8~10	10	34~40	
总计	130~190	100	380~420	100	25~30	100	

注:洗衣用水量可根据实际使用情况确定。

(二)中水用水量

中水用水量是指建筑内各种杂用水的总量。

对于一般住宅,中水主要用于冲洗厕所、浇花等;对于办公楼,中水主要用于冲洗厕所、洗车、冷却、绿化用水等;对于室外环境,中水主要用于消防、水景、喷洒道路、浇灌花草树木等。

至于中水用水量的确定,应该按类分项区别不同用途,根据各类建筑的不同项目用水量、不同项目用水量占供水量的百分比及计算单位数,参照表6-1计算。而水景、绿化浇水、洗车、道路洒水等中水用水量,可参照有关资料提供的用水定额确定。

三、中水水质标准

(一)中水原水水质

中水原水水质因各类建筑、各种排水的污染程度不同而不同,应按当地的情况进行测定和统计,无可靠资料时可参照表6-2确定。

(二)中水水质

1. 中水水质基本要求

为了更好地开展中水利用,中水的水质必须满足以下要求:

(1)卫生上安全可靠,无有害物质,其主要衡量指标有大肠菌群指数、细菌总数、余氯量、悬浮物量、生化需氧量及化学需氧量等。

(2)外观上无使人不快的感觉，其主要衡量指标有浊度、色度、臭气、表面活性剂和油脂等。

(3)不引起设备、管道等的严重腐蚀、结垢和不造成维护管理的困难，其主要衡量指标有 pH 值、硬度、蒸发残留物、溶解性物质等。

表 6-2　各种建筑物各种排水污染浓度　（单位：mg/L）

类别	住宅			宾馆、饭店			办公楼		
	BOD	COD	SS	BOD	COD	SS	BOD	COD	SS
厕所	200～260	300～360	250	250	300～360	200	300	360～480	250
厨房	500～800	900～1 350	250						
沐浴	50～60	120～135	100	40～50	120～150	80			
盥洗	60～70	90～120	200	70	150～180	150	70～80	120～150	200

注：BOD—生化需氧量，COD—化学需氧量，SS—悬浮物。

2. 中水水质标准

《城市污水再生利用 城市杂用水水质》(GB/T 18920—2002)(见表 6-3)使中水(杂用水)的使用有了统一遵循的标准。

当中水用途较多时，中水水质应按最高要求确定。

表 6-3　城市杂用水水质标准

项目		冲厕	道路清扫、消防	城市绿化	车辆冲洗	建筑施工
pH		6.0～9.0				
色度(度)	≤	30				
嗅		无不快感				
浊度(NTU)	≤	5	10	10	5	20
溶解性固体(mg/L)	≤	1 500	1 500	1 000	1 000	—
五日生化需氧量(BOD_5)(mg/L)	≤	10	15	20	10	15
氨氮(以 N 计)(mg/L)	≤	10	10	20	10	20
阴离子表面活性剂(mg/L)	≤	1.0	1.0	1.0	0.5	1.0
铁(mg/L)	≤	0.3	—	—	0.3	—
锰(mg/L)	≤	0.1	—	—	0.1	—
溶解氧(mg/L)	≥	1.0				
总余氯(mg/L)		接触 30 min 后≥1.0，管网末梢≥0.2				
总大肠菌群(个/L)	≤	3				

第三节　建筑中水处理

一、中水处理工艺流程的选择

(一)选定流程的依据

确定中水处理工艺流程时,首先应当了解当地缺水环境背景和节水的技术条件;处理场地与环境条件是否适应拟选定的处理工艺流程,是否能够合理地排放处理过程中产生的污水及污泥;建筑环境条件是否适宜拟选的工艺流程,其生态、气味、噪声、外观是否与环境协调;当地的技术水平与管理水平是否与处理工艺相适应;投资者的投资能力以及各种流程经济技术的比较等。

其次,分析中水原水水质。分析取用的原水是分流制中的废水还是合流制的污水,以及原水的污染程度等。不管是哪种原水,都应当有实测的或相类似的水质资料。

最后,明确中水的用途及水质要求。中水的用途对水质提出了要求,另外,还应注意中水是否与人体直接接触以及输送中的管道、使用中水的设备对结垢与腐蚀的特殊要求,以及确定不同的深度处理措施。

(二)常用的中水处理工艺流程

(1)当以优质杂排水和杂排水为中水水源时(水中有机物浓度较低,处理的目的主要是去除悬浮物和少量有机物,降低原水的色度和浊度),宜选用如图6-6所示的以物化处理为主的工艺流程或采用生物处理和物化处理相结合的工艺流程。

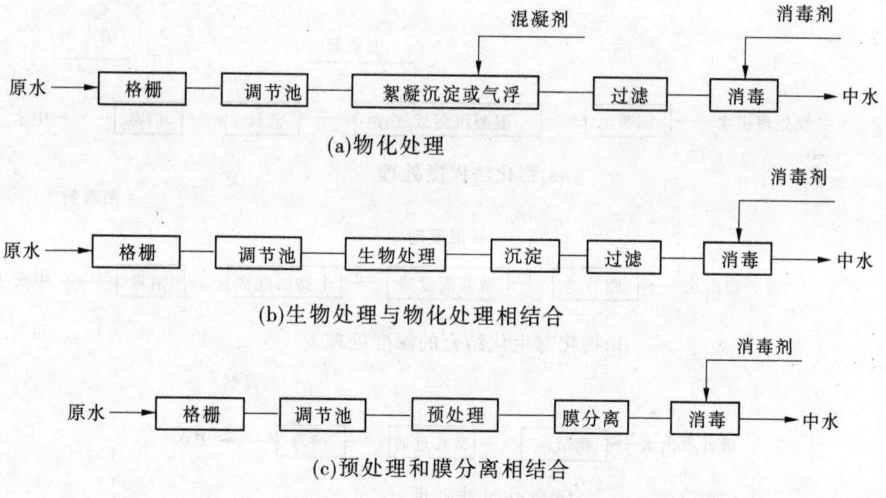

图6-6　优质杂排水和杂排水为中水水源的水处理工艺流程

(2)当以含冲洗厕所的生活污水为中水水源时(水中悬浮物和有机物浓度都很高,处理的目的主要是同时去除悬浮物和有机物),宜选用如图6-7所示的二段生物处理或生物处理与物化处理相结合的工艺流程(采用膜处理工艺时,应有保障其可靠进水水质的预处理工艺和易于膜的清洗、更换的技术措施)。

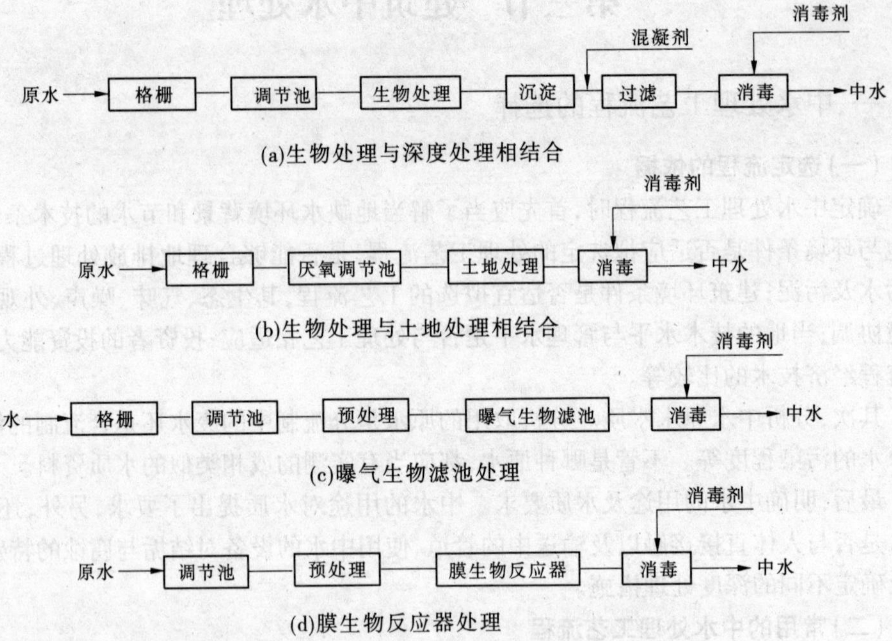

图 6-7　生活排水为中水水源的水处理工艺流程

(3)当利用污水处理站二级处理出水作为中水水源时,宜选用如图 6-8 所示的物化处理或与生化处理相结合的深度处理工艺流程。

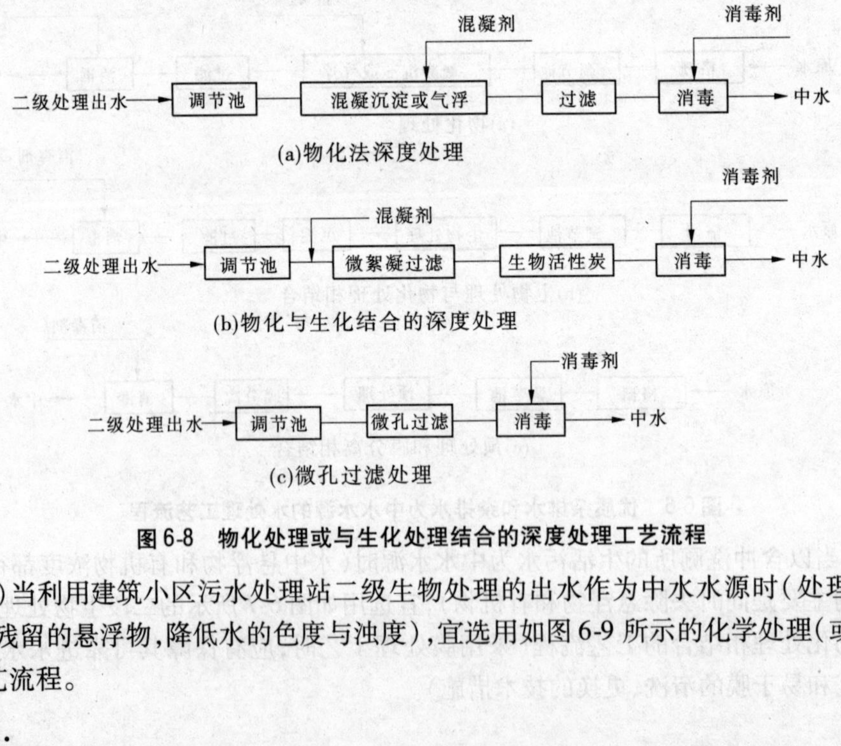

图 6-8　物化处理或与生化处理结合的深度处理工艺流程

(4)当利用建筑小区污水处理站二级生物处理的出水作为中水水源时(处理的目的是去除残留的悬浮物,降低水的色度与浊度),宜选用如图 6-9 所示的化学处理(或三级处理)工艺流程。

图 6-9　小区污水处理站二级生物处理出水为中水水源的水处理工艺流程

（三）工艺流程选择应注意的问题

（1）根据实际情况确定流程，选择流程时切忌不顾条件地生搬硬套。

（2）无论采用何种流程，都要经过消毒灭菌这一步骤。

（3）在确保中水水质的条件下，可采用新的工艺流程。

（4）中水用于水景、空调、冷却用水，采用一般处理不能达到相应水质标准时，应增加深度处理设施。

（5）中水处理产生的沉淀污泥、活性污泥和化学污泥，可采用机械脱水装置或自然干化池进行脱水干化处理或排至化粪池处理。

（6）应充分注意中水处理给建筑环境带来的臭味、噪声等危害。

（7）尽可能选择小型、高效、定型的设备。

二、中水处理技术

（一）格网、格栅

格网、格栅主要用来阻隔、去除中水原水中的粗大杂质，不使这些杂质堵塞管道或影响其他处理设备的性能。其栅条、网格按间隙大小分为粗、中、细三种，按结构形式分为固定式、旋转式和活动式。中水处理一般采用细格栅（网）或两道格栅（网）组合使用。当处理洗浴废水时还应加设毛发清除器。

（二）水量调节

水量调节是将不均匀的排水进行贮存调节，使处理设备能够连续、均匀、稳定地工作。其措施一般是设置调节池。工程实践证明污水贮存停留时间最长不宜超过 24 h。调节池的形式可以是矩形、方形或圆形，其容积应根据排水的变化情况、采用的处理方法和小时处理量计算确定。

（三）沉淀

沉淀的功能是使液固分离。混凝反应后产生的较大粒状絮凝物，靠重力通过沉淀去除，降低水中污染物。常用的设施有竖流式沉淀池、斜板（管）沉淀池和气浮池。当无调节池时，原水通过格栅（网）后，应进入初沉池。生物处理后的二次沉淀池和物化处理的混凝沉淀池宜采用竖流式沉淀池或斜板（管）沉淀池。

（四）生物处理

1. 接触氧化

接触氧化是在提供充足氧的条件下，使污水中的有机物与附着在填料上的生物膜接触，利用微生物生命活动过程中的氧化作用，降解水中有机污染物，使水得到一定程度的净化。

2. 生物转盘

其作用与接触氧化相同，不同之处有二：一是生物膜附着在转盘的盘上；二是转盘时而与水接触，时而与空气接触，通过与空气接触去获得充足的氧。中水处理中的生物转盘应采用2～3级串联式转盘。

（五）过滤

过滤主要是去除水中的悬浮和胶体等细小杂质，还能起到去除细菌、病毒、臭味等作用。过滤有多种形式，中水处理一般采用密封性好的、定型制作的过滤器或无阀滤池；常用的滤料有石英砂、无烟煤、泡沫塑料、硅藻土、纤维球等。

（六）消毒

消毒是使中水使用和生产过程的安全性得到保障的重要环节。中水的原水经过人的直接污染，含有大量的细菌、寄生虫和病毒，虽然经过有关环节处理，降低了细菌等含量，但还未达到中水水质标准。因此，要杀灭中水中的细菌和病毒。常用的消毒剂有氯、次氯酸钠、二氧化氯、漂白粉等。另外，还有臭氧消毒和紫外线消毒等方法。

三、中水处理站

（一）中水处理站的布置要求

（1）中水处理站应设置在所收集污废水的建筑群与中水回用地点便于连接的地方，且符合建筑总体规划的要求。单栋建筑的中水处理站可设在地下室或建筑附近。

（2）建筑群的中水处理站应靠近主要集水和用水处，并有单独的道路和进出口，便于进出设备、排除污物等。

（3）中水处理站的面积按处理工艺需要确定，并预留发展位置。

（4）处理站除有安置设施的场所外，还应有值班室、化验室、维修间等附属用房。

（5）贮存消毒剂、化学药剂的房间宜与其他房间隔开，并有直接通向室外的门，还应有必要的安全防护措施。

（6）处理间必须安设通风换气、保障处理工艺要求的采暖、照明和给水排水设施。

（二）中水处理站的隔音降噪及防臭措施

（1）中水处理站设置在建筑内部地下室时，必须与主体建筑及相邻房间严密隔开，并做建筑隔音处理以防空气传声；站内设备基座应安装减振垫，连接设备的管道应安装减振接头和吊架。

（2）中水处理中散发的臭气必须妥善处理。常用的臭味处理方法有如下几种：

①防臭法。对产生臭气的设备加盖、加罩防止散发或收集处理。

②稀释法。把收集的臭气高空排放，在大气中稀释。

③化学法。采用水洗、碱洗及氧化除臭。

④燃烧法。将废气在高温下燃烧除臭。

⑤吸附法。采用活性炭过滤吸附除臭。

⑥土壤除臭法。直接覆土或采用土壤除臭装置。

第四节　建筑中水管道系统

一、中水原水集水管道系统

中水原水集水管道系统一般由建筑内合流或分流集水管道、室外或建筑小区集水管道、污水泵站及有压污水管道和处理环节之间的连接管道四部分组成。

(一)建筑内合流或分流集水管道系统

建筑内合流或分流集水管道系统就是通常的建筑内排水管网,其支管、立管和横干管的布置与敷设,均同建筑排水设计。

1. 建筑内合流制集水管道系统

合流制系统中的集水干管(收集排水横干管或排出污水的管道)应根据处理间设置位置及处理流程的高程要求,既可设置成室内集水干管,也可设置成室外集水干管。当设置为室内集水干管时,应考虑充分利用排水的水头,即尽可能保持较高的出流高程,便于依靠重力流向下一道处理工序。但集流干管要选择合适的位置及设置必要的水平清通口,并在进入处理间或中水调节池之前设置超越管,以便出现事故时可以直接排放到小区或城市排水系统。

2. 建筑内分流制集水管道系统

该系统要求分流顺畅,这就要求与其他专业协商合作,使卫生间的位置和卫生器具的布置合理、协调。

(1)洗浴器具与便器最好分开设置或者分侧设置,以便用单独的支管、立管排出污水。

(2)高层公共建筑的排水系统宜采用污水、废水、通气三管组合管系。集水干管的要求与合流制管道系统相同。

(二)室外或建筑小区集水管道系统

这部分管道的布置和敷设与相应的排水管道基本相同,最大的区别在于室外集水干管还需将所收集的原水送至室内或附近的中水处理站。因此,除考虑排水管布置时的一些因素外,还应考虑地形、中水处理站的位置,注意使管道尽可能较短,一般布置在建筑物排水侧的绿地或道路下;力求埋深较浅,使所集污废水能在重力作用下流到中水处理站;布管时,要注意与给水、排水、供热、燃气、电力、通信等管系综合考虑。与给水管、雨水管、污水管的水平净距宜在 0.8 ~ 1.5 m 以上,与其他管道的水平净距宜在 1.0 m 以上,垂直净距应在 0.15 m 以上;还应考虑工程分期建设的安排和远期扩建的可行性。

(三)污水泵站及有压污水管道

如果由于地形或其他因素,集水干管的出水不能依靠重力流到中水处理站,就必须设置污水泵将污水加压送至中水处理站。污水泵的数量由污水量(或中水处理能力)确定。

污水泵出口至中水处理站起始进口之间的管道为有压污水管道。这段管道要求有一定的强度,接头必须严密,严防泄漏,还应有一定的耐腐蚀性。

中水处理站内各处理环节之间的连接管道,应根据其工艺流程和处理站的布局确定,做到既符合工艺要求,又能保证运行的可靠性。

二、中水供水管道系统

中水供水系统的管网系统类型、供水方式、系统组成、管道布置敷设以及水力计算和建筑给水系统基本相同,只是在供给范围、水质、使用等方面有特殊要求。

(一)中水管道和设备的要求

(1)中水供水系统必须独立设置。

(2)中水管道必须具有耐腐蚀性,因为中水中含氯和多种盐类,会产生多种生物和电化腐蚀,较适宜采用塑料管、衬塑复合管和玻璃钢管。

(3)如遇不可能采用耐腐蚀材料的管道和设备,应做好防腐蚀处理,要求表面光滑,易于清洗。

(4)中水供水系统应根据使用要求安装计量装置。

(5)中水管道不得装设取水龙头,便器冲洗宜采用密闭型设备和器具。冲洗汽车、绿化、浇洒宜采用具有防护功能的壁式或地下式消火栓。

(6)中水管道、设备及受水器具应按规定着浅绿色,以免引起误用。

(二)中水供水系统形式

常用的中水供水系统有余压给水系统(见图6-10)、水泵水箱供水系统(见图6-11)、气压给水系统(见图6-12)三种形式。

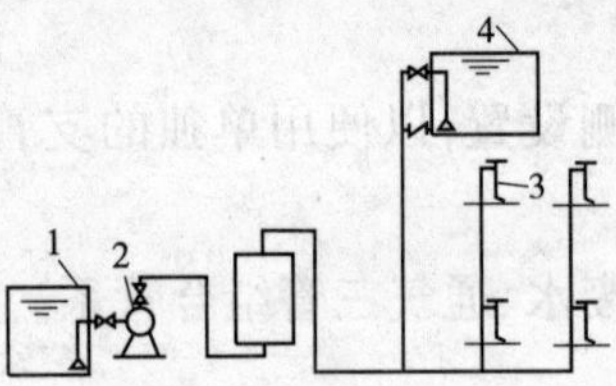

1—中水贮水池;2—水泵;

3—中水用水器具;4—水箱

图6-10 余压给水系统

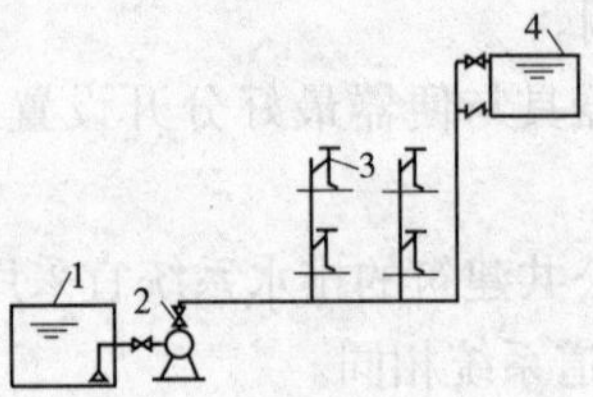

1—中水贮水池;2—水泵;

3—中水用水器具;4—水箱

图6-11 水泵水箱供水系统

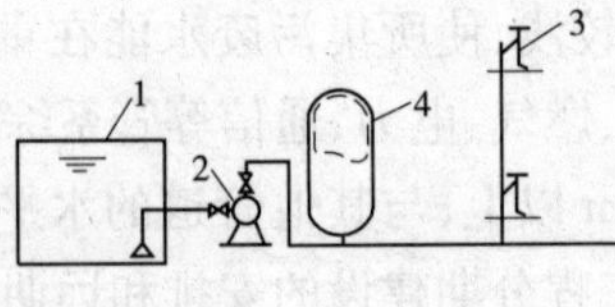

1—中水贮池;2—水泵;3—中水用水器具;4—气压罐

图6-12 气压给水系统

三、中水系统的安全防护

建筑中水系统除要保证中水供水的安全、卫生、可靠外,还应该注意管道结垢、腐蚀,管道误接、误用等影响安全性的因素。另外,为了保证建筑中水系统的正常运行和节水效果,必须进行必要的监测、控制。

(一)建筑中水的安全防护措施

(1)中水管道严禁与生活饮用水管道连接。生活饮用水管道只能通过间接装置,向中水池(箱)补水。

(2)中水管道不宜暗装于墙体和楼板内,已防标记不清,影响检修。

(3)生活饮用水补水管出口与中水贮水池内最高水位间，应有不小于2.5倍管径的空气隔断。

(4)中水管道与生活饮用水、给水排水管道平行埋设时，其水平净距不得小于0.5 m；交叉埋设时，中水管道应位于生活饮用水、给水管道之下，排水管道之上，其净距均不得小于0.15 m。

(5)中水贮水池(箱)设置的溢流管、泄水管，均应采用间接排水的方式，溢流管上应设隔网。

(6)中水管道应采取防止误接、误用的措施。

(二)建筑中水的监控与管理应注意的问题

(1)对我国目前占绝大多数的中小型处理站，可装设就地指示的监测仪表，由人工操作或控制，如：

日处理量小于200 m^3 的小型处理站，可装设就地指示的检测仪表，人工操作即可。

日处理量在200～1 000 m^3 的中型处理站，可配置必要的自动记录仪表。

日处理量大于1 000 m^3 的大型处理站，应考虑设置生物检测的自动系统，当水质不合格时应发出报警信号。

(2)根据处理工艺要求，处理构筑物的进水管和出水管上应设置取样管和计量装置。

(3)管理操作人员应受专门培训。

(4)水质监测(流量、色度、外观、pH值等)要经常进行，每日不少于一次，BOD、COD、大肠菌群等项目每日监测一次。

(5)水质监测发现不合格时，应及时采取水量和气量调节、投药增减、污泥清除、机械调整等技术措施。

(6)建筑中水系统的管理有生产管理、技术管理和经济管理三个方面，各方面都必须做到严格、有序、合理。

复习思考题与习题

1. 建筑中水系统一般由哪些部分组成？
2. 如何选择中水水源？
3. 建筑中水水质有哪些基本要求？
4. 选择中水处理工艺流程时应注意哪些问题？
5. 中水处理技术有哪些？
6. 建筑中水的安全防护措施有哪些？
7. 中水中臭味的处理方法有哪些？
8. 建筑中水处理站的布置要求有哪些？

第七章　建筑热水

【学习目标】

掌握热水供应系统的管材与附件、热水用水量的确定、热水管网的水力计算以及饮水供应的方式和计算；理解热水定额和水质、热水供应方式以及热水管网的布置和敷设要求；了解热水加热方式和加热设备等内容。

第一节　概　述

热水供应系统是加热和贮存热水的设备、输配热水的管路和使用热水用户的设施总称。热水供应主要包括一般盥洗用热水供应和饮用开水供应两大类。

一、热水供应系统的分类和组成

（一）热水供应系统的分类

建筑热水供应系统按供应范围的大小可分为区域热水供应系统、局部热水供应系统和集中热水供应系统。

1. 区域热水供应系统

该系统为区域中多栋建筑物统一供应热水，它是由城市热力网或小区锅炉房供热，经过热交换器获得热水后，再供应给各建筑的热水用水点，如图 7-1 所示。这种系统的优点是供水规模较大，热能利用效率高，设备集中，热水成本低，使用方便，对环境污染小；缺点是设备系统较复杂，管网较长，一次性投资较大。有条件时应优先选用这种系统。

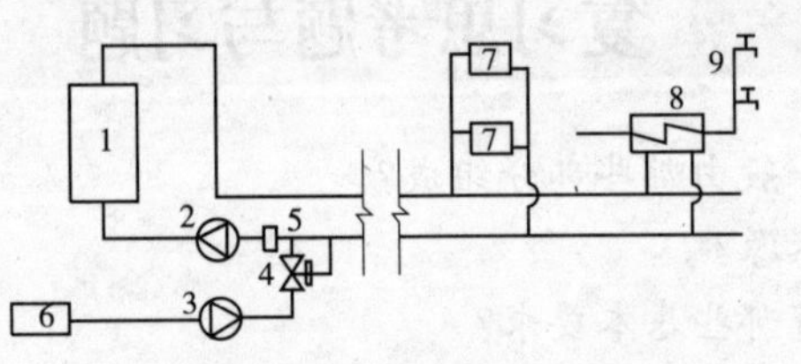

1—热水锅炉；2—循环水泵；3—补给水泵；4—压力调节器；5—除污器；
6—补充水处理装置；7—供暖散热器；8—生活热水加热器；9—生活用热水

图 7-1　区域热水供应系统

2. 局部热水供应系统

该系统适用于住宅、食堂、小型旅馆等热水用水点少且分散的建筑，可在用水点附近设置小型的加热设备，如小型燃气热水器、小型电热水器、蒸汽加热热水器、太阳能热水器等，如图 7-2 所示。其优点是设备系统简单，热水管路短，热能损失小，造价较低，使用灵活，易于建造；缺点是热效率较低，热水成本较高。

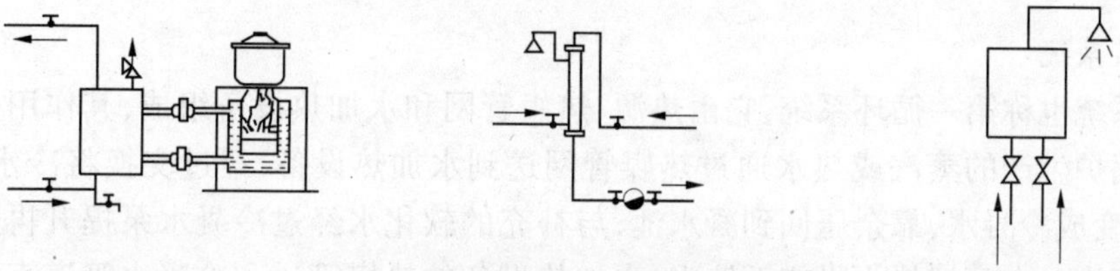

(a)炉灶加热　　(b)小型单管蒸汽-水快速加热器加热　　(c)燃气快速加热

图 7-2　局部热水供应系统

3. 集中热水供应系统

该系统适用于热水用量较大,用水点比较集中的宾馆、医院、集体宿舍等建筑中,一般为楼层较多的一幢或几幢建筑物,如图 7-3 所示。热水的加热、贮存、输送等都集中于锅炉房,热水由统一管网配送,集中管理,热效率较高,热水成本较低,节省建筑面积,使用方便。但此系统设备较复杂、管网较长、热耗大。对热水使用要求高、用水点多且相对集中的建筑可采用此系统。

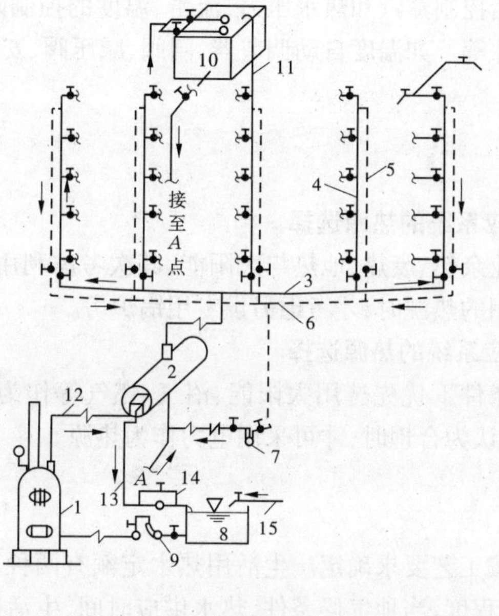

1—锅炉;2—水加热器;3—配水干管;4—配水立管;5—回水立管;
6—回水干管;7—循环泵;8—凝结水池;9—冷凝水泵 10—给水水箱;
11—透气管;12—热媒蒸汽管;13—凝水管;14—疏水器;15—冷水补水管

图 7-3　热媒为蒸汽的集中热水供应系统的组成

选择热水供应系统应根据建筑物所在地区热源情况、建筑物性质、热水使用点的数量及分布情况、用户对热水使用的要求等因素确定,同时应将当前使用情况和长远发展综合考虑。

(二)热水供应系统的组成

各类热水供应系统一般均由热媒系统、热水管网系统和热水系统附件三部分组成,如

图 7-3 所示。

1. 热媒系统

热媒系统也称第一循环系统，它由热源、热媒管网和水加热设备组成，其作用是制备热水。由锅炉生产的蒸汽或热水通过热媒管网送到水加热设备，经过交换将冷水加热。同时，蒸汽变成冷凝水，靠余压回到凝水池，与补充的软化水经过冷凝水泵提升再送回锅炉加热为蒸汽。在区域热水供应系统中，水加热设备的热媒管道和冷凝水管道直接与热力网连接。若使用热水锅炉直接加热冷水，则不需要热媒和热媒管网。

2. 热水管网系统

热水管网系统也称第二循环系统，它由热水配水管网和热水回水管网组成，其作用是将热水输送到各用水点并保证水温要求。在图 7-3 中，冷水由屋顶水箱送至水加热器，经与热媒进行热交换后变成热水。热水从加热器的出水管出来，经配水管网送至各用水点。为保证各用水点的水温要求，在配水立管和水平干管上设置回水管，使一定量的热水经循环泵回到水加热器中重新加热。对热水使用要求不高的建筑可不设置回水管。

3. 热水系统附件

热水系统附件包括控制蒸汽和热水压力、流量、温度的控制附件、管道连接附件和保证系统安全运行的附件等。如温度自动调节器、闸阀、减压阀、安全阀、排气阀、膨胀罐、疏水器、管道补偿器等。

二、热源的选择

（一）集中热水供应系统的热源选择

首先考虑利用工业余热、废热、地热与太阳能，其次考虑利用热力网或区域性锅炉房供热。当无上述可利用的热源时，才考虑另设专用锅炉房。

（二）局部热水供应系统的热源选择

在可能和合理的条件下优先选用太阳能、沼气、燃气等作为热源。有特殊要求的建筑，经过技术经济比较认为合理时，才可采用电力作为热源。

三、热水定额

生产用热水定额按工艺要求确定。生活用热水定额有两种：一种是根据建筑物的使用性质、卫生设备完善程度、当地气候条件、热水供应时间、生活习惯来确定，见表 7-1；另一种是根据卫生器具一次或 1 h 热水用量及使用水温按表 7-2 确定。

表 7-1　热水用水定额

序号	建筑物名称	单位	最高日用水定额（L）	使用时间（h）
1	住宅			
	有自备热水供应和沐浴设备	每人每日	40 ~ 80	24
	有集中热水供应和沐浴设备	每人每日	60 ~ 100	24
2	别墅	每人每日	70 ~ 110	24
3	酒店式公寓	每人每日	80 ~ 100	24

续表 7-1

序号	建筑物名称	单位	最高日用水定额(L)	使用时间(h)
4	宿舍 Ⅰ类、Ⅱ类 Ⅲ类、Ⅳ类	 每人每日 每人每日	 70 ~ 100 40 ~ 80	 24 或定时供应 24 或定时供应
5	招待所、培训中心、普通旅馆 设公用盥洗室 设公用盥洗室、淋浴室 设公用盥洗室、淋浴室、洗衣室 设单独卫生间、公用洗衣室	 每人每日 每人每日 每人每日 每人每日	 25 ~ 40 40 ~ 60 50 ~ 80 60 ~ 100	 24 或定时供应 24 或定时供应 24 或定时供应 24 或定时供应
6	宾馆客房 旅客 员工	 每床位每日 每人每日	 120 ~ 160 40 ~ 50	 24 24
7	医院住院部 设公用盥洗室 设公用盥洗室、淋浴室 设单独卫生间 医务人员 门诊部、诊疗所 疗养院、休养所住房部	 每床位每日 每床位每日 每床位每日 每人每班 每病人每次 每床位每日	 60 ~ 100 70 ~ 130 110 ~ 200 70 ~ 130 7 ~ 13 100 ~ 160	 24 24 24 8 8 ~ 12 24
8	养老院	每床位每日	50 ~ 70	24
9	幼儿园、托儿所 有住宿 无住宿	 每儿童每日 每儿童每日	 20 ~ 40 10 ~ 15	 24 10
10	公共浴室 淋浴 浴盆、淋浴 桑拿浴(淋浴、按摩池)	 每顾客每次 每顾客每次 每顾客每次	 40 ~ 60 60 ~ 80 70 ~ 100	12 12 12
11	理发室、美容院	每顾客每次	10 ~ 15	12
12	洗衣房	每千克干衣	15 ~ 30	8
13	餐饮业 营业餐厅 快餐厅、职工及学生食堂 酒吧、咖啡厅、茶座、卡拉 OK 房	 每顾客每次 每顾客每次 每顾客每次	 15 ~ 20 7 ~ 10 3 ~ 8	 10 ~ 12 12 ~ 16 8 ~ 18
14	办公楼	每人每班	5 ~ 10	8
15	健身中心	每人每次	15 ~ 25	12
16	体育场(馆) 运动员淋浴	 每人每次	 17 ~ 25	 4
17	会议厅	每座位每次	2 ~ 3	4

注:热水温度按 60 ℃计。

表 7-2　卫生器具一次和 1 h 热水用量及使用水温

序号	卫生器具名称	一次用水量(L)	1 h 用水量(L)	水温(℃)
1	住宅、旅馆、别墅、宾馆、酒店式公寓			
	带有淋浴器的浴盆	150	300	40
	无淋浴器的浴盆	125	250	40
	淋浴器	70 ~ 100	140 ~ 200	37 ~ 40
	洗脸盆、盥洗槽水龙头	3	30	30
	洗涤盆(池)	—	180	60
2	宿舍、招待所、培训中心			
	淋浴器:有淋浴小间	70 ~ 100	210 ~ 300	37 ~ 40
	无淋浴小间	—	450	37 ~ 40
	盥洗槽水龙头	3 ~ 5	50 ~ 80	30
3	餐饮业			
	洗涤盆(池)	—	250	60
	洗脸盆:工作人员用	3	60	30
	顾客用	—	120	30
	淋浴器	40	400	37 ~ 40
4	幼儿园、托儿所			
	浴盆:幼儿园	100	400	35
	托儿所	30	120	35
	淋浴器:幼儿园	30	180	35
	托儿所	15	90	35
	盥洗槽水龙头	1.5	25	30
	洗涤盆(池)	—	180	60
5	医院、疗养院、休养所			
	洗手盆	—	15 ~ 25	35
	洗涤盆(池)	—	300	60
	淋浴器	—	200 ~ 300	37 ~ 40
	浴盆	125 ~ 150	250 ~ 300	40
6	公共浴室			
	浴盆	125	250	40
	淋浴:有淋浴小间	100 ~ 150	200 ~ 300	37 ~ 40
	无淋浴小间	—	450 ~ 540	37 ~ 40
	洗脸盆	5	50 ~ 80	35
7	办公楼			
	洗手盆	—	50 ~ 100	35
8	理发室、美容院			
	洗脸盆	—	35	35

续表 7-2

序号	卫生器具名称	一次用水量(L)	1 h用水量(L)	水温(℃)
9	实验室 洗涤盆 洗手盆	 — —	 60 15~25	 60 30
10	剧场 淋浴器 演员用洗脸盆	 60 5	 200~400 80	 37~40 35
11	体育场 淋浴器	 30	 300	 35
12	工业企业生活间 淋浴器:一般车间 脏车间 洗脸盆、盥洗槽水龙头: 一般车间 脏车间	 40 60 3 5	 360~540 180~480 90~120 100~150	 37~40 40 25 35
13	净身器	10~15	120~180	30

注:一般车间是指现行的《工业企业卫生标准》中规定的3、4级卫生特征的车间;脏车间是指标准中规定的1、2级卫生特征的车间。

四、热水水温和水质

(一)热水水温

1. 热水使用温度

生活用热水水温应满足生活使用的各种需要,一般常使用的热水水温见表7-2中各卫生器具的热水混合水温。但是,在一个热水供应系统计算中,先确定出最不利配水点的热水最低水温,使其与冷水混合达到生活用热水的水温要求,并以此作为设计计算的参数,见表7-3。

表7-3 直接供应热水的热水锅炉、热水机组或水加热器出口的最高水温和配水点的最低水温 (单位:℃)

水质处理情况	热水锅炉、热水机组或水加热器出口的最高水温	配水点的最低水温
原水水质无需软化处理, 原水水质需水质处理且有水质处理	75	50
原水水质需水质处理 但未进行水质处理	60	50

生产用热水水温应根据工艺要求确定。

2. 热水供应温度

直接供应热水的热水锅炉、热水机组或水加热器出口的水温按表 7-3 确定。热水水温过高（高于 75 ℃），除加热设备和管道结垢加剧外，还会形成一些不利影响，如放水时因汽化而形成的噪声很大，冷热水混合时难以调节，容易烫伤，系统附件中的零件因热膨胀不易转动，影响使用等。热水锅炉或水加热器出口水温与系统最不利配水点的水温差，作为温降值，一般取 5 ~ 10 ℃，用作热水供应系统配水管网的热散失。温降值的选用应视系统的大小、保温材料等，作经济技术比较后确定。

冷水计算温度应以当地最冷月平均水温确定，当无水温资料时，可按表 7-4 选用，生活用热水锅炉或水加热器出口的最高水温和配水点的最低水温可按表 7-5 选用。当热水供应系统的具体用途仅为盥洗和沐浴用时，热水锅炉或水加热器出口的最高水温和配水点的最低水温可在表 7-5 的基础上适当降低，但最低不能低于表 7-2 中卫生器具的热水水温要求，即配水点最低水温不低于 40 ℃。

（二）热水水质

生活用热水的水质应符合我国现行的《生活饮用水卫生标准》的要求。热水供应系统中的管道和设备在使用过程中，出现的结垢现象与后果早已引起人们的关注，因它们直接影响着热水系统的使用寿命、工程造价和维护管理费用。

生产用热水的水质应根据生产工艺要求确定。热水供应系统中的管道和设备的腐蚀与结垢是两个较普遍的问题，其直接影响了管道和设备的使用寿命。水在加热后，钙镁离子受热析出，在设备和管道内结垢，水中的溶解氧也会析出，加速金属管材、设备的腐蚀。因此，集中热水供应系统的热水在加热前，水质是否软化处理，应根据水量、水质、使用要求、设备维修和设备折旧率计算标准等因素进行技术经济比较来确定。一般情况下，按 65 ℃计算的日用水量小于 10 m^3 时其原水可不进行软化处理。软化处理一般采用离子交换、永磁化等方法。国内一些热水用量较大的高级宾馆甚至采用专用的除氧装置。

表 7-4　冷水计算温度　（单位：℃）

分区	地区	地面水温度	地下水温度
第一分区	黑龙江、吉林、内蒙古的全部，辽宁的大部分，河北、山西、陕西偏北部分，宁夏偏东部分	4	6 ~ 10
第二分区	北京、天津、山东全部，河北、山西、陕西的大部分，河南北部，甘肃、宁夏、辽宁的南部，青海偏东和江苏偏北的一小部分	4	10 ~ 15
第三分区	上海、浙江全部，江西、安徽、江苏的大部分，福建北部，湖南、湖北东部，河南南部	5	15 ~ 20
第四分区	广东、台湾全部，广西大部分，福建、云南的南部	10 ~ 15	20
第五分区	贵州全部，四川、云南的大部分，湖南、湖北西部，陕西、甘肃秦岭以南地区，广西偏北的一小部分	7	15 ~ 20

表 7-5　热水锅炉或水加热器出口的最高水温和配水点的最低水温　（单位:℃）

水质处理	热水锅炉或水加热器出口的最高水温	配水点最低水温
无需软化处理或有软化处理	≤75	≥60
需软化处理但无软化处理	≤65	≥50

第二节　热水加热方式和供应方式

一、热水加热方式

根据热水加热方式的不同分为直接加热和间接加热供水方式。

直接加热主要是利用热水锅炉把冷水直接加热到所需温度或通过蒸汽锅炉将蒸汽直接通入冷水,与冷水混合使之转换成热水。该方式具有设备简单、热效率高、节能等优点。但蒸汽直接加热供水方式存在噪声大,对蒸汽品质要求高,冷凝水不能回收,热源需大量经水质处理的补充水等特点,适用于具有合格的蒸汽热媒,且对噪声无严格要求的公共浴室、洗衣房、工矿企业等用户,如图 7-4、图 7-5 所示。

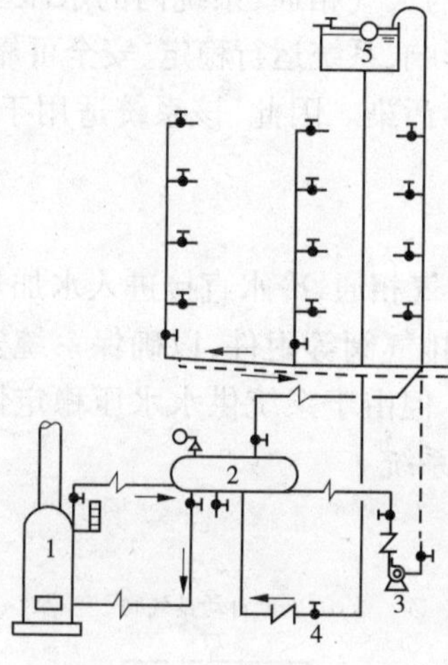

1—热水锅炉;2—热水贮罐;3—循环泵;4—给水管;5—给水箱

图 7-4　热水锅炉直接加热干管下行上给方式

间接加热主要是利用热交换器,通过一定的传热面积将冷水加热到所需设计温度(见图 7-3),该方式最大的特点是热媒与被加热水不直接接触。尽管其设备较直接加热复杂,热效率低,但由于蒸汽间接转换放热变成凝结水,具有可以回收重复利用,减轻热源锅炉所需补水的软化水处理量,并且热水水温和水量也较易调节,加热时不产生噪声等优点,适用于要求供水稳定、安全,对噪声要求高的旅馆、住宅、医院、办公楼等建筑。

二、热水供应方式

(一) 开式系统和闭式系统

热水供应方式根据管网压力工况可分为开式系统和闭式系统。

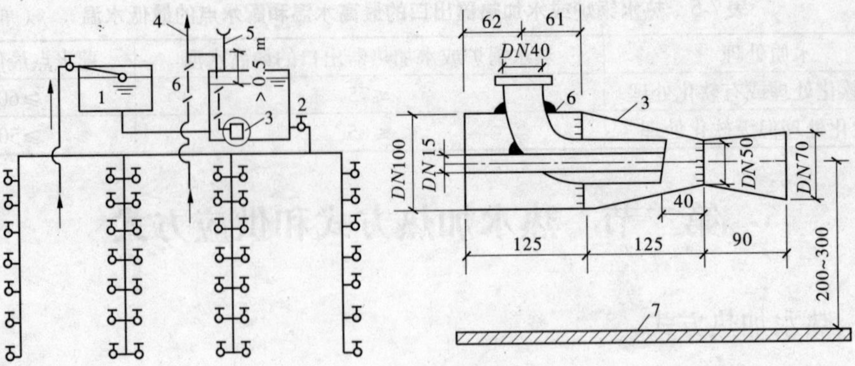

1—冷水箱；2—加热水箱；3—消声喷射器；4—排气阀；5—透气阀；6—蒸汽管；7—热水箱底

图 7-5　蒸汽直接加热上行下给方式

1. 开式系统

如图 7-6 所示，系统中不需设置安全阀或闭式膨胀水箱，只需设置高位冷水箱和膨胀管或高位开式加热水箱等附件。管网与大气相通，系统内的水压主要取决于水箱的设置高度，不受室外给水管网水压波动的影响，系统运行稳定、安全可靠。其缺点是，高位水箱占用使用空间，开式水箱水质易受外界污染。因此，该系统适用于要求水压稳定，且允许设高位水箱的热水用户。

2. 闭式系统

如图 7-7 所示，系统中管网不与大气相通，冷水直接进入水加热器。系统中需设安全阀、隔膜式压力膨胀罐或膨胀管、自动排气阀等附件，以确保系统安全运行。该系统的优点是管路简单，水质不易受外界污染。但由于系统供水水压稳定性较差，安全可靠性差，一般适用于不设屋顶水箱的热水供应系统。

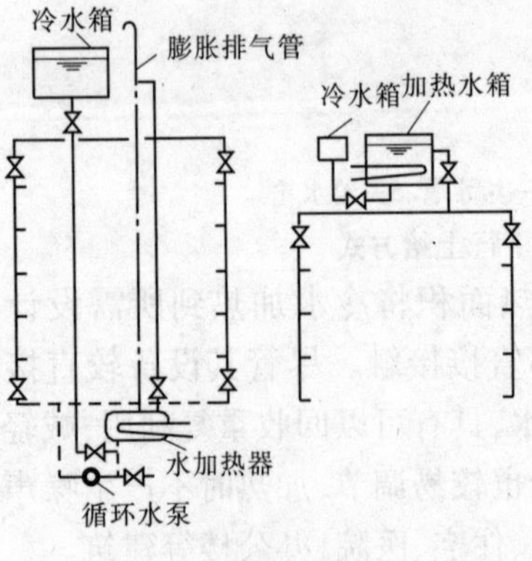

图 7-6　开式热水供水方式

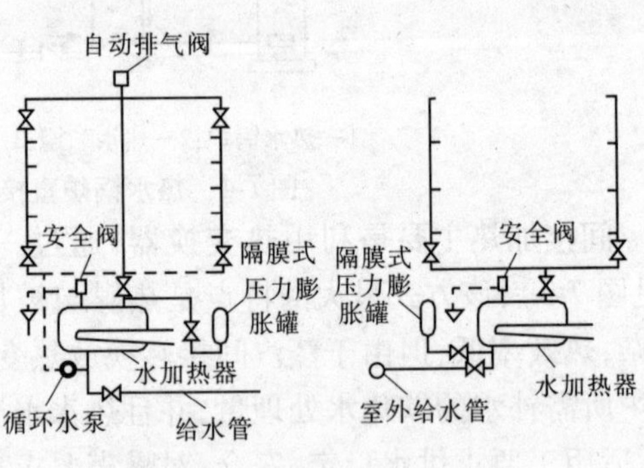

图 7-7　闭式热水供水方式

（二）全循环、半循环、不循环

根据设置循环管网的方式不同，又分为全循环、半循环、不循环管网的热水供水方式，如图 7-8 所示。全循环热水供水方式是指热水干管、立管及支管均能保持热水的循环，打开配水龙头均能及时得到符合设计水温要求的热水，该方式适用于有特殊要求的高标准建筑中。半循环热水供水方式又分为立管循环和干管循环的供水方式。立管循环是指热水干管和立管内均保持有循环热水，打开配水龙头只需放掉支管中少量的存水，就能获得规定水温的热水，该方式多用于设有全日供应热水的建筑和设有定时供应热水的高层建筑中；干管循环是指仅保持热水干管内水的循环，使用前先用循环水泵把干管中已冷却的存水加热，打开配水龙头时只需放掉立管和支管内的冷水就可获得符合要求的热水，多用于采用定时供应热水的建筑中。不循环热水供水方式是指管网中不设任何循环管道，适用于热水供应系统较小，使用要求不高的定时供应系统，如公共浴室、洗衣房等。

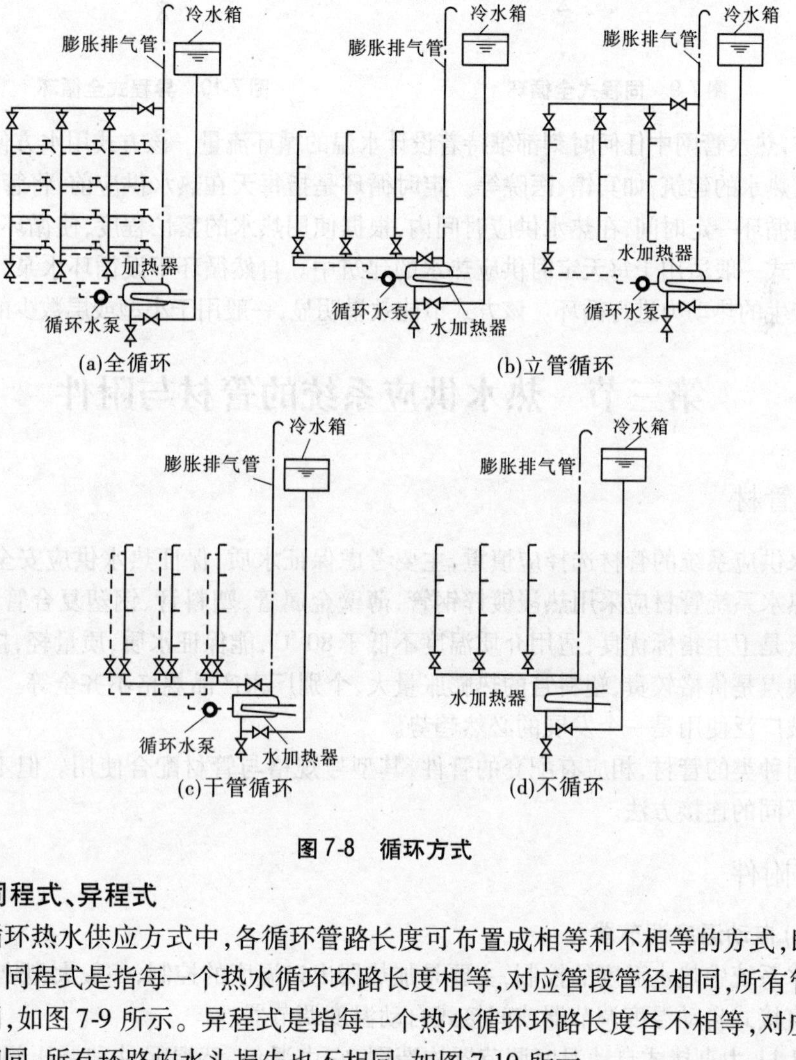

图 7-8　循环方式

（三）同程式、异程式

在全循环热水供应方式中，各循环管路长度可布置成相等和不相等的方式，即同程式和异程式。同程式是指每一个热水循环环路长度相等，对应管段管径相同，所有管路的水头损失相同，如图 7-9 所示。异程式是指每一个热水循环环路长度各不相等，对应管路的管径也不相同，所有环路的水头损失也不相同，如图 7-10 所示。

（四）自然循环、机械循环

根据热水循环动力不同，热水供水方式可分为机械循环方式和自然循环方式。机械循环在循环时间上还分为全日循环和定时循环。全日循环是指在热水供应时间内，循环水泵

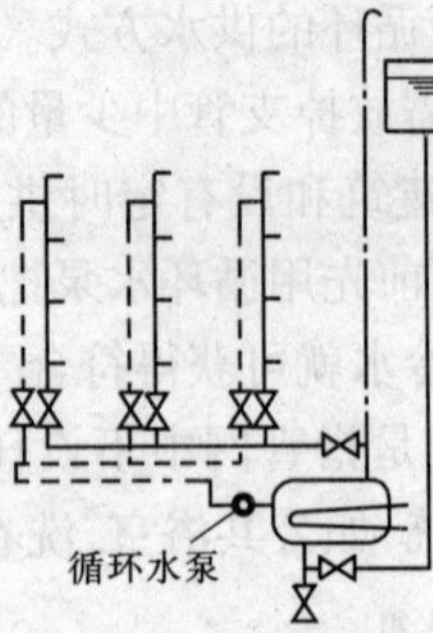

图 7-9　同程式全循环

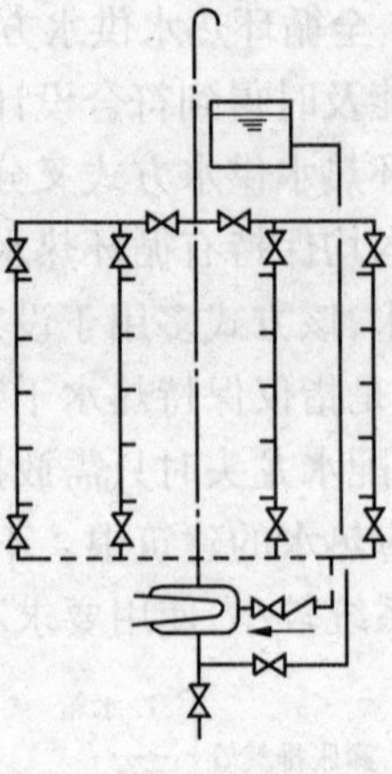

图 7-10　异程式全循环

全日工作，热水管网中任何时刻都维持着设计水温的循环流量。该方式用水方便，适用于需全日供应热水的建筑，如宾馆、医院等。定时循环是指每天在热水供应前，将管网中冷却了的水强制循环一定时间，在热水供应时间内，根据使用热水的繁忙程度，使循环水泵定时工作。该方式一般适用于每天定时供应热水的建筑中。自然循环不设循环水泵，仅靠冷热水密度差产生的热动力进行循环。该方式节能效果明显，一般用于小型或层数少的建筑中。

第三节　热水供应系统的管材与附件

一、管材

热水供应系统的管材选择应慎重，主要考虑保证水质，保证热水供应安全可靠、经济合理。热水系统管材应采用热浸镀锌钢管、薄壁金属管、塑料管、钢塑复合管等。这些管材的优点是卫生指标优良，适用介质温度不低于 80 ℃，能保证水质，质量轻，接头少，施工方便。缺点是价格较贵，塑料管的热膨胀量大，个别厂家产品规格不齐全等。然而高质量的管材被广泛使用是一个发展的必然趋势。

不同种类的管材，相应有配套的管件，其型号规格与管材配合使用。但不同的管材、管件有不同的连接方法。

二、附件

（一）自动温度调节器

热水系统中热水温度的控制，主要是加热器出口温度的控制，一般大型热水供应系统中采用直接式自动温度调节器或间接式自动温度调节器。

图 7-11 为直接式自动温度调节器构造图，它由温包、感温元件和调压阀组成。温包安装在加热器出口处，内部装有沸点较低的液体，当温包内水温变化时，温包感受温度的变化，并产生压力升降，传导到装设在蒸汽管上的调压阀，自动调节进入水加热器的蒸汽量，达到控制温度的目的。如图 7-12（a）所示为直接式自动温度调节器。

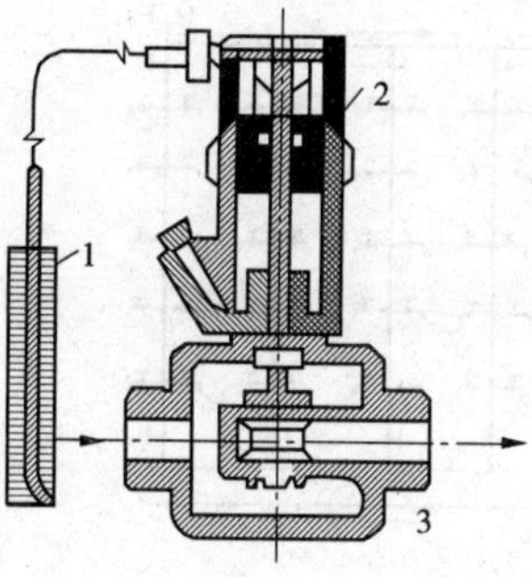

1—温包;2—感温元件;3—调压阀

图 7-11　直接式自动温度调节器构造

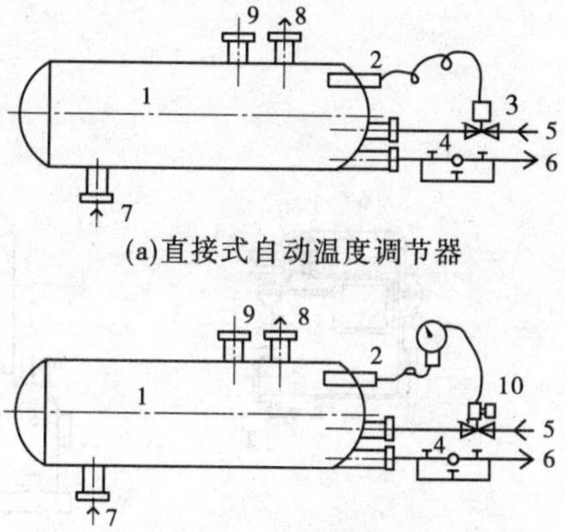

(a)直接式自动温度调节器

(b)间接式自动温度调节器

1—加热设备;2—温包;3—自动调节器;4—疏水器;
5—蒸汽;6—凝水;7—冷水;8—热水;
9—设备安全阀;10—齿轮传动变速开关阀

图 7-12　温度调节器安装示意图

如图 7-12(b)所示为间接式自动温度调节器,由温包、电触点温度计、电动调压阀组成,若加热器出口水温高于设计要求,电动阀门关小,减少热媒进量;若加热器出口水温低于设计要求,电动阀门开大,增加热媒进量,达到自动调节加热器出口水温的目的。

(二)自动排气阀

自动排气阀的作用是排除管网中热水汽化产生的气体以保证管网内热水畅通。从热水中分离出来的气体,聚集在管网的顶端。若系统为下行上给式,则气体可通过最高处配水龙头直接排出;若系统为上行下给式,则应在配水干管的最高部位设置排气阀,以免聚集的气体影响热水的流动。在开式热水系统中,最简单安全的排气措施是在管网最高处装置排气管,向上伸至超过屋顶冷水箱的最高水位以上一定距离排出。

在闭式热水系统中,应在管网最高处安装自动排气阀来排气。图 7-13 为排气阀的构造及装置示意图。

(三)管道伸缩器

热水系统中管道因受热膨胀伸长或温度降低收缩而产生内应力,为确保管网使用安全,在热水管网上应采取补偿管道因温度变化造成伸缩的措施,以避免管道的弯曲、破裂或接头松动。在较长的直线热水管路上,每隔一定距离应设置伸缩器。

补偿管道因升温而产生变形的附件有下列几种。

1. 自然补偿管道

利用管路布置敷设的自然转向来补偿管道的伸缩变形分为 L 形、Z 形两种形式,对于较短的热水管道,采用这种方法,可不设伸缩器。

2. Ω 形伸缩器

如图 7-14 所示,较长的直线管道不能采用自然补偿方式,应每隔一定距离设伸缩器。Ω 形伸缩器是用整根管道弯制而成的,工作可靠、制作简单、严密性好、维护方便,但占地

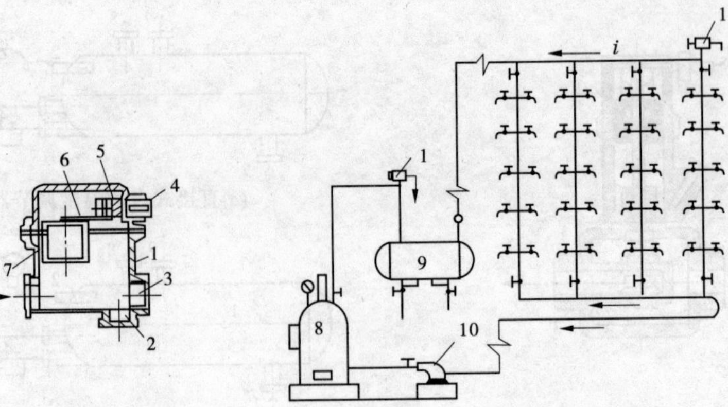

(a)自动排气阀　　　　　　(b)装设位置

1—排气阀体;2—直角安装出水口;3—水平安装出水口;4—阀座;
5—滑阀;6—杠杆;7—浮钟;8—锅炉;9—热水罐;10—循环水泵

图 7-13　自动排气阀及其装置位置

面积较大。一个 Ω 形伸缩器可承受 50 mm 左右的伸缩量。

3. 套管伸缩器

如图 7-15 所示,套管伸缩器具有伸缩量大、占地小、安装简单等优点,但也存在易漏水、需经常维修等缺点。它适用于安装空间小且管径较大的直线管路。

4. 球形伸缩器

如图 7-16 所示,球形伸缩器的特点是伸长量大且占建筑内部空间较 Ω 形伸缩器小,但造价较高。

此外,还有波形管伸缩器、橡胶软管伸缩器等,均适用于安装空间较小的地方。

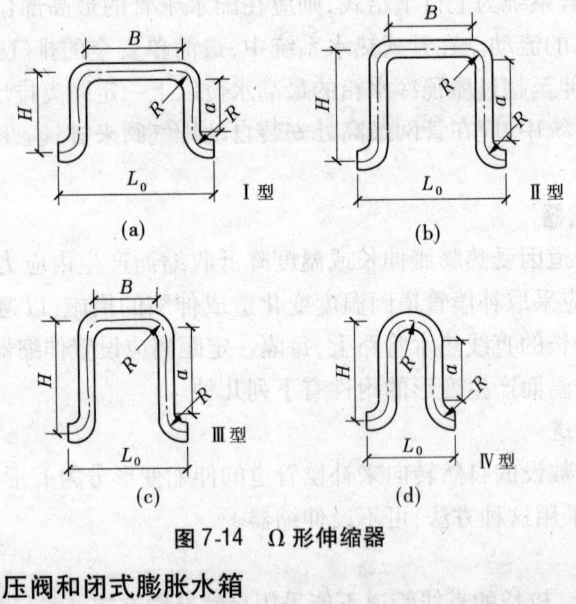

图 7-14　Ω 形伸缩器

(四)膨胀管、释压阀和闭式膨胀水箱

设置膨胀管、释压阀和闭式膨胀水箱,主要是解决由于水量膨胀而使管道、设备破坏

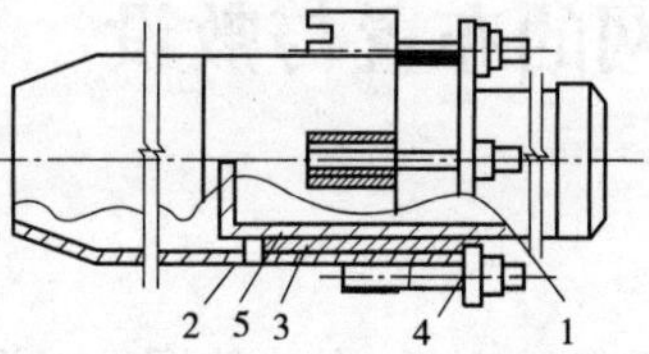

1—芯管;2—壳体;3—填料圈;
4—前压盘;5—后压盘

图 7-15 单向套管伸缩器

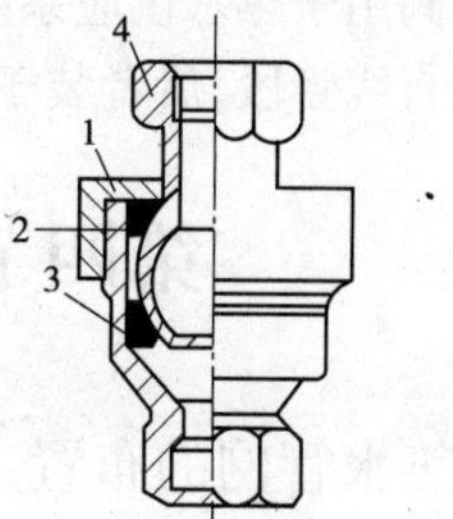

1—压盖;2—密封;
3—卡环;4—接头

图 7-16 球形伸缩器

的问题。

1. 膨胀管

膨胀管用于高位冷水箱向水加热器供应冷水的开式热水系统。膨胀管应高出屋顶水箱最高水位一定的高度,以免加热时热水从膨胀管中溢出。其设计高度可按式(7-1)计算,其最小管径可根据加热器传热面积大小按表 7-6 确定。

$$h = 1.2H\left(\frac{\gamma_1}{\gamma_2} - 1\right) \tag{7-1}$$

式中 h——膨胀管高出水箱最高水位的高度,m;

1.2——安全系数;

H——水加热器底部至水箱最高水位的高度,m;

γ_1——冷水的容重,kg/m^3;

γ_2——热水的容重,kg/m^3。

膨胀管可与排气管结合使用,称为膨胀泄气管。膨胀管上严禁装设阀门,有冰冻时可采取保温措施。

表 7-6 膨胀管最小管径

锅炉或水加热器的传热面积(m^2)	<10	10~15	15~20	>20
膨胀管最小管径(mm)	25	32	40	50

2. 释压阀与膨胀水箱

从室外给水管道直接进水的闭式热水系统,可在加热器上设置释压阀。当热水系统的压力超过释压阀设定的压力时,释压阀开启,排出一部分热水,使压力下降,而后释压阀关闭,如此往复。释压阀安装虽然简单,但灵敏度较低,动作可靠性差。

膨胀水箱的构造类似于隔膜式气压水罐,适用于闭式热水系统,以吸收加热时的膨胀水量,一般安装在热水供水的总管上,也可安装在回水总管或加热器冷水进口管上。

(五)减压阀与节流阀

若蒸汽压力大于加热器所需蒸汽压力,则不能保证设备安全运行,此时应在蒸汽管上设置减压阀,以降低蒸汽压力。减压阀应安装在水平管段上,并配有必要的附件。

节流阀用于热水供应系统回水管上，可粗略调节流量与压力，有直通式和角式两种，前者装于直线管段，后者装于水平和垂直相交管段处。

第四节　热水管网的布置与敷设

一、热水管网的布置

热水管网的布置是在设计方案已确定和设备选型后，在建筑图上对设备、管道、附件进行定位。热水管网的布置除满足给水的要求外，还应注意因水温升高而引起的体积膨胀、管道伸缩补偿、保温、防腐、排气等问题。

根据建筑物的特点和使用要求，热水管网可布置成下行上给或上行下给的供水方式。对于下行上给的热水管网，水平干管可布置在地沟内或地下室顶部。干管的直线段应有足够的伸缩器，尤其是线性膨胀系数大的管材要特别注意直线管段的补偿，并利用最高配水点排气。为便于排气和泄水，热水横管均应有与水流方向相反的坡度，其值一般不小于0.003，并在管网的最低处设泄水阀门，以便检修。为保证配水点的水温，需平衡冷热水的水压。热水管道通常与冷水管道平行布置，热水管道在上、左，冷水管道在下、右。上行下给式的热水管网，水平干管可布置在建筑最高层吊顶内或技术层内。上行下给式管网水平干管应有不小于0.003的坡度，与水流方向反向，并在最高点设自动排气阀排气。下行上给系统设有循环管道时，其回水立管应在最高配水点以下（约0.5 m）与配水立管连接；上行下给式系统只需将循环管道与各立管连接即可。

高层建筑热水供应系统，应与冷水给水系统一样，采取竖向分区，这样才能保证系统内的冷热水压力平衡，便于调节冷热水混合龙头的出水温度，且要求各区的水加热器和贮水器的进水，均应由同区的给水系统供应。若需减压，则减压的条件和采取的具体措施与高层建筑冷水给水系统相同。

设有集中热水供应系统的建筑物中，用水量较大的浴室、洗衣房、厨房等，已设置单独的热水管网。热水为定时供应，且个别用户对热水供应时间有特殊要求时，宜设置单独的热水管网或局部加热设备。

二、热水管网的敷设

热水管网的敷设，根据建筑的使用要求，可采用明装和暗装两种形式。明装尽可能敷设在卫生间、厨房，沿墙、梁、柱敷设。暗装管道可敷设在管道竖井或预留沟槽内。

热水立管与横管连接时，为避免管道伸缩应力破坏管网，应设乙字弯管，如图7-17所示。

热水管道在穿楼板、基础和墙壁处应设套管，保证其自由伸缩。穿楼板的套管应高出楼地面50～100 mm，以防沿套管缝隙向下流水。

为了满足调节水量、水压、水温及检修的需要，在配水或回水管道的分干管处，配水立管和回水立管的端点，以及居住建筑和公共建筑中从立管接出的支管上，均应设阀门。热水管道中水加热器或贮水器的冷水供水管和机械循环第二循环回水管上应设止回阀，以防止加热设备内水倒流被泄空，或防止冷水进入热水系统影响配水点的供水温度，如图 7-18 所示。

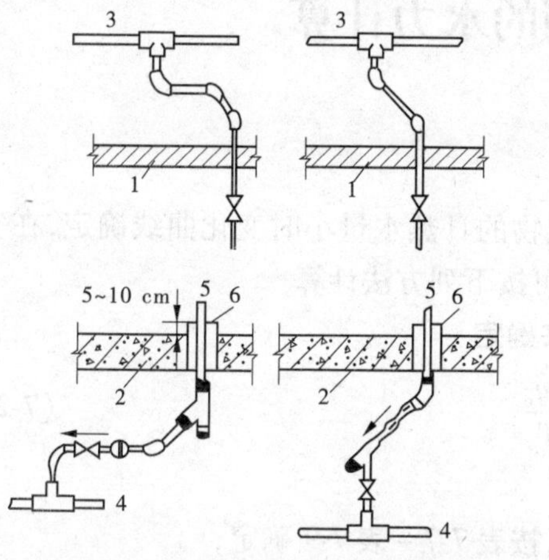

1—吊顶；2—地板或沟盖板；3—配水横管；
4—回水管；5—立管；6—套管

图 7-17　热水立管与水平干管的连接方式

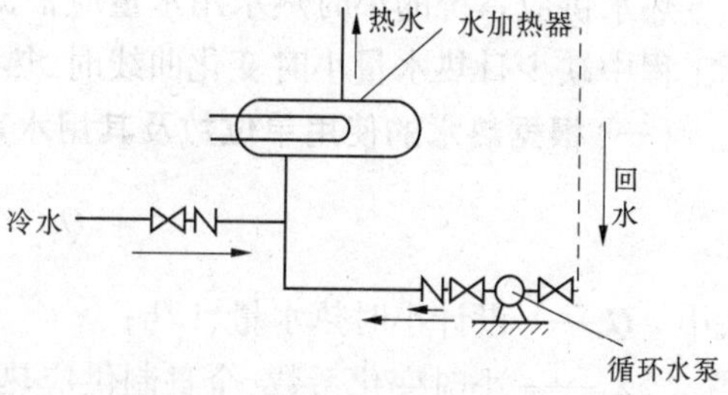

图 7-18　热水管道上止回阀的位置

三、热水管网的保温与防腐

当热水管网采用低碳钢管材和设备时，由于暴露在空气中，会受到氧气、二氧化碳、二氧化硫和硫化氢的腐蚀，金属表面还会产生电化学腐蚀。由于热水水温高，气体溶解度低，管道内壁氧化活动极强，使得金属管材极易腐蚀。为了避免因腐蚀而造成系统破坏，可在金属管材和设备外表面涂刷防腐材料，在金属设备内壁及管内加耐腐衬里或涂防腐涂料来防止腐蚀。

常用的防腐材料是油漆，它分为底漆和面漆。底漆在金属表面打底，具有附着、防水和防锈功能；面漆具有耐光、耐水和覆盖功能。

热水系统中，对管道和设备进行保温的主要目的是减少介质在输送过程中的热散失，使得蒸汽和热水管道保温后外表面温度不致过高，以避免大量的热散失、烫伤或积尘等，为人们创造良好的工作和生活条件。

保温材料的选择要遵循一些原则，即导热系数小、具有较高的耐热性、不腐蚀金属、材料密度小并具有一定的孔隙率、低吸水率并具有一定的机械强度、易于施工、就地取材、成本低等。

确定保温层厚度，对管道和设备均需按经济厚度计算法计算，并应符合《设备及管道绝热技术通则》（GB 4272—2008）中的规定。为了设计时简化计算过程，相关给水排水标准图集中提供了管道和设备保温的结构图和直接查表确定厚度的图表，同时也为施工提供了详图和工程量的统计计算方法。随着科学技术的发展，越来越多的新型保温材料不断出现，性能可靠，施工方便，满足消防要求。设计选用时可直接按产品样本提供的计算公式、设计参数进行计算，并按要求进行施工。

不论采用何种保温材料，在施工保温前，均应将金属管道和设备进行防腐处理，将表面清除干净，刷防锈漆两遍。同时为提高保温结构的机械强度和防水能力，应视采用的保温材料在保温层外设保护层。

第五节　热水管网的水力计算

一、热水量计算

热水供应系统的小时热水用水量应根据建筑物的日热水量小时变化曲线确定，在实际工程中缺少日热水量小时变化曲线时，热水量可按下列方法计算。

(一)根据热水的使用单位数及其用水定额来确定

$$Q_r = K_h \frac{mq_r}{T} \tag{7-2}$$

式中　Q_r——设计小时热水量，L/h；

K_h——小时变化系数，全日制供应热水时，按表7-7～表7-9确定；

m——用水计算单位数，人数或床位数；

q_r——热水用水定额，L/(人·d)或L/(床·d)等，按表7-1确定；

T——热水供应时间，h，一般取24 h。

表7-7　住宅的热水小时变化系数 K_h

居住人数 m	100	150	200	250	300	500	1 000	3 000
K_h	5.12	4.49	4.13	3.88	3.70	3.28	2.86	2.48

表7-8　旅馆的热水小时变化系数 K_h

床位数 m	150	300	450	600	900	1 200
K_h	6.84	5.61	4.97	4.58	4.19	3.90

表7-9　医院的热水小时变化系数 K_h

床位数 m	50	75	100	200	300	500
K_h	4.55	3.78	3.54	2.93	2.60	2.23

(二)根据使用热水的卫生器具数及用水定额来确定

$$Q_r = \sum \frac{nq_h b}{100} \tag{7-3}$$

式中　Q_r——设计小时热水量，L/h；

n——同类型卫生器具数；

q_h——卫生器具的小时热水定额，L/h，按表7-2确定；

b——卫生器具同时使用百分数，公共浴室和工业企业生活间、学校、剧院及体育馆(场)等的浴室内淋浴器和洗脸盆均按100%计算，旅馆客房卫生间内浴盆按30%～50%计，其他器具不计，医院、疗养院的病房内卫生间的浴盆按25%～50%计，其他器具不计。

在使用以上两式时应注意下述问题：

(1)按式(7-2)计算出的小时热水为65 ℃时的热水量，按式(7-3)计算出的小时热水量为卫生器具使用温度下的热水量，可视为冷热水的混合水量，三者的关系如下：

$$Q_h = Q_r + Q_l \tag{7-4}$$

$$\frac{Q_r}{Q_h} = \frac{t_h - t_l}{t_r - t_l} \times 100\% \tag{7-5}$$

式中 Q_r、Q_l、Q_h——热水量、冷水量及混合水量，L；

t_r、t_l、t_h——热水温度、冷水温度及混合水温度，℃。

（2）式(7-2)、式(7-3)仅适用于全日集中热水供应系统热水量的计算，不适用于定时热水供应系统热水量的计算。对于定时热水供应系统，由于用水频繁、时间集中，一般热水用水量会比全日供水量有所增加。

（3）两公式的计算结果并不一致，使用时需分析对比后合理使用。

二、热水配水管网的水力计算

热水配水管网计算的目的是确定管径并计算水头损失。热水配水管网水力计算的方法、步骤、原理和公式与生活给水系统水力计算基本相同，即计算出管段的设计秒流量后用允许流速值查水力计算表确定管径。但由于水温、水质的差异，考虑到结垢和腐蚀等因素，会略有区别，设计计算时应掌握以下几个要点：

（1）热水系统中水温较高，易结垢，造成管内径缩小，粗糙系数增大，因而水头损失计算公式不同。热水管网水力计算应使用热水管道水力计算表(见表7-10)。

（2）热水配水管道内的允许流速值，当管径不大于25 mm时宜采用0.6～0.8 m/s，管径大于25 mm时采用0.8～1.5 m/s。对于噪声要求严格的高标准建筑，取流速下限值，反之应取上限值。

（3）管网的局部压力损失一般可按沿程压力损失的25%～30%进行估算。

（4）热水配水管网的最小管径不宜小于20 mm。

三、回水管网的水力计算

在热水供应系统中，为了保证用水点的热水温度，通常设置回水管网与配水管网形成循环。因为循环动力的不同，其运行方式一般分为自然循环和机械循环两种。

（一）自然循环管网的计算

1. 确定循环回水管管径

配水管道的管径确定后，其相应位置的回水管道管径可按比配水管道的管径小1～2级的办法确定。在自然循环管网系统中，回水管管径应比机械循环中的适当大些，甚至可与相应配水管管径相等。回水管最小管径不得小于20 mm。

2. 选定配水管路最大计算温降 ΔT

配水计算管路的最大计算温降，即为加热设备出口水温与最远配水点水温的温度差，它不但对管网循环流量有所影响，同时还关系到各管段起点、终点水温的计算。其一般以5～10 ℃为宜，最大不应超过15 ℃。在系统较大和采用自然循环时，宜取较大温差。回水管道的温降，一般采用5 ℃。

表 7-10　热水管水力计算表($t=60$ ℃,$\delta=1.0$ mm)

流量		DN=15 mm		DN=20 mm		DN=25 mm		DN=32 mm		DN=40 mm		DN=50 mm		DN=70 mm		DN=80 mm		DN=100 mm	
L/h	L/s	R	v	R	v	R	v	R	v	R	v	R	v	R	v	R	v	R	v
360	0.10	1 690	0.75	224	0.35	51.8	0.20	11.8	0.12	4.84	0.084	1.29	0.051	0.32	0.03	0.11	0.020	0.03	0.012
540	0.15	3 810	1.13	504	0.53	117	0.31	26.5	0.17	10.9	0.125	2.9	0.076	0.72	0.045	0.25	0.031	0.06	0.018
720	0.20	6 780	1.51	897	0.70	207	0.41	47.2	0.23	19.4	0.17	5.15	0.10	1.27	0.06	0.45	0.041	0.11	0.024
1 080	0.30	15 260	2.26	2 020	1.06	466	0.61	106	0.35	42.6	0.25	11.6	0.15	2.87	0.09	1.01	0.061	0.25	0.036
1 440	0.40	27 130	3.01	3 590	1.41	829	0.81	189	0.47	77.4	0.33	20.6	0.20	5.1	0.12	1.79	0.082	0.45	0.048
1 800	0.50	42 390	3.77	5 600	1.76	1 290	1.02	295	0.53	121	0.42	32.2	0.25	7.96	0.15	2.80	0.10	0.58	0.06
2 160	0.60	—	—	8 070	2.21	1 860	1.22	425	0.70	174	0.50	46.4	0.31	11.5	0.18	4.03	0.12	0.98	0.072
2 520	0.70	—	—	10 990	2.47	2 540	1.43	578	0.82	237	0.59	63.1	0.36	15.6	0.21	5.49	0.14	1.33	0.084
2 880	0.80	—	—	14 350	2.82	3 320	1.63	755	0.93	310	0.67	82.4	0.41	20.4	0.24	7.17	0.16	1.74	0.096
3 600	1.0	—	—	22 420	3.53	5 180	2.04	1 180	1.17	484	0.84	129	0.51	31.8	0.30	11.2	0.20	2.72	0.12
4 320	1.2	—	—	—	—	7 460	2.44	1 700	1.40	697	1.00	185	0.61	45.9	0.36	16.1	0.24	3.93	0.14
5 040	1.4	—	—	—	—	10 160	2.85	2 310	1.64	949	1.17	252	0.71	62.4	0.42	21.9	0.29	5.34	0.17
5 760	1.6	—	—	—	—	13 260	3.26	3 020	1.87	1 240	1.34	329	0.81	81.5	0.48	28.7	0.33	6.98	0.19
6 480	1.8	—	—	—	—	—	—	3 820	2.10	1 570	1.51	417	0.92	103	0.54	36.3	0.37	8.83	0.22
7 200	2.0	—	—	—	—	—	—	4 720	2.34	1 940	1.67	515	1.02	127	0.60	44.8	0.41	10.9	0.24
7 920	2.2	—	—	—	—	—	—	5 200	2.45	2 130	1.71	568	1.07	140	0.63	49.4	0.43	12	0.25
8 280	2.4	—	—	—	—	—	—	6 800	2.81	2 790	2.01	742	1.22	183	0.72	64.5	0.49	15.7	0.29
9 360	2.6	—	—	—	—	—	—	7 980	3.04	3 270	2.18	870	1.32	215	0.78	75.7	0.53	18.4	0.31
10 080	2.8	—	—	—	—	—	—	9 250	3.27	3 790	2.34	1 010	1.43	250	0.84	87.8	0.57	21.4	0.34
10 800	3.0	—	—	—	—	—	—	—	—	4 360	2.51	1 160	1.53	287	0.90	101	0.61	24.5	0.36
11 520	3.2	—	—	—	—	—	—	—	—	4 960	2.68	1 320	1.63	326	0.96	115	0.65	27.9	0.38
12 240	3.4	—	—	—	—	—	—	—	—	5 590	2.85	1 490	1.73	368	1.02	130	0.69	31.5	0.41
12 960	3.6	—	—	—	—	—	—	—	—	6 270	3.01	1 670	1.83	413	1.08	145	0.73	35.3	0.43

续表 7-10

流量		$DN=15$ mm		$DN=20$ mm		$DN=25$ mm		$DN=32$ mm		$DN=40$ mm		$DN=50$ mm		$DN=70$ mm		$DN=80$ mm		$DN=100$ mm	
L/h	L/s	R	v	R	v	R	v	R	v	R	v	R	v	R	v	R	v	R	v
13 680	3.8	—	—	—	—	—	—	—	—	7 360	3.26	1 960	1.99	484	1.17	170	0.80	41.5	0.47
14 400	4.0	—	—	—	—	—	—	—	—	7 740	3.35	2 060	2.04	509	1.20	179	0.82	43.6	0.48
15 120	4.2	—	—	—	—	—	—	—	—	—	—	2 270	2.14	562	1.26	198	0.81	48.1	0.50
15 840	4.4	—	—	—	—	—	—	—	—	—	—	2 500	2.24	617	1.33	217	0.90	52.8	0.53
16 560	4.6	—	—	—	—	—	—	—	—	—	—	2 730	2.34	674	1.38	237	0.94	59.7	0.55
17 280	4.8	—	—	—	—	—	—	—	—	—	—	2 970	2.44	734	1.44	258	0.98	62.8	0.58
18 000	5.0	—	—	—	—	—	—	—	—	—	—	3 220	2.55	796	1.51	280	1.02	68.1	0.60
18 720	5.2	—	—	—	—	—	—	—	—	—	—	3 480	2.65	861	1.57	303	1.06	73.7	0.62
19 440	5.4	—	—	—	—	—	—	—	—	—	—	3 760	2.75	929	1.63	327	1.10	79.5	0.65
20 160	5.6	—	—	—	—	—	—	—	—	—	—	4 040	2.85	999	1.69	351	1.14	85.5	0.67
20 880	5.8	—	—	—	—	—	—	—	—	—	—	4 340	2.95	1 070	1.75	377	1.18	91.5	0.70
21 600	6.0	—	—	—	—	—	—	—	—	—	—	4 640	3.06	1 150	1.81	403	1.22	98.1	0.72
22 320	6.2	—	—	—	—	—	—	—	—	—	—	4 950	3.16	1 220	1.87	430	1.26	105	0.74
23 040	6.4	—	—	—	—	—	—	—	—	—	—	5 280	3.26	1 300	1.93	459	1.30	112	0.77
24 480	6.8	—	—	—	—	—	—	—	—	—	—	5 960	3.46	1 470	2.05	518	1.39	126	0.82
25 200	7.0	—	—	—	—	—	—	—	—	—	—	6 320	3.56	1 560	2.11	549	1.43	134	0.84
25 920	7.2	—	—	—	—	—	—	—	—	—	—	—	—	1 650	2.17	581	1.47	141	0.86
26 640	7.4	—	—	—	—	—	—	—	—	—	—	—	—	1 740	2.23	613	1.51	149	0.86
27 360	7.6	—	—	—	—	—	—	—	—	—	—	—	—	1 840	2.29	647	1.55	157	0.91
28 080	7.8	—	—	—	—	—	—	—	—	—	—	—	—	1 940	2.35	681	1.59	166	0.94
28 800	8.0	—	—	—	—	—	—	—	—	—	—	—	—	2 040	2.41	717	1.63	175	0.96
29 520	8.2	—	—	—	—	—	—	—	—	—	—	—	—	2 140	2.47	753	1.67	183	0.98

注：R 为单位管长水头损失(mm/m)；v 为流速(m/s)。

3. 计算配水管网各管段的起点、终点水温

要计算管段热损失，必须先确定各计算管段的起点水温 t_c 和终点水温 t_z。计算方法主要有温降因素法和面积比温降法两种。

1）温降因素法

采用温降因素法按下列公式进行计算：

$$M = \frac{l(1-\eta)}{d} \tag{7-6}$$

$$\Delta t = M\frac{\Delta T}{\sum M_i} \tag{7-7}$$

$$t_z = t_c - \Delta t \tag{7-8}$$

式中 M——计算管段温降因素；

l——计算管段长度，m；

d——计算管段的管道直径，可近似取公称直径，mm；

η——保温系数，不保温时 $\eta=0$，简单保温时 $\eta=0.60$，较好保温时 $\eta=0.7\sim0.8$；

Δt——计算管段温降，℃；

ΔT——配水管路起点与终点水温差，℃，一般 $\Delta T=5\sim10$ ℃；

$\sum M_i$——计算管路温降因素之和；

t_z——计算管段终点水温，℃；

t_c——计算管段起点水温，℃。

2）面积比温降法

采用面积比温降法按以下两公式进行计算：

$$\Delta t' = \frac{\Delta T}{\sum F} \tag{7-9}$$

$$t_z = t_c - \Delta t' F \tag{7-10}$$

式中 $\Delta t'$——配水管网中的面积比温降，℃/m²；

F——计算管段的散热面积，m²，可按表 7-11 计算；

$\sum F$——计算管路配水管网的总外表面积，m²。

表 7-11 每米长普压钢管在不同保温层厚度时的展开面积

保温层厚度	不同管径(mm)下的展开面积(m²)								
(mm)	20	25	32	40	50	70	80	90	100
0	0.084 0	0.105 2	0.132 7	0.150 8	0.138 5	0.237 2	0.278 0	0.313 0	0.358 1
25	0.211 1	0.262 3	0.289 2	0.207 9	0.345 6	0.394 3	0.435 1	0.475 0	0.515 2
30	0.272 5	0.293 7	0.321 2	0.339 3	0.376 9	0.425 7	0.466 5	0.506 4	0.546 6
40	0.335 4	0.356 6	0.384 1	0.402 1	0.439 8	0.488 5	0.529 4	0.569 3	0.609 5

4. 计算配水管网各管段热损失

计算配水管网各管段的热损失可按下式计算：

$$q_s = \pi DlK(1-\eta)\left(\frac{t_c+t_z}{2} - t_k\right) \tag{7-11}$$

式中　q_s——计算管段的热损失,W;

K——无保温时管道的传热系数,对普通钢管约为11.6 W/(m^2·℃);

D——管道的外径,mm;

t_k——计算管段周围空气温度,℃,可按表7-12采用。

表7-12　管段周围空气温度　(单位:℃)

管道敷设情况	t_k值
采暖房间内明管敷设	18~20
采暖房间内暗管敷设	30
敷设在不采暖房间的顶棚内	采用1月室外平均气温
敷设在不采暖的地下室内	5~10
敷设在室内地下管沟内	35

5. 计算配水管网总热损失 Q_s

将各管段的热损失相加便得到配水管网总热损失,即 $Q_s=\sum_{i=1}^{n} q_s$。也可按设计小时耗热量的5%~10%来估算 Q_s,其取值可视系统大小而定。

6. 计算配水管网总循环流量 Q_x

计算管网的循环流量,是为了补偿配水管网在用水低峰时管道向周围散失的热量,保持其在管网中循环流动,从而保证各配水点的水温。计算方法如下:

$$Q_x=\frac{Q_s}{C_b\Delta T} \tag{7-12}$$

式中　Q_x——配水管网总循环流量,L/s;

Q_s——配水管网总热损失,W;

C_b——水的比热,kJ/(kg·℃),一般取 C_b=4.19 kJ/(kg·℃);

ΔT——配水管路最大计算温降,℃,一般取 ΔT=5~15 ℃。

7. 计算各配水管段的循环流量

确定了总循环流量后,从加热器后的第一个节点开始,依次进行循环流量分配,如图7-19所示。对任一节点,流向该节点的各循环流量之和等于流过该节点的循环流量之和,各分支管段的循环流量与其后全部循环配水管道的热损失之和成正比,即

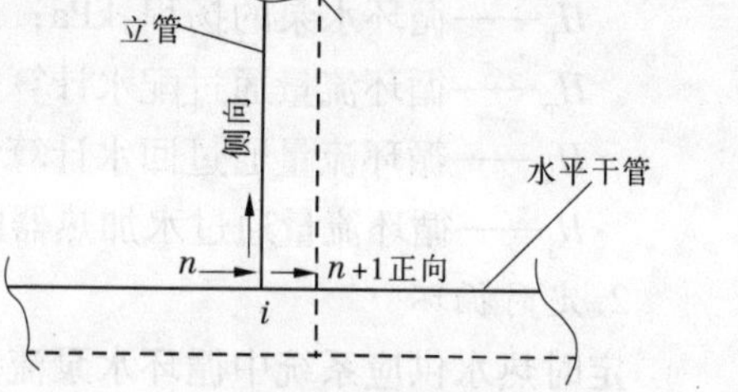

图7-19　循环流量分配计算用图

$$q_{x(n+1)}=\frac{\sum q_{s(n+1)}}{\sum q_{s(n+1)}+\sum q'_{sn}}+q_{xn} \tag{7-13}$$

式中　$q_{x(n+1)}$——流离节点 n 正向分支管段的循环流量,L/s;

$\sum q_{s(n+1)}$——正向分支管段及其后各配水管段热损失之和,W;

q_{xn}——流向节点 n 的循环流量,L/s;

$\sum q'_{sn}$——侧向分支管段及其后各配水管段热损失之和,W。

8. 各配水管段终点水温的复核

各计算管段终点水温的计算公式如下：

$$t'_z = t_c - \frac{q_s}{C_b q_x} \tag{7-14}$$

式中 t'_z——各计算管段的终点水温，℃；

q_x——各计算管段的循环流量，L/s；

其他符号意义同上。

如计算结果与式(7-8)或式(7-10)确定的温度相差较大，应以 $t''_z = \frac{t_z + t'_z}{2}$ 作为各计算管段的终点水温，重新进行上述步骤4～8的运算，直至 t_z 与 t'_z 相近。

(二)机械循环管网的计算

机械循环管网计算与自然循环管网计算相比，除无自然循环作用压力计算外，其计算内容、方法和步骤等完全相同。此外，由于该方式在回水管上增设了循环水泵，因此还要计算循环水泵的流量和扬程，以进行水泵选择。

机械循环可分为全日循环和定时循环两种方式。

1. 全日循环

该系统中循环水泵的流量和扬程应按下式计算确定：

$$Q_b \geqslant Q_x + Q_f \tag{7-15}$$

$$H_b \geqslant \left(\frac{Q_x + Q_f}{Q_x}\right)^2 H_p + H_h + H_j \tag{7-16}$$

式中 Q_b——循环水泵流量，L/h；

Q_x——管网总循环流量，L/h；

Q_f——循环附加流量，L/h，一般取设计小时用水量的15%；

H_b——循环水泵的扬程，kPa；

H_p——循环流量通过配水计算管段的沿程和局部压力损失，kPa；

H_h——循环流量通过回水计算管段的沿程和局部压力损失，kPa；

H_j——循环流量通过水加热器的压力损失，kPa。

2. 定时循环

定时热水供应系统中循环水泵流量，是按循环管网中每小时循环的次数来计算的，一般为每小时2～4次，系统较大时取下限，系统较小时取上限，循环水泵的流量为

$$Q_b \geqslant \frac{V}{T} \tag{7-17}$$

式中 Q_b——循环水泵流量，L/h；

V——热水循环管道系统的水容积，L，不包括无回水管道的各管段和贮水器、加热设备的容积；

T——热水循环管道系统中全部容量的水循环一次所需时间，一般取0.25～0.5 h。

定时热水供应系统循环水泵的扬程按下式计算：

$$H_b \geqslant H_p + H_h + H_j \tag{7-18}$$

根据上述方法计算出的所需水泵的流量和扬程,即可进行循环水泵的选型工作。但热水机械循环系统所需扬程较小,因此要选低扬程的水泵,宜采用管道泵。如所选水泵扬程过高,在实际运行中,易在管网某些部位形成负压区,影响热水系统的正常工作。另外,循环水泵必须设置在回水管道上,因而水泵位置较低,泵体承受的静水压力较高,设计时应加以考虑。

第六节　饮水供应

饮水供应系统是现代建筑中给水的一个重要组成部分。随着生活水平的提高,环保与自我健康意识的逐渐增强,人们对日常饮用水的水质要求也越来越高。

一、饮水的类型和标准

(一)饮水的类型

饮水供应主要有开水供应系统和冷水供应系统两类。一般应根据当地的生活习惯和建筑物的使用性质等因素来确定饮水供应的类型。开水供应系统适用于旅馆、办公楼、大学学生宿舍、军营等场所。冷水供应系统适用于大型娱乐场所等公共建筑、工矿企业生产车间。

(二)饮水的标准

1. 饮水水质

各种饮水水质必须符合《生活饮用水卫生标准》(GB 5749—2006),作为饮用的温水、生水和冷饮水,除此之外,还应在接至饮水装置之前进行必要的过滤或消毒处理,以防在贮存和运输过程中再次污染。

2. 饮水温度

1)开水

应将水烧至100 ℃后持续3 min,计算温度采用100 ℃。饮用开水是目前我国采用较多的饮水方式。

2)温水

计算温度采用50～55 ℃,目前我国采用较少。

3)生水

一般为10～30 ℃,国外较多,国内一些饭店、宾馆也提供这样的饮水系统。

4)冷饮水

一般为7～10 ℃,国内除工矿企业夏季劳保供应和高级饭店外,较少采用。目前在一些星级宾馆、饭店中直接为客人提供瓶装矿泉水等饮用水。

二、饮水的供应方式

(一)开水集中制备集中供应

在开水间集中制备开水,人们用容器取水饮用,如图7-20所示。该方式适合于机关、学校等。开水间宜靠近锅炉房、食堂等有热源的地方。

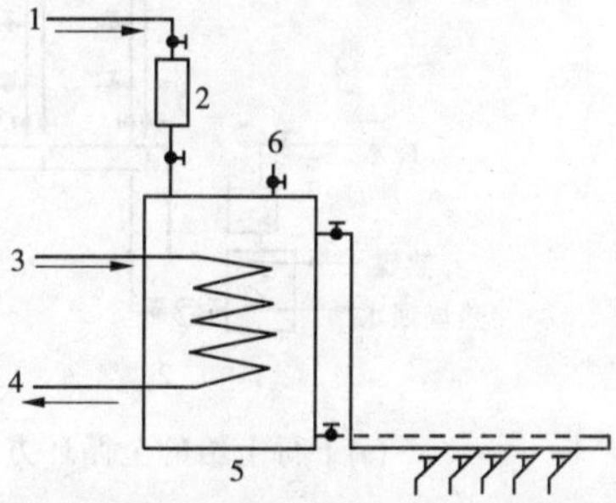

1—给水;2—过滤器;3—蒸汽;4—冷凝水;
5—水加热器(开水器);6—安全阀

图7-20　集中制备开水

（二）开水统一热源分散制备分散供应

在建筑中把热媒输送至每层，再在每层设开水间制备开水（见图 7-21）。

（三）开水集中制备分散供应

在开水间统一制备开水，通过管道输送到开水用水点（见图 7-22），这种系统对管道材质要求较高，以确保水质不受污染。该系统要求加热器的出水水温不小于 105 ℃，回水温度为 100 ℃。为了保证供水点的水温，系统采用机械循环方式。加热设备可设于建筑物底层，采用下行上给的全循环方式，如图 7-22（a）所示；也可设于顶层，采用上行下给的全循环方式，如图 7-22（b）所示。

（四）冷饮水集中制备分散供应

冷饮水供应系统如图 7-23 所示，适用于中小学校、体育场、游泳场、火车站等人员较集中的公共场所，人们可以从饮水器中直接喝水，饮水器构造如图 7-24 所示。

冷饮水在夏季一般不用加热，冷饮水水温与自来水水温相同即可；在冬季，冷饮水温度一般为 35 ~ 40 ℃，与人体温度接近，饮用后无不适感觉。

冷饮水供应系统，应避免水流滞留影响水质，需要设置循环管道，循环回水也应进行消毒灭菌处理。

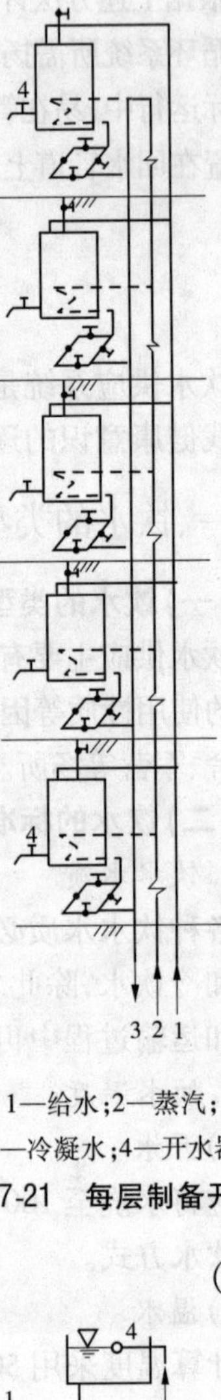

1—给水；2—蒸汽；
3—冷凝水；4—开水器

图 7-21　每层制备开水

三、饮水供应的水力计算

（一）设计最大小时饮用水量计算公式

$$q_{\mathrm{Emax}} = K_{\mathrm{h}} \frac{m q_{\mathrm{E}}}{T} \tag{7-19}$$

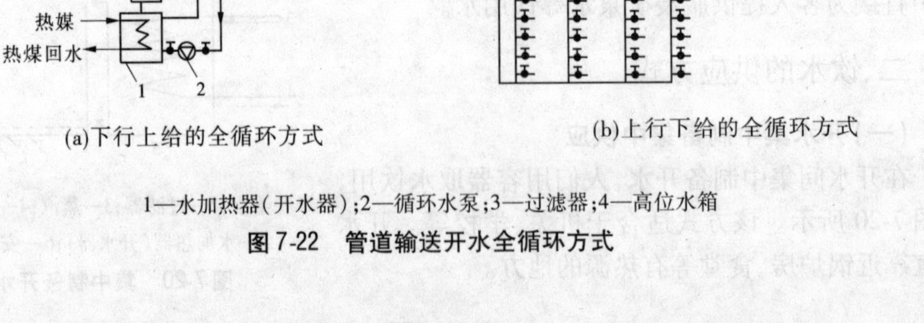

1—水加热器（开水器）；2—循环水泵；3—过滤器；4—高位水箱

图 7-22　管道输送开水全循环方式

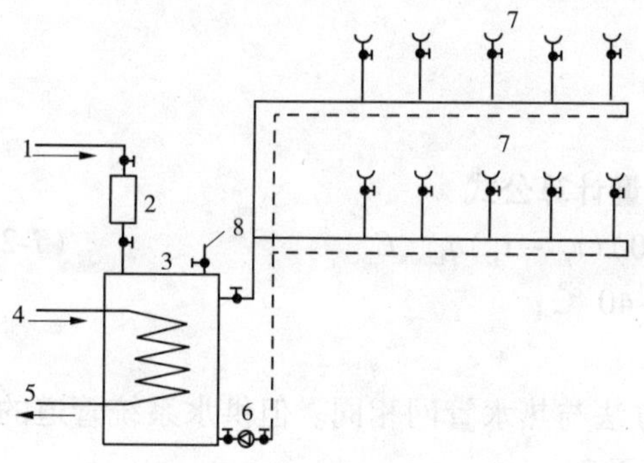

1—冷水；2—过滤器；3—水加热器（开水器）；4—蒸汽；
5—冷凝水；6—循环泵；7—饮水器；8—安全阀

图 7-23　冷饮水供应系统

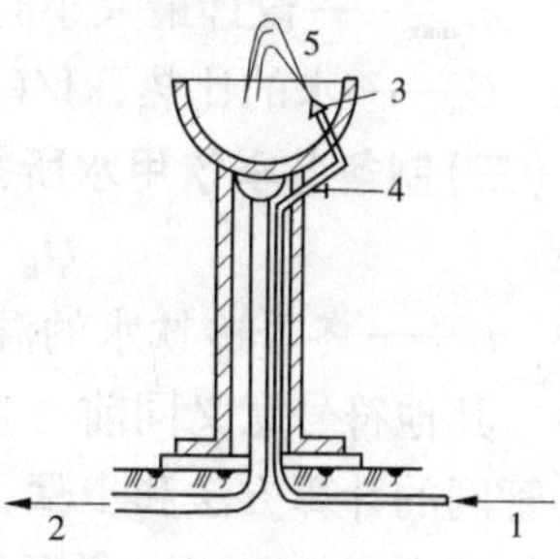

1—供水道；2—排水管；3—喷嘴；
4—调节阀；5—水柱

图 7-24　饮水器

式中　q_{Emax}——设计最大小时饮用水量，L/h；

K_h——小时变化系数，按表 7-13 选用；

m——用水计算单位数，人数或床位数等；

q_E——饮用水定额，L/(人·d)或 L/(床·d)；

T——供应饮用水时间，h。

表 7-13　饮用水定额及小时变化系数

建筑物名称	单位	饮用水定额（L）	小时变化系数	开水温度（℃）	冷饮水温度（℃）
热车间	每人每班	3～5	1.5	100(105)	14～18
一般车间	每人每班	2～4	1.5	100(105)	7～10
工厂生活间	每人每班	1～2	1.5	100(105)	7～10
办公楼	每人每班	1～2	1.5	100(105)	7～10
集体宿舍	每人每班	1～2	1.5	100(105)	7～10
教学楼	每学生每日	1～2	2.0	100(105)	7～10
医院	每病床每日	2～3	1.5	100(105)	7～10
影剧院	每观众每场	0.2	1.0	100(105)	7～10
招待所、旅馆	每客人每日	2～3	1.5	100(105)	7～10
体育馆（场）	每观众每日	0.2	1.0	100(105)	7～10
高级饭店、冷饮店、咖啡店	每小时每日	(0.31～0.38)		100(105)	4.5～7

注：1. 开水温度一栏括号内数字为闭式开水系统。

2. 饮用水定额一栏括号内数字为参考数字。

3. 小时变化系数是指开水供应时间内的变化系数。

（二）制备开水所需最大小时耗热量计算公式

$$Q_k = (1.05 - 1.10)(t_k - t_L) q_{Emax} C_b \tag{7-20}$$

式中　Q_k——最大小时耗热量，kJ/h；

t_k——开水温度，集中开水供应系统按 100 ℃计算，管道输送全循环系统按 105 ℃计算；

t_L——冷水计算温度，按表7-4计算；

q_{Emax}——设计最大小时饮用水量，L/h；

C_b——水的比热，kJ/(kg·℃)。

(三)制备冬季饮用水所需最大小时耗热量计算公式

$$Q_k = (1.05 \sim 1.10)(t_E - t_L)q_{Emax}C_b \tag{7-21}$$

式中 t_E——冬季冷饮水的温度，一般取35~40 ℃；

其他符号意义同前。

管网的计算方法和步骤，以及设备选择方法与热水管网相同。但供水系统管道的流速一般不大于1.0 m/s，循环管道的流速不大于2 m/s。

复习思考题与习题

1. 热水供应系统有哪几类？各自的特点是什么？
2. 热水供应系统由哪几部分组成？
3. 如何选择热源？
4. 如何确定热水供应系统的水温？
5. 各种加热方式具有什么特点？怎样确定加热方式？
6. 如何解决开式和闭式热水供应系统的排气问题？
7. 如何解决热水供应系统的热伸缩问题？
8. 热水配水管网水力计算的方法与冷水有什么异同？
9. 如何应用温降因素法计算出热水配水管道各管段的热水温度？
10. 如何计算各管段循环流量？
11. 热水供应系统的附件有哪些？
12. 热水管网应如何敷设？
13. 饮水供应系统常见的类型有哪些？

第八章　小区给水排水

【学习目标】

了解小区给水、污水管材的种类及特点；理解并掌握小区给水方式的种类与选择、小区给水管网的布置与敷设；掌握小区污水管网和雨水管网的布置与敷设。

居住小区是指含有教育、医疗、文体、经济、商业服务及其他公共建筑的城镇居民住宅建筑区。根据《城市居住区规划设计规范》(GB 50180—1993)(2002 年版)，我国城镇居民居住用地组织的基本构成单元分为三级。

(1)居住区。居住户数 10 000 ~ 16 000 户，居住人口 30 000 ~ 50 000 人。

(2)居住小区。居住户数 3 000 ~ 5 000 户，居住人口 10 000 ~ 15 000 人。

(3)居住组团。居住户数 300 ~ 1 000 户，居住人口 1 000 ~ 3 000 人。

居住小区给水排水工程是指城镇中居住小区、居住组团、街坊和庭院范围内的建筑外部给水排水工程。

第一节　小区给水

一、小区给水方式与给水系统

(一)居住小区给水方式

1. 直接给水方式

城镇给水管网的水量、水压能满足小区的供水要求，应采用直接给水方式。从能耗、运行管理、供水水质及接管施工等各方面来比较，直接给水方式是最理想的供水方式。

2. 设有高位水箱的给水方式

城镇给水管网的水量、水压周期性不足时，在小区采用集中设水塔或者分散设高位水箱的给水方式。该方式具有直接给水方式的大部分优点，但应注意避免水的二次污染，北方地区要有一定的防冻措施。

3. 小区集中或分散加压的给水方式

城镇给水管网的水量、水压经常性不足时，应采用小区集中或分散加压的给水方式，该种给水方式有水泵结合水池、水塔、水箱、气压罐等多种组合方式。不同的组合方式有不同的优缺点，选择时应根据当地水源条件按安全、卫生、经济的原则综合确定。

(二)居住小区给水系统的组成

1. 给水管网

给水管网指由接户管、给水支管和给水干管组成的管网。接户管布置在建筑物周围，是直接与建筑物引入管相接的给水管道；给水支管是布置在居住组团内道路下与接户管相接的给水管道;给水干管是布置在小区道路或城市道路下与小区支管相接的管道。

2. 贮水、调节增压设备

贮水、调节增压设备指贮水池、水箱、水泵、气压罐、水塔等。

3. 室外消火栓

室外消火栓是布置在小区道路两侧用来灭火的消防设备。

4. 给水附件

给水附件是保证给水系统正常工作所设置的各种阀门等。

5. 自备水源系统

对于严重缺水地区或离城镇给水管网较远的地区,可设自备水源系统,一般由取水构筑物水泵、净水构筑物、输水管网等组成。自备水源以地下水为多。

(三)常见居住小区给水系统分类

1. 低压统一给水系统

对于多层建筑群体,生活给水和消防给水都不需要过高的压力,因此采用低压统一给水系统。

2. 分压给水系统

在高层建筑和多层建筑混合的居住小区内,高层建筑和多层建筑显然所需的压力差别较大,为了节能,混合区内宜采用分压给水系统。

3. 分质给水系统

在严重缺水地区或无合格原水地区,为了充分利用当地的水资源,降低成本,将冲洗、绿化、浇洒道路等用水水质要求低的水量从生活用水量中区分出来,确立分质给水系统。

4. 调蓄增压给水系统

在高层和多层建筑混合区内,其中为低层建筑所设的给水系统,也可用于高层建筑的较低楼层供水。但对于高层建筑较高楼层部分,无论是生活给水还是消防给水都必须调蓄增压,即设有水池和水泵进行增压给水。调蓄增压给水系统又分为分散调蓄增压系统、分片集中调蓄增压系统和集中调蓄增压系统。

(1)分散调蓄增压是指高层建筑只有一幢或幢数不多,但各幢的供水压力要求差异很大,每一幢建筑单独设置水池和水泵的增压给水系统。

(2)分片集中调蓄增压是指小区内相邻的若干幢建筑分片共用一套水池和水泵的增压给水系统。

(3)集中调蓄增压是指小区内全部高层建筑共用一套水池和水泵的增压给水系统。

分片集中和集中调蓄增压给水系统,便于管理、节省总投资,但在地震区安全可靠性低。在规划和设计时应根据高层建筑的数量、分布、高度、性质、管理和安全等情况,经技术经济比较后采用分散、分片集中或集中调蓄增压给水系统。

二、小区给水管道布置与敷设

(一)小区给水干管的布置原则

(1)小区干管应布置成环状或与城镇给水管道连成环状网。小区支管和接户管可布置成枝状。

(2)小区干管宜沿用水量较大的地段布置,以最短距离向大用户供水。

(3)给水管道宜与道路中心线或主要建筑物呈平行敷设,并尽量减少与其他管道的交叉。

(4)当小区有采用管沟敷设的集中供热管时,经技术经济比较后,给水管可与供热管路共沟敷设。在布置给水管路时,应尽量与供热管沟相一致,使方案更经济、合理,并方便施工与管理。

(二)小区给水管道的敷设

(1)给水管道与其他管道平行或交叉敷设的净距,应根据管道的类型、埋深、施工检修的相互影响、管道上附属构筑物的大小和当地有关规定等条件确定,一般按表 8-1 采用。

表 8-1 居住小区地下管线(构筑物)间最小净距 (单位:m)

种类	给水管		污水管		雨水管	
	水平	垂直	水平	垂直	水平	垂直
给水管	0.5~1.0	0.1~0.15	0.8~1.5	0.1~0.15	0.8~1.5	0.1~0.15
污水管	0.8~1.5	0.1~0.15	0.8~1.5	0.1~0.15	0.8~1.5	0.1~0.15
雨水管	0.8~1.5	0.1~0.15	0.8~1.5	0.1~0.15	0.8~1.5	0.1~0.15
低压煤气管	0.5~1.0	0.1~0.15	1.0	0.1~0.15	1.0	0.1~0.15
直埋式热水管	1.0	0.1~0.15	1.0	0.1~0.15	1.0	0.1~0.15
热水管沟	0.5~1.0		1.0		1.0	
电力电缆	1.0	直埋 0.5 穿管 0.25	1.0	直埋 0.5 穿管 0.25	1.0	直埋 0.5 穿管 0.25
通信电缆	1.0	直埋 0.5 穿管 0.25	1.0	直埋 0.5 穿管 0.25	1.0	直埋 0.5 穿管 0.25
通信及照明电缆	0.5				1.0	
乔木中心	1.0		1.5		1.5	

注:1. 净距指管外壁间的距离,管道交叉设套管时指套管外壁间的距离,直埋式热力管道指保温管壳外壁间的距离。

2. 电力电缆在道路的东侧(南北方向的路)或南侧(东西方向的路),通信电缆在道路的西侧或北侧。一般均在人行道下。

(2)给水管道与建筑物基础的水平净距:管径为 100~150 mm 时,不宜小于 1.5 m;管径为 50~75 mm 时,不宜小于 1.0 m。

(3)生活给水管道与污水管道交叉时,给水管应敷设在污水管道上面,且不应有接口重叠;当给水管道敷设在污水管道下面时,给水管的接口离污水管的水平净距不宜小于 3.0 m。

(4)给水管道的埋设深度。①对于非冻地区的管道埋深主要由外部荷载、管材强度和其他管道交叉等因素确定。金属管道顶覆土厚度一般不小于 0.7 m,非金属管为保证不被外部荷载破坏,管顶覆土厚度不宜小于 1.0~1.2 m。布置在住宅组团内的给水支管和接户管如无较大的荷载,管顶覆土厚度可减小。②在冰冻地区应考虑土壤的冰冻影响,小区给水管道管径≤300 mm 时,管底埋深应在冰冻线以下 $D+200$ mm。

(5)给水管道的管材。

小区常用给水管材有灰口给水铸铁管、球墨铸铁给水管、镀锌钢管、钢塑复合管、埋地 PVC 管和 ABS 塑料管。建设标准高的小区可采用球墨铸铁给水管。

(6)给水管道的基础。①给水管道一般敷设在未经扰动的原土层上;对于淤泥和其他承载力达不到要求的地基,应进行基础处理;敷设在基岩上时,应敷设砂垫层。②小区内的给水管道一般管径较小,故埋地敷设时可不设置防止水流推力的管道支墩,如确需要设置可按相关给水排水标准图集处理。③在与采暖供热管道共沟敷设时,一般给水管敷设在供热管道下方,可用砖或混凝土支墩支起管道,一般距沟底净距离不小于 10 cm,以便检查。在水流转弯处应加密固定支架(墩),以抗拒水流的推力。

三、小区用水量的计算

居住小区最高日用水量包括居民生活用水量、公共建筑生活用水量、消防用水量、浇洒道路和绿化用水量,以及管网漏失水量和未预见水量。

(一)居民最高日生活用水量 Q_1

居民最高日生活用水量 Q_1 可用下式计算:

$$Q_1 = \sum_{i=1}^{n} \frac{q_{1i}N_{1i}}{1\ 000} \tag{8-1}$$

式中 Q_1——居民最高日生活用水量,m^3/d;

q_{1i}——住宅最高日生活用水定额(见表 3-3),L/(人·d);

N_{1i}——相同住宅类别的居住人数。

(二)公共建筑最高日生活用水量 Q_2

公共建筑最高日生活用水量 Q_2 可用下式计算:

$$Q_2 = \sum_{i=1}^{n} \frac{q_{2i}N_{2i}}{1\ 000} \tag{8-2}$$

式中 Q_2——公共建筑最高日生活用水量,m^3/d;

q_{2i}——某类公共建筑生活用水量定额,见表 3-4;

N_{2i}——同类建筑物用水单位数。

(三)居住小区浇洒道路和绿地用水量 Q_3

居住小区浇洒道路和绿地用水量 Q_3 可用下式计算:

$$Q_3 = \frac{q_3N_3}{1\ 000} + \frac{q'_3N'_3}{1\ 000} \tag{8-3}$$

式中 Q_3——居住小区浇洒道路和绿地用水量,m^3/d;

q_3——浇洒道路用水定额(见表 8-2),L/(m^2·d);

N_3——需浇洒的道路面积,m^2;

q'_3——绿化用水定额(见表 8-2),L/(m^2·d);

N_3'——需浇洒绿地的面积,m^2。

表 8-2　浇洒道路和绿化用水定额　　（单位:$L/(m^2 \cdot d)$）

项目	用水定额
浇洒道路用水	2.0～3.0
绿化用水	1.5～3.0

（四）水景娱乐设施用水量 Q_4

（略）。

（五）居住小区管网漏失水量与未预见水量 Q_5

居住小区管网漏失水量与未预见水量之和,可按小区最高日用水量的10%～15%计算。

（六）居住小区消防用水量

居住小区消防用水量见本书第四章。

（七）居住小区最高日用水量 Q

居住小区最高日用水量可用下式计算:

$$Q = (1.10 \sim 1.15) \times (Q_1 + Q_2 + Q_3 + Q_4) \tag{8-4}$$

居住小区日用水量、小时用水量,随气候、生活习惯等因素的不同而不同。为了反映用水量逐日、逐时的变化幅度大小,在给水工程中引入了日变化系数、小时变化系数两个重要的特征系数。

1. 日变化系数

日变化系数以 K_d 表示,其意义可以用下式表示:

$$K_d = \frac{Q_d}{\overline{Q}_d} \tag{8-5}$$

式中　Q_d——最高日用水量,即设计年限内年用水量最多1日的用水量,m^3/d;

$\overline{Q}_d$——平均日用水量,m^3/d。

2. 小时变化系数

小时变化系数以 K_h 表示,其意义可按下式表达:

$$K_h = \frac{Q_h}{\overline{Q}_h} \tag{8-6}$$

式中　Q_h——最高日最大时用水量,m^3/h;

$\overline{Q}_h$——最高日平均时用水量,m^3/h。

K_d、K_h 这两个特征系数在一定程度上反映了用水量的变化情况,在实际运用中,经常还应用用水量逐时变化曲线来详细反映用水量的变化。

四、小区给水管网的水力计算

居住小区给水管网水力计算的目的是确定各管段的管径,校核消防时和事故时的流量,选择升压及贮水设备。

(一)设计流量的确定

(1)居住组团(人数在 3 000 人以内)范围内的生活给水管道设计流量,按其负担的卫生器具总数,采用建筑内部生活给水设计秒流量公式计算(见第三章)。

(2)居住小区生活给水干管的设计流量按居民生活用水量、公共建筑用水量、浇洒道路和绿化用水量、管网漏失量和未预见水量之和的最高日最大时用水量计算,其中公共建筑用水量以集中流量计入。小区干管管径不得小于支管管径。

(二)居住小区给水管道水力计算

管段设计流量确定后,确定管道直径和压力损失,其方法与建筑给水管道计算基本相同。管内水流速度可取 0.9 ~1.5 m/s,消防时可为 1.5 ~2.5 m/s。给水管道的局部压力损失除水表和止回阀等需要单独计算外,其他可按沿程压力损失的 15% ~20% 计算。

(三)居住小区给水管校核

当生活给水管道上设有室外消火栓时,管道直径应按生活给水流量和消防给水流量之和进行校核。如果采用低压给水系统,管道的压力应保证灭火时最不利消火栓水压从地面算起不低于 0.1 MPa。

如给水管网上设有两条及两条以上的管道与城市给水管网连成环状,应保证一条检修关闭时,其余连接管应能供应 70% 的生活给水量。

(四)居住小区给水系统水压

居住小区由城镇给水管网直接供水时,给水管道的管径应根据管道的设计流量、城镇给水管网能保证的最低水压和最不利配水点所需水压确定。如果居住小区给水系统设有水泵、贮水池和水塔(高位水箱),水泵选取和水塔高度的确定应能保证最不利配水点所需的水压。

五、小区给水加压站

当市政管网供水压力不足时,小区内用户供水需经小区加压泵站加压后供给。小区内给水加压站一般由泵房、蓄水池、水塔和附属构筑物等组成。

小区给水加压站按其功能可分为给水加压站和给水调蓄加压站。给水加压站从城镇给水管网直接抽水或从吸水井中抽水直接供给小区用户;给水调蓄加压站应布置蓄水池和水塔,除加压作用外,还有流量调蓄的作用。小区加压站按加压技术可分为设有水塔的加压站、气压给水加压站和变频调速给水加压站三种。

(一)加压站的设计流量与扬程

(1)流量加压站服务范围为整个居住小区时,如果无水塔或高位水箱,则应按小区最大时流量作为设计流量并进行选泵;如果有水塔或高位水箱,根据调节容积的情况,水泵流量可在最高日平均时流量和最大时流量之间确定。

加压站服务范围为居住组团或组团内若干栋建筑时,如果无水塔或高位水箱,则应按服务范围内担负的卫生器具总数计算出生活用水设计秒流量作为设计流量并进行选泵;如果有水塔或高位水箱,根据调节容积的情况,水泵流量不应小于最大时用水量。

加压站同时担负有消防给水任务时,水泵出流量应以消防工况校核。

(2)扬程可按下式计算:

$$H_p = H_c + H_z + \sum H_n + \sum H_s \tag{8-7}$$

式中 H_p——加压站设计扬程,kPa;

H_c——小区内最不利供水点所需自由水头,kPa;

H_z——小区内最不利供水点至加压站内泵房吸水井最低水位之间所需静水压力,kPa;

$\sum H_n$——小区内最不利供水点至加压站之间的给水管网在设计流量时的水头损失之和,kPa;

$\sum H_s$——加压站内水泵吸水管、压水管在设计流量时的水头损失之和,kPa。

(二)泵房

小区内泵房形式一般分为地上式、半地下式及自灌式泵房。泵房组成包括水泵机组、动力设备、吸水和压水管路以及附属设备等。

小区内给水泵房的水泵多选用卧式离心泵,为减小泵房面积,可选用立式离心泵。当扬程高时可选用多级离心泵。水泵机组应设备用泵,备用泵的供水能力不应小于最大一台运行水泵的供水能力,并应自动切换交替运行。对于小区加压泵站,当给水管网无调节设施时,宜采用调速泵组或额定转速泵编组运行供水。

(三)水池

水池的有效容积,应根据居住小区生活用水的调蓄贮水量、安全贮水量和消防贮水量确定。

$$V = V_1 + V_2 + V_3 \tag{8-8}$$

式中 V——水池的有效容积,m^3;

V_1——生活用水调蓄贮水量,m^3,按城镇给水管网的供水能力、小区用水曲线和加压站水泵运行规律计算确定,在缺乏资料时,可按居住小区最高日用水量的15%~20%确定;

V_2——安全贮水量,m^3,一般按2 h用水量计算(重要建筑按最大时用水量计算,一般建筑按平均时用水量计算,其中淋浴用水量按15%计算);

V_3——消防贮水量,m^3。

贮水池应设进水管、出水管、溢流管、泄水管和水位信号装置。溢流管排入排水系统应有防回流污染措施。水池贮有消防水量时,应有消防用水不被挪用的技术措施,如采用吸水管虹吸破坏法、溢流墙法等。贮水池宜分成容积相等的两格。

(四)水塔和高位水箱

水塔和高位水箱的位置应根据总体布置,选择在靠近用水中心、地质条件好、地形较高和便于管理之处。其容积可按下式计算:

$$V = V_d + V_x \tag{8-9}$$

式中 V——水塔的容积,m^3;

V_d——生活用水调蓄贮水量,m^3,可根据小区用水曲线和加压站水泵运行规律计算确定,如缺乏资料可按表8-3确定;

V_x——消防贮水量,m^3。

表 8-3　水塔和高位水箱生活用水的调蓄贮水量

居住小区最高日用水量(m^3)	<100	101～300	301～500	501～1 000	1 001～2 000	2 001～4 000
调蓄贮水量占最高日用水量的百分数(%)	30～20	20～15	15～12	12～8	8～6	6～4

第二节　小区污水系统

一、小区排水常用管材及附属构筑物

(一)排水常用管材

小区排水管道常用管材有素混凝土管、铸铁管、钢筋混凝土管、埋地 UPVC 塑料管等。穿越管沟、河流等特殊地段或承压地段可采用钢管和铸铁管。

素混凝土管和钢筋混凝土管接口通常有承插、企口、平口三种形式,如图 8-1 所示。

塑料排水管为承插接口。建筑小区排水管道由于管径多在 150～600 mm,目前已多采用埋地 UPVC 塑料管。

(二)排水管道的接口

排水管道的不渗水性和耐久性,在很大程度上取决于敷设管道时接口的质量,管道接口应具有足够的强度,不透水,能抵抗污水或地下水的侵蚀,并有一定的弹性。排水管道的接口应根据管道材料、连接形式、排水性质、地下水位和地质条件等确定。

1. 水泥砂浆抹带接口

如图 8-2 所示,在管子接口处用 1∶2.5～1∶3的水泥砂浆抹成半椭圆形或其他形状的砂浆带,带宽 120～150 mm,属于刚性接口。其一般适用于地基土质较好的混凝土雨水管道,或用于地下水位以上的污水支线上,企口管、平口管、承插管均可采用此种接口。

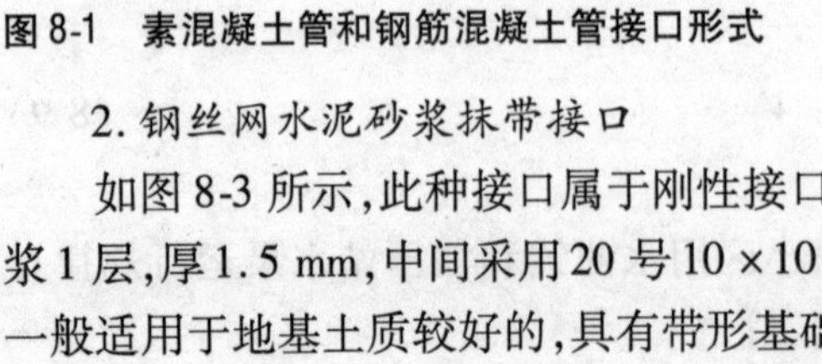

图 8-1　素混凝土管和钢筋混凝土管接口形式

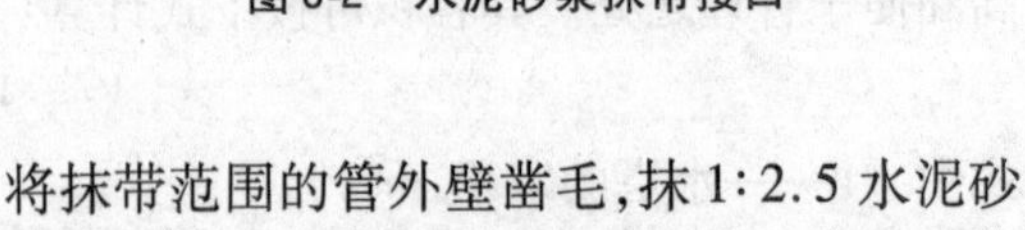

图 8-2　水泥砂浆抹带接口

2. 钢丝网水泥砂浆抹带接口

如图 8-3 所示,此种接口属于刚性接口。将抹带范围的管外壁凿毛,抹 1∶2.5 水泥砂浆 1 层,厚 1.5 mm,中间采用 20 号 10×10 钢丝网 1 层,上面再抹砂浆 1 层,厚 10 mm。其一般适用于地基土质较好的,具有带形基础的混凝土材质雨水、污水管道上。

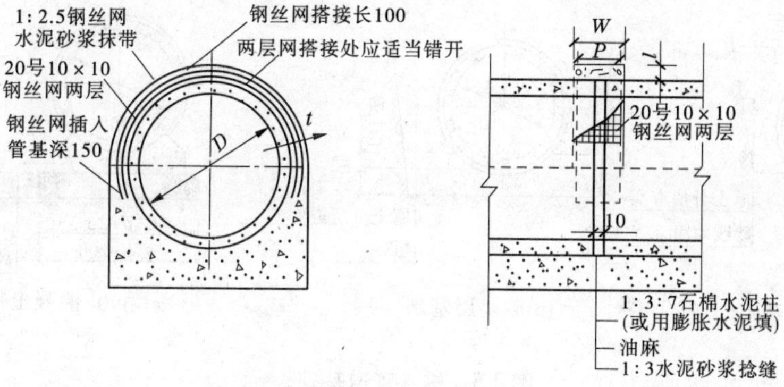

图 8-3　钢丝网水泥砂浆抹带接口

3. 橡胶圈接口

如图 8-4 所示,此种接口为柔性接口。目前,市政污水管道多采用离心成型的钢企口和承口的混凝土排水管,并采用橡胶圈接口。建筑小区中排水管多为小口径管,一般采用橡胶圈接口的承插埋地 UPVC 排水塑料管。

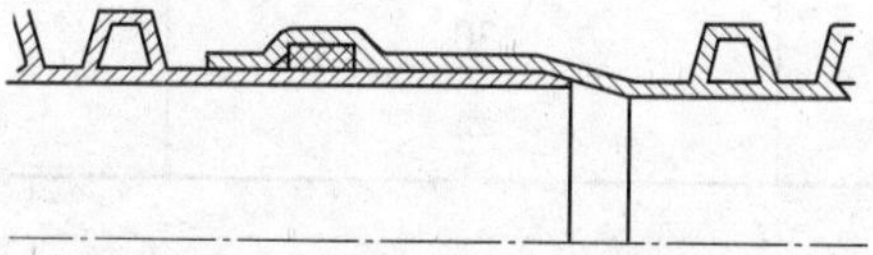

图 8-4　橡胶圈接口

(三)排水管道基础

1. 砂土基础

砂土基础包括素土基础及砂垫层基础,如图 8-5 所示。素土基础适用于无地下水、原土能挖成弧形的干燥土壤,管道直径小于 600 mm。砂垫层基础是在挖好的管槽上,用带棱角的粗砂填 10 ~ 15 cm 厚的砂垫层。砂垫层基础适用于无地下水、岩石或多石土壤,管道直径小于 600 mm。

2. 混凝土枕基

混凝土枕基是只在管道接口处设置混凝土枕状垫块作为管道的局部基础。

3. 混凝土带形基础

混凝土带形基础是沿管道全长铺设的混凝土基础。按管座包角的中心角不同可分为 90°、135°、180°三种管座基础,如图 8-5 所示。这种基础适用于各种潮湿土壤,以及地基软硬不均匀的场合,管径为 200 ~ 2 000 mm。

(四)检查井

检查井一般设置在排水管道的交会处、转弯处,以及管径、坡度、高程变化处。直线管段上每隔一定距离也需设一处检查井。居住小区内检查井在直线管段上的最大间距见表 8-4。

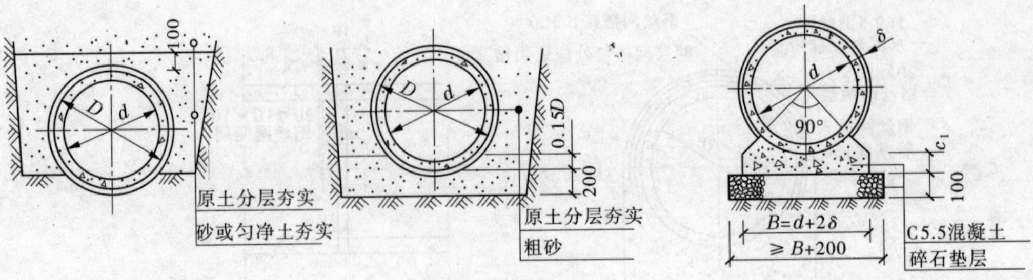

(a)弧形素土基础　　(b)砂垫层基础　　(c)90° 混凝土带形基础

图 8-5　排水管道基础

表 8-4　居住小区检查井的最大间距

管径(mm)	最大间距(m)	
	污水管道	雨水管道和合流管道
150(160)	20	20
200～300(200～315)	30	30
400(400)	30	40
≥500(500)	—	50

检查井一般采用圆形或方形，由井底（包括基础）、井身和井盖三部分组成，如图 8-6 所示。

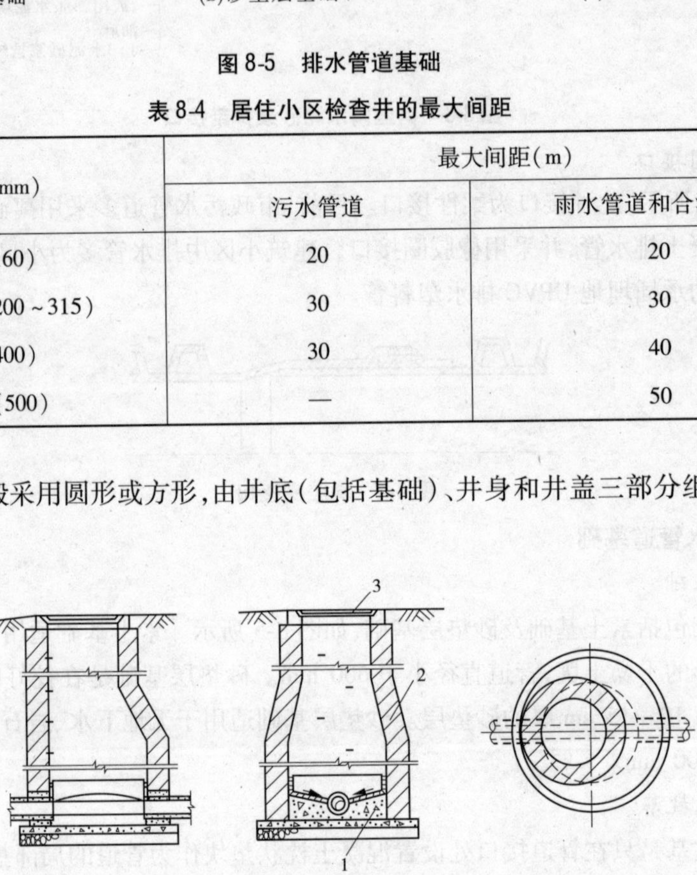

1—井底；2—井身；3—井盖

图 8-6　检查井

为使水流通过检查井时阻力较小，检查井井底宜设半圆形或弧形流槽。井身材料采用砖、石、混凝土或钢筋混凝土。井身的构造与埋深、管径有密切关系，小区检查井管径与埋深一般较小，可为直壁筒形，需要下人的较深检查井在构造上可分为工作室、渐缩部和井筒三部分。

检查井尺寸的大小，按管道埋深、管径和操作要求来选定，当井深≤1.0 m 时，井内径可小于 0.7 m，详见相关给水排水标准图集。

（五）跌水井

跌水井是设有消能设施的检查井。其作用是连接两段高程相差较大的管段。目前常用的跌水井有两种，即竖管式和溢流堰式。竖管式用于直径≤400 mm 的管道，溢流堰式用于直径大于400 mm 的管道。

竖管式跌水井的构造如图 8-7 所示，这种跌水井一般不作水力计算。当管径≤200 mm 时，一次落差不宜超过 6.0 m；当管径为 300 ~400 mm 时，一次落差不宜超过 4.0 m；当管径＞400 mm 时，一次跌水高度按水力计算确定。

生活排水管道上下游跌水水头＞0.5 m，合流管道上下游跌水水头≥1.0 m 时，需设跌水井。

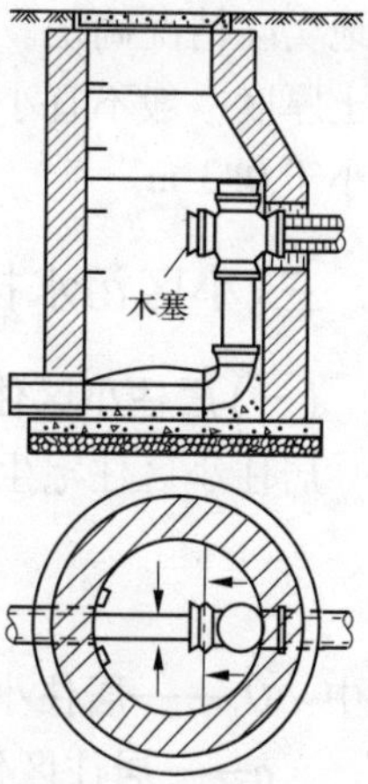

图 8-7　竖管式跌水井

（六）排水管道的衔接

污水管道的管长、坡度、高程、方向发生变化及支管接入的地方都需设检查井。检查井内上下游管道的衔接方法主要有水面平接和管顶平接两种，如图 8-8 所示。水面平接是指在水力计算中，使上游管段末端与下游管段起端的水面标高相同；管顶平接是指在水力计算中，使上游管段末端和下游管段起端的管顶标高相同。通常管径相同的管道采用水面平接，管径不同的管道采用管顶平接。

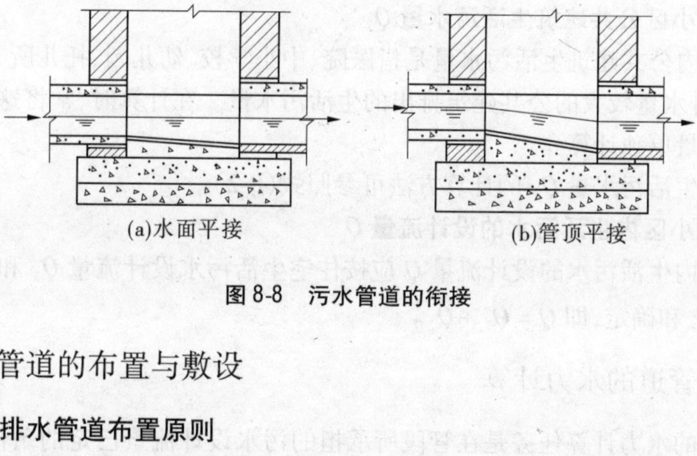

(a)水面平接　　(b)管顶平接

图 8-8　污水管道的衔接

二、污水管道的布置与敷设

（一）小区排水管道布置原则

（1）建筑小区排水管道的布置应根据小区总体规划，道路、建筑的分布、地形以及污水和雨水的去向等情况，按管线短、埋深小、尽量自流排出的原则确定。

（2）排水管道宜沿道路、建筑物的周边平行敷设，尽量避免与其他管线交叉。污水管道与给水管道相交时，应敷设在给水管道下面，其相互之间以及与其他管线的垂直净距见表 8-1。

（3）排水管道与建筑物基础的水平净距：当管道埋深浅于基础时，应不小于 1.5 m；当管道埋深深于基础时，应不小于 2.5 m。排水管道与其他管线的水平净距可按表 8-1 采用。

（4）排水管线尽量避免穿越地上和地下构筑物。

（5）管线应布置在建筑物排出管多且排水量较大的一侧。

(二)小区排水管道敷设

(1)在排水管道转弯和交接处,水流转角应不小于90°,当管径小于300 mm,且跌水水头大于0.3 m时可不受此限制。

(2)排水管道的管顶最小覆土厚度应根据外部荷载、管材强度和土壤冰冻因素,结合当地实际情况确定。生活污水管道,管底可埋设在冰冻线以上0.15 m;在车行道下管顶覆土厚度一般不宜小于0.7 m,非车行道下的污水管道,其覆土厚度可适当减小,一般不宜小于0.3 m。

三、小区污水排水量

(一)居住小区住宅生活污水设计流量 Q_1

居住小区住宅生活污水设计流量 Q_1 可按下式计算:

$$Q_1 = \frac{qNK_h}{24 \times 3\ 600} \tag{8-10}$$

式中 Q_1——居住小区住宅生活污水设计流量,L/s;

q——居住区住宅最高日生活污水量定额(可按表3-3值的85%~95%选取),L/(人·d);

N——居住区内设计人口数,人;

K_h——生活污水量小时变化系数,见表3-3。

(二)居住小区公共建筑生活污水量 Q_2

居住小区内公共建筑生活污水量是指医院、中小学校、幼儿园、托儿所、浴室、饭店、食堂、影剧院等排水量较大的公共建筑排出的生活污水量。在计算时,常将这些建筑的污水量作为集中流量单独计算。

公共建筑生活污水量 Q_2 的计算方法可参照式(8-2)。

(三)居住小区内生活污水的设计流量 Q

居住小区内生活污水的设计流量 Q 应按住宅生活污水设计流量 Q_1 和公共建筑生活污水流量 Q_2 之和确定,即 $Q = Q_1 + Q_2$。

四、污水管道的水力计算

污水管道的水力计算任务是在管段所承担的污水设计流量已定的条件下,合理地确定污水管道的管径、坡度和埋设深度。

(一)污水管道的水力计算参数

1.设计充满度

在设计流量下,污水在管道中的水深 h 和管道直径 D 的比值称为设计充满度,如图8-9所示。当 $h/D=1$ 时称为满流;当 $h/D<1$ 时称为非满流。

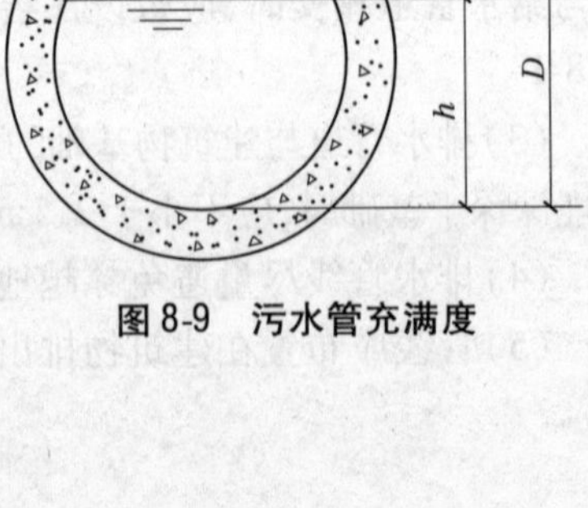

图8-9 污水管充满度

由于污水流量时刻在变化,很难精确计算,而且雨水或地下水可能通过检查井盖或管道接口渗入污水管道,因此有必要保留一部分管道断面,为未预见水量的增长留有余地,避免污水溢出污染环境。另外,污水管道内沉积的污泥可能分解析出一些有害气体,如污水中可能含有汽油、苯、石油等易燃液体时,可能形成爆炸性气体,故需留出适当的空间,以利于管道的通风,排除有害气体,对防止管道爆炸有良好效果。因此,污水管道应按非满流进行设计,其最大设计充满度如表8-5所示。对于明渠,设计规范规定设计超高(即渠中水面到渠顶的高度)不小于0.2 m。

表8-5 最大设计充满度

管径 D 或暗渠 H 高(mm)	最大设计充满度	管径 D 或暗渠 H 高(mm)	最大设计充满度
200~300	0.55	500~900	0.70
350~400	0.65	≥1 000	0.75

在计算污水管道充满度时,不包括淋浴或短时间内突然增加的污水量。但当管径小于或等于300 mm时,应按满流复核。

2. 设计流速

与设计流量、设计充满度相应的水流平均速度叫作设计流速。为了防止管道中产生淤积或冲刷,设计流速不宜过小或过大,应在最大和最小设计流速范围之内。最小设计流速是保证管道内不致发生淤积的流速。《室外排水设计规范》(GB 50014—2006)(2011年版)规定:污水管道在设计充满度下的最小设计流速为0.6 m/s,明渠的最小设计流速为0.4 m/s。最大设计流速是保证管道不被冲刷损坏的流速。该值与管道材料有关,金属管道的最大设计流速为10 m/s,非金属管道的最大设计流速为5 m/s。

3. 最小管径

在污水管道系统的上游部分,设计污水流量很小,若根据流量计算,则管径会很小,极易堵塞;此外,采用较大的管径,可选用较小的坡度,使管道埋深减小。因此,为了养护工作的方便,常规定一个允许的最小管径。在街区和厂区内污水管道最小管径为200 mm,街道下为300 mm。

在污水管道系统上游管段,由于管段服务的排水面积较小,因而设计流量小,按此流量计算得出的管径小于最小管径时,应采用最小管径值。

4. 最小设计坡度

在污水管道设计时,应尽可能减小管道敷设坡度以降低管道埋深。但管道坡度造成的流速应等于或大于最小设计流速,以防止管道产生沉淀。因此,将相应于管内流速为最小设计流速时的管道坡度叫作最小设计坡度。

不同管径的污水管道有不同的最小坡度。管径相同的管道,因充满度不同,其最小坡度也不同。在给定设计充满度条件下,管径越大,相应的最小设计坡度值越小。我国《室外排水设计规范》(GB 50014—2006)(2011年版)只规定最小管径对应的最小设计坡度,街坊内污水管道的最小管径为200 mm,相应的最小设计坡度为0.004;街道下污水管道的最小管径为300 mm,相应的最小设计坡度为0.003。若管径增大,相应于该管径的最小坡度由最小设计流速保证。

(二)污水管道水力计算的方法

在进行污水管道水力计算时,首先应将管道系统划分出设计管段,确定各设计管段的污水设计流量，再确定各设计管段的管径、坡度和管底埋深。小区内污水管道采用最大时流量作为设计流量。

在具体进行污水管道水力计算时，对于居住组团和居住小区等建筑小区，由于小区面积不大，小区各建筑排水管接入小区污水管的接入点基本可确定，此时小区污水管设计管段的划分以污水支管接入点为设计管段的节点。在设计管段中，设计流量不变，则管径与坡度不变，在求出设计流量后，就可确定管径和坡度，并确定管道的埋深。

对于居住区或市政污水管，由于区域较大，难以确定各支管接入干管的接入点。为了简化计算，可根据实际假定某两个检查井之间的管段为设计管段，认为其设计流量、管径和坡度相同，然后进行水力计算。在计算中一般将从工业企业或其他大型公共建筑物流来的污水量作为集中流量来看待。

第三节　小区雨水系统

小区雨水系统的任务就是及时排除暴雨形成的地面径流，以保障小区人民生命财产的安全。

一、雨水口及雨水管渠的布置与敷设

(一)雨水口

雨水口用于收集地面雨水，然后经过连接管流入雨水管道。雨水口一般设在交叉路口，路侧边沟且地势低洼的地方。雨水口为一矩形井，常用砖砌或混凝土预制，它的构造包括进水箅、井筒和连接管三部分(见图8-10)。雨水口按进水箅在街道上的位置可分为侧石进水雨水口、边沟平箅雨水口以及联合雨水口三种形式。平箅雨水口(750 mm×450 mm)的泄流量为15～20 L/s。

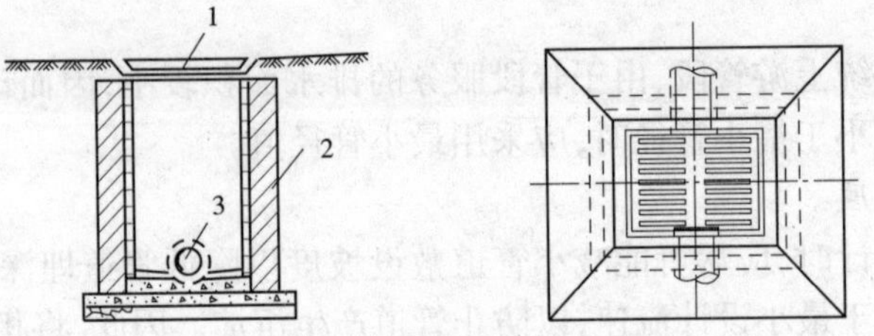

1—进水箅；2—井筒；3—连接管

图8-10　平箅雨水口

(二)雨水管渠布置与敷设

雨水管渠系统由雨水口、连接管、雨水管道和出水口等部分组成。对雨水管渠系统布置的基本要求是：布局经济合理，能及时通畅地排除降落到地面的雨水。小区雨水管渠布置一般应遵循以下原则：

(1)雨水管渠的布置应根据小区的总体规划、道路和建筑位置，充分利用地形，使雨水以最短距离靠重力排入城市雨水管渠。

(2)雨水管渠应平行于道路敷设，宜布置在人行道或绿地下，而不宜布置在快车道路

下。若道路宽度大于 40 m，可考虑在道路两侧分别设置雨水管道。

（3）合理布置雨水口。小区雨水口的布置应根据地形、建筑物和道路的位置等因素确定。在道路交会处，建筑物单元出入口附近，建筑物雨水落水管附近及建筑物前后空地和绿地的低洼处，宜布置雨水口。雨水口的数量应根据雨水口形式、布置位置、汇集流量和雨水口的泄水能力计算确定。雨水口沿街布置间距一般为 20 ~ 40 m。雨水口连接管最小管径为 200 mm，坡度一般不小于 0.01，每段长度一般不大于 25 m，且连接管上串接的雨水口不宜超过 2 个。平箅雨水口的箅口设置宜低于路面 30 ~ 40 mm。

二、雨水量计算

（一）雨水量计算公式

1. 降雨量与暴雨强度

降雨量是指降雨的绝对量，即降雨深度。它用日表示，单位以 mm 计。

暴雨强度用单位时间内的平均降雨深度来表示，即

$$i = \frac{H}{t} \tag{8-11}$$

式中 i——暴雨强度，mm/min；

H——降雨量，即降雨深度，mm；

t——降雨历时，指连续降雨的时段，min。

在工程上，暴雨强度常用单位时间内单位面积上的降雨体积 q 来表示，q 是指在降雨历时为 t，降雨深度为 H 时的降雨量，折算成每 10 000 m^2 面积上每秒钟的降雨体积，即

$$q = \frac{10\ 000 \times 1\ 000}{1\ 000 \times 60} i = 167i \tag{8-12}$$

2. 雨水设计流量公式

事实上，降落到地面的雨水量，并不是全部汇入雨水管渠，其中部分雨水渗入地下，部分雨水被地面低洼处截流，部分雨水蒸发掉。因此，只有总降雨量中的一部分雨水流入管道中去，流入雨水管道的这部分雨水称为径流量。

径流量与降雨量的比值称为径流系数，用 ψ 表示，即 ψ = 径流量/降雨量。管段雨水设计流量公式为

$$Q = \psi q F \tag{8-13}$$

式中 Q——管段雨水设计流量，L/s；

ψ——径流系数；

q——管段雨水设计降雨强度，L/(s · hm^2)；

F——设计管段汇水面积，hm^2。

（二）设计降雨强度 q 的确定

如要计算雨水设计流量，就必须求出 Q、F 和 ψ 的值。下面介绍设计降雨强度 q 的确定方法。

各地区气象站设有自动雨量计，当积累了 10 年以上的降雨资料时可分析出当地的降雨规律，按一定的方法可以推导出暴雨强度公式。暴雨强度公式的一般形式如下：

$$q = \frac{167A_1(1 + C\lg P)}{(t + b)^n} \tag{8-14}$$

式中 q——设计暴雨强度，$L/(s \cdot hm^2)$；

P——设计暴雨重现期，年(a)；

t——设计降雨历时，min；

A_1, C, b, n——地方性参数。

我国各大中城市的暴雨强度公式可以在《给水排水设计手册》中查得，表 8-6 为我国部分城市暴雨强度公式。

表 8-6 我国部分城市暴雨强度公式

城市	暴雨强度公式	城市	暴雨强度公式
北京	$q = \frac{2\,001(1 + 0.811\lg P)}{(t + 8)^{0.711\,1}}$	重庆	$q = \frac{2\,822(1 + 0.775\lg P)}{(t + 12.8^{0.076})^{0.77}}$
南京	$q = \frac{2\,989(1 + 0.671\lg P)}{(t + 13.3)^{0.6}}$	哈尔滨	$q = \frac{4\,800(1 + \lg P)}{(t + 15)^{0.96}}$
天津	$q = \frac{3\,833(1 + 0.85\lg P)}{(t + 17)^{0.83}}$	沈阳	$q = \frac{1\,984(1 + 0.77\lg P)}{(t + 9)^{0.77}}$
南宁	$q = \frac{10\,500(1 + 0.707\lg P)}{(t + 21.1P)^{0.119}}$	昆明	$q = \frac{700(1 + 0.775\lg P)}{t^{0.496}}$
成都	$q = \frac{2\,806(1 + 0.803\,1\lg P)}{(t + 12.8P^{0.231})^{0.768}}$	银川	$q = \frac{242(1 + 0.831\lg P)}{t^{0.477}}$
上海	$q = \frac{5\,544(P^{0.5} - 0.42)}{(t + 10 + 7\lg P)^{0.82 + 0.07\lg P}}$	杭州	$q = \frac{10\,174(1 + 0.844\lg P)}{(t + 25)^{1.038}}$
宁波	$i = \frac{18.105 + 13.90\lg P}{(t + 13.265)^{0.778}}$	汉口	$q = \frac{983(1 + 0.65\lg P)}{(t + 4)^{0.56}}$
长沙	$q = \frac{3\,920(1 + 0.68\lg P)}{(t + 17)^{0.86}}$	广州	$q = \frac{2\,424.17(1 + 0.533\lg P)}{(t + 11.0)^{0.668}}$
乌鲁木齐	$q = \frac{195(1 + 0.82\lg P)}{(t + 7.8)^{0.63}}$	包头	$q = \frac{1\,663(1 + 0.985\lg P)}{(t + 5.40)^{0.85}}$

从式(8-14)中可以看出，设计降雨强度 q 随降雨历时和暴雨重现期 P 而变化。同一重现期，降雨历时 t 越大，与其对应的 q 值越小；同一降雨历时，降雨重现期愈大，相应的 q 值愈大。

(1)暴雨强度重现期 P，是指等于或大于某一暴雨强度的暴雨出现一次的平均时间间隔，单位用年(a)表示。

在雨水管渠设计中，若选用较长的重现期，计算所得的设计暴雨强度大，有利于排除雨水，但相应增加了工程造价；若选用较短的重现期，虽然造价可以降低，但可能发生排水不畅、地面积水。小区雨水排水管道设计重现期应根据建筑物的重要程度、汇水区域性质、地形特点、气象特征等因素确定。各种汇水区域的设计重现期不宜小于表8-7中的数值。

表8-7　各种汇水区域的设计重现期

汇水区域名称		设计重现期(a)
屋面	一般性建筑	2~5
	重要公共建筑	10
室外场地	居住小区	1~3
	车站、码头、机场的基地	2~5

注:工业厂房屋面雨水排水设计重现期由生产工艺、重要程度等因素确定。

(2)雨水管渠设计降雨历时 t 按设计集水时间计算,就是汇水面积上最远点的雨水流到设计断面的时间。对某一管渠的设计断面来说,集水时间 t 由地面集水时间 t_1 和管内雨水流行时间 t_2 两部分组成,即

$$t = t_1 + mt_2 \tag{8-15}$$

式中　t——设计降雨历时,min;

t_1——地面集水时间,min;

m——折减系数,小区支管和接户管 $m=1$,小区干管 $m=2$,明渠 $m=1.2$;

t_2——雨水在管渠内流行时间,min。

地面集水时间 t_1 是指雨水从汇水面积上最远点流至管道起端第一个雨水口的时间,可按地面集水距离、地面坡度、地面覆盖、暴雨强度等因素确定,一般采用5~10 min。

管渠内雨水流行时间 t_2 指雨水在管渠内的流行时间,可按下式计算:

$$t_2 = \sum \frac{L}{60v} \tag{8-16}$$

式中　L——各管段的长度,m;

v——各管段满流时的水流速度,m/s。

(三)径流系数 ψ 的确定

径流系数同汇水面积的地面覆盖情况、地面坡度、地貌、建筑密度、路面铺砌等情况有关。小区内各种地面径流系数见表8-8。

表8-8　各种地面的径流系数

地面的种类	径流系数 ψ	地面的种类	径流系数 ψ
各种房屋、混凝土和沥青地面	0.90	干砌砖、石和碎石路面	0.40
大块石铺砌的路面和沥青表面处理的碎石路面	0.60	非铺砌石路面	0.30
级配碎石路面	0.45	公园和绿地	0.15

在实际设计计算中,对于同一块汇水面积兼有多种地面覆盖的情况,需要计算整个汇水面积上的平均径流系数 ψ_{av} 值。计算平均径流系数 ψ_{av} 的常用方法是加权平均法,即

$$\psi_{av} = \frac{\sum (F_i \psi_i)}{F} \tag{8-17}$$

式中　ψ_{av}——汇水面积平均径流系数;

F_i——汇水面积上各类地面的面积,hm^2;

ψ_i——相应于各类地面的径流系数;

F——全部汇水面积，hm^2。

三、雨水管渠水力计算

(一)雨水管渠水力计算数据

为保证雨水管渠正常工作，避免发生淤积和冲刷等现象，《室外排水设计规范》(GB 50014—2006)(2011 年版)中，对雨水管道水力计算的基本参数作了如下规定。

1. 设计充满度

由于雨水较污水清洁，对水体及环境污染较小，且暴雨时径流量大，相应较长设计重现期的暴雨强度的降雨历时一般不会很长，因此雨水管渠允许溢流，以减少工程投资。雨水管渠的充满度按满流来设计，即 $h/D=1$。雨水明渠不得小于 0.2 m 的超高，街道边沟应有等于或大于 0.03 m 的超高。

2. 设计流速

雨水管渠内的沉淀物一般是沙、煤屑等。为防止雨水中所挟带的泥沙等无机物在管渠内沉淀而堵塞管道，《室外排水设计规范》(GB 50014—2006)(2011 年版)规定，雨水管渠(满流时)的最小设计流速为 0.75 m/s。明渠内发生沉淀后易于清除、疏通，所以可采用较低的设计流速，一般明渠内最小设计流速为 0.4 m/s。为防止管壁及渠壁的冲刷损坏，雨水管道最大设计流速：金属管道为 10 m/s，非金属管道为 5 m/s。

因此，雨水管道的设计流速应在最小流速与最大流速范围内。

3. 最小管径

《室外排水设计规范》(GB 50014—2006)(2011 年版)规定，在街道下的雨水管道，最小管径为 300 mm，街坊内的雨水管道，最小管径为 200 mm。

4. 最小坡度

雨水管道的设计坡度，对管道的埋深影响很大，应慎重考虑，以保证管道最小流速的条件。此外，要在设计中力求使管道的设计坡度和地面坡度平行或一致，以尽量减小土方量，降低工程造价。这一点在地势平坦、土质较差的地区尤为重要。

(二)雨水管道水力计算的方法

雨水管道水力计算仍按均匀流考虑，其水力计算公式与污水管道相同，但应按满流计算。

在工程设计中，通常是在选定管材后，n 值即为已知数，雨水管道通常选用的是素混凝土管和钢筋混凝土管，其管壁粗糙系数 n 一般采用 0.013。设计流量是经过计算后求得的已知数。因此，只剩下 3 个未知数管径 D、流速 v 及管底坡度 $I_{管}$。在实际应用中，可参考地面坡度 $I_{地}$ 假定管底的坡度，并根据设计流量值，从水力计算图或水力计算表中求得 D 及 v 值，使所求的 D、v 和 $I_{管}$ 值符合水力计算基本参数的规定。

【例 8-1】 已知 $n=0.013$，设计流量 $Q=200$ L/s，该管段地面坡度 $I_{地}=0.004$，试确定该管段的管径 D、流速 v 和管底坡度 $I_{管}$。

解 (1)设计采用 $n=0.013$ 的水力计算图，如图 8-11 所示。

(2)在横坐标轴上找到 $Q=200$ L/s 值，作竖线；然后在纵坐标轴上找到 $I_{管}=0.004$ 值，作横线，将两线相交于一点(A)，找出该点的 v 和 D 值，得到 $v=1.17$ m/s，其值符合规

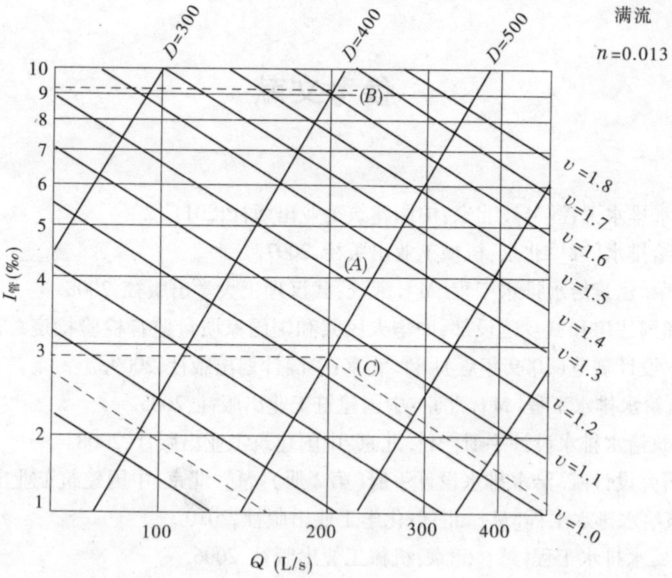

图 8-11　钢筋混凝土圆管水力计算图（图中 D 以 mm 计，v 以 m/s 计）

定。而 D 值介于 400 ~ 500 mm 两斜线之间，不符合管材统一规格的要求，故需要调整 D 值。

（3）如果采用 $D=400$ mm，则将 $Q=200$ L/s 的竖线与 $D=400$ mm 的斜线相交于一点（B），从图中得到交点处的 $v=1.6$ m/s，其值符合水力计算的规定。而 $I_{管}=0.009\,2$，与原地面坡度 $I_{地}=0.004$ 相差很大，势必会增大管道的埋深，因此不宜采用。

（4）如果采用 $D=500$ mm，则将 $Q=200$ L/s 的竖线与 $D=500$ mm 的斜线相交于一点（C），从图中得出该交点处的 $v=1.02$ m/s，$I_{管}=0.002\,8$。此结果既符合水力计算的规定，又不会增大管道的埋深，故决定采用。

复习思考题与习题

1. 居住小区给水范围是什么？居住小区给水系统由哪几部分组成？
2. 居住小区给水管道如何布置？布置形式有哪些？各有何优缺点？
3. 居住小区给水系统设计流量如何计算？如何进行管道水力计算？
4. 污水管道布置有哪些要求？
5. 污水管道设计流量包括哪几方面？如何进行计算？
6. 如何确定污水管道覆土厚度？
7. 污水管道在检查井处的两种衔接方法各有什么特点？
8. 试述污水管道水力计算的方法和步骤。
9. 如何进行雨水管道及雨水口的布置？基本要求是什么？
10. 雨水管道设计流量如何计算？
11. 如何确定暴雨强度重现期 P 和平均径流系数 ψ_{av}？
12. 如何进行雨水管渠水力计算？

参考文献

[1]张健. 建筑给水排水工程[M]. 北京:中国建筑工业出版社,2011.

[2]陈送财. 建筑给排水[M]. 北京:机械工业出版社,2007.

[3]张宝军,陈思荣. 建筑给水排水工程[M]. 武汉:武汉理工大学出版社,2008.

[4]中华人民共和国住房和城乡建设部,中华人民共和国国家质量监督检验检疫总局. GB 50015—2003 建筑给水排水设计规范(2009 年版)[S]. 北京:中国计划出版社,2009.

[5]蔡可健. 建筑给水排水工程[M]. 北京:中国建筑工业出版社,2005.

[6]陈耀宗等. 建筑给水排水设计手册[M]. 北京:中国建筑工业出版社,2008.

[7]核工业第二研究设计院. 给水排水设计手册(第 2 册)[M]. 北京:中国建筑工业出版社,2005.

[8]王宗祥. 建筑给水排水工程[M]. 北京:化学工业出版社,2010.

[9]李亚峰. 建筑给水排水工程[M]. 北京:机械工业出版社,2006.